献给我过世及在世的家人

目录

推荐序

我们生活在一个特殊的时代，这个时代的知识总量是以指数级增长的。或许更重要的是，用我最喜欢的一位科学家卡尔·萨根（Carl Sagan）的话说："我们生活在一个完全依赖科学和技术的社会中，然而几乎没有人了解这些科学和技术。"[1]这确实是一个问题，且有待解决。

而且，除此之外，大多数人都因这样或那样的原因无法对科学产生兴趣。一部分原因是，科学的语言是数学，但它涉及的数学太复杂，以至于只有接受了高等教育的人才能用数学这个工具来理解科学。不过，偶尔也会出现一些"翻译者"，向其他人传达科学的意义，以及它的美妙和激动人心之处。

迈克尔·沃克在这本书中做的一切让他站在了"翻译者"的前沿。虽然并不是一名学术研究者，但他通过这本大众科学书，在规避了复杂数学的同时，传达了他对物理世界的清晰理解。你会发现，不需要走进教室，就能了解这些振奋人心的事物。在教室里你可能反倒不会感到兴奋，因为你需要跟数学做斗争，或者老师们并不会讨论这些有趣的话题——即使你主修物理学。虽然有些前沿内容可能经不起时间的考验（任何前沿领域都是如此），但我很乐意向所有学生推荐这本书作为教科书的补充，以便他们更全面地了解数学之外的物理意义。这本书并不是要取代教科书，但它确实更有趣且易读。

这本书的核心是量子力学，但内容已经超越了这个范畴，还介绍了相关应用，沃克为我们提供了对物理世界最奇特、最迷人、最美丽的描述。他非常努力地描述了量子力学，尤其是原子，并将其作为解释化学和我们周围事物的基础。这本书正是把这一部分物理学用非数学的语言和视觉化的呈现方式向我们“翻译”了过来。另外，这本书还时不时地插入了物理学和化学的发展史以及推动科学发展的著名科学家的生活，这些“插曲”也让这本书变得栩栩如生。

在量子力学发展的早期，尽管它在预测实验结果方面取得了令人难以置信的成功，但科学家对量子力学的本质仍困惑不已，为此，科学巨人之间还产生了一些伟大的辩论。例如，阿尔伯特·爱因斯坦（他厌恶量子力学及其违反直觉的结论，最终却因在该领域的贡献获得诺贝尔奖）宣称：“上帝不会跟宇宙玩掷骰子。”尼尔斯·玻尔（另一位诺贝尔奖得主）对此则有一句不那么著名但同样重要的反驳：“不要告诉上帝该做什么。”玻尔也曾说过：“如果有哪个人对量子力学不感到震惊，就说明他不了解量子力学。”然而，80多年后，量子力学可以说是历史上最成功、最具争议，同时也经受住了各种实验考验的理论。

这不是第一本将科学和历史交织在一起的书。实际上，关于这一主题的大多数非学术书籍都会通过介绍历史来缓解量子力学概念带来的冲击。但是沃克还从物理学出发，解释了化学的原理，并讲述了人类对量子力学的理解如何让现代发明和技术成为可能。他在工业实验室的经历大大帮助了他在这方面的叙述（他甚至简要介绍了自己研究过的项目）。不仅如此，他还介绍了我们在地球上看不到的事物，向我们展示了如何通过量子力学的视角理解宇宙——从大爆炸开始直至今天。

地球上的一切事物，包括人类，都是由原子组成的。然而，大多数人都不知道其中遍布的迷人的对称，以及它们如何决定宇宙的大部分属性。这本书为读者提供了一个驶向新认知彼岸的契机。

我相信你会像我一样享受这本书。想必你也会同意这句话：科学比幻想更奇妙。

戴维·托巴克（David Toback）

本科卓越教学撒曼教授，物理与天文系教授

得克萨斯农工大学米切尔基础物理与天文学研究所

2016年9月

作者的话

托巴克教授讲授一门面向非科学专业学生的宇宙学课程，并在2013年出版科普书《无须数学基础的宇宙大爆炸与黑洞导论》（*Big Bang, Black Holes, No Math*）。

前言

我看向窗外纷飞的雪花：雪花本质上是结冰的水，结冰的水本质上是H_2O分子，如果没有特定的量子构造，它们就不会存在了（当然，我也不会存在了）。

我拿出手机：手机的液晶显示屏、导线、半导体芯片，如果没有特定的量子构造，它们也都不会存在了。

我们居住在一个美丽且迷人的量子世界。我们自身就是由量子构成的，其他所有物质和生命也一样。前沿技术的发展越来越依赖于我们对量子法则的理解，然而，我们中的大多数人对此却一无所知。

> 1900年，德国物理学家马克斯·普朗克（Max Planck）在研究黑体辐射时发现，黑体辐射出的能量不是连续的，而是一份一份的，他称之为"能量子"（quanta）。这次事件仅仅是发现之旅的冰山一角，"量子革命"、"量子理论"、"量子力学"、"量子世界"这样的词接踵而至。

本书旨在为热爱思考的大众读者展现一个容易理解的量子世界。我会把量子世界中的概念融入过去120年中人们所经历的科学发现和冲突的历史背景中来介绍。为了完成这个任务，我大胆地借鉴了最优质的文献材料，不仅有纸质的，也有其他形式的，并用心地对它们进行了简化处理，只留下最简单的数学。

我们需要认识到，如果我们所处的世界没有量子法则，原子与原子之间会相互重叠，如此一来，所有由原子组成的物体的体积可能会缩小到只有原来的1 000万亿分之一，然而重量却不变。我们会变得非常小，身高跟头发丝直径差不多，但重量不变。我们会拥有另一套化学体系：元素将具有完全不同的外观和属性。倘若此时分子能够存在，想必也将完全不同：没有水，没有空气，或许只有固体——因为原子之间仅仅通过引力相互吸引。在这个世界里，可能也没有火。生命会存在吗？如果存在，它们的形式会是怎样的呢？思维呢？意识呢？

若不是早期宇宙物质分布不均匀（或许可以由量子涨落来解释），那些本会成为恒星和星系的物质团块将有不同的发生机制，并且要花更长的时间才能聚合到一起。我们也不会拥有太阳、阳光，以及万物生长的地球。

但是，我们就在这儿，星系在旋转，我们依旧拥有身边的一切，这都是因为量子法则以及原子维系着宇宙的运转。虽然在日常生活中我们无法眼见为实，但是这个世界的内在运作机制是非常奇怪的，奇怪到会让我们的脑子一片混乱。

“量子理论”，或者叫作“量子力学”，不仅解释了这个世界内部的奇怪运作，还与爱因斯坦的相对论一同，解释了我们周围所观察到的一切现象，包括牛顿物理学所不能解释的方面。“这个理论中没有一个预言被证明是错误的。”[1]量子力学也带来了新的发明创造。即使在5年前，我们也可以肯定地说“1/3的经济都依赖于量子力学产品”[2]。

量子力学奇异在哪里呢？首先要意识到，在量子世界中发生的事件并不能由过去的事件来预言、决定，而是基于概率。量子世界中存在“量子纠缠”，即非局域性，被爱因斯坦称作“幽灵般的超距作用”[3]——两个处于量子纠缠态的物体分别被放置在相距很远的两个地方，只要测量其中一个物体的状态，就能在没有信息传递的情况下立刻知道另一个物体的状态，这种作用甚至超过了光速。如此一来，我们必须改变对因果关系的理解（有趣的是，解决这些量子世界奇异性的方案本身也很奇异：我们生活在多个平行世界中的一个）。

既然世界是基于如此的奇异性和不确定性运行的，那工程师又是如何测量行星的运动，将火箭发射到月球甚至更远的地方，以及建造出似乎能精确运作的机器的？其实，他们使用（并将继续使用）的经典力学理论——可以看作是物理学理论的简略版——足以描述宏观世界了。相比于描述微观世界的量子力学，经典力学能够为我们研究宏观物体提供更快、更简单实用，同时也足够精确的方法，而无须进行完全准确，但复杂费时，且并无必要的量子力学概率计算。

不过，值得一提的是，工程师使用的现代工具和机器的一些零件，是基于量子力学的观点设计的，比如激光器、超导体和所有半导体电子器件。

在下文中，我将解释我们如何理解并应用量子特性，以造福人类。在第一部分，我将介绍“量子革命”，这场革命促进了我们对量子世界的理解，同时也存在诸多争议。我会介绍一些关键的实验和理论结果，包括量子的发现、概率的性质，以及如今被广为接受的理论是如何描述世界的。我还会通过实例展示这些概念如何推动相关应用的发明，比如激光器。

在第二部分，我会简要总结纠缠理论的进一步发展，并描述其更广泛的含义。事件不能既是“客观实在的”又是“定域的”，我会解释这些术语的意义。在这里我还会介绍一些潜在的新应用：量子计算机，它的运行速度比传统计算机快得多；量子密码学，可以通过纠缠实现神奇的量子隐形传态（和心灵学中的“远距传送”可不是一回事）。

在第三部分，我会介绍量子对我们这个世界的深远影响，从大爆炸后最小的粒子到恒星与星系的形成都有它的踪迹。我会介绍黑洞、超新星、希格斯玻色子和组成宇宙的基本粒子，还会解释大爆炸后极高能量下量子力学和广义相对论的看似不相容性，其可能的解决方案是弦论和圈量子引力。

在第四部分，我会将量子理论和真实的世界，以及我们身边见到的事物联系起来，介绍多电子的原子如何遵循氢原子的量子构造，来解释化学以及所有物质的性质。（对我来说，这是量子力学最重要的产物：一种新的认识，最终成了新的发明创造的源泉。）

我会描绘原子内部的景象，哪怕是物理和化学专业的学生，也能从这些内容中获得启发。随后，我将简要介绍粒子间的结合以及材料科学内容，为第五部分做好铺垫。

在本书的最后一部分，我会介绍许多材料与器件上的新发明，包括超导体与超导器件、核聚变和如今的固态电子量子器件，它们要么来自量子力学的发展，要么可以用量子力学来解释。同时我还会介绍正在开发的新型超导体、半导体和其他材料（包括石墨烯和纳米管），以及这些新材料在医药、电子和能源储存上的应用。

在整本书中，我将讲述一些推动量子力学发展的才华横溢的科学家的故事，让读者们得以瞥见他们的个性和生活。为了将这些故事和其他零散的信息与本书主体内容区分开，我将这些细节内容单独列了出来。我还会做额外的背景介绍和解释，有时候并不按照时间顺序，这些内容零散地插入在书中各处，以缩进的小字段落表示。最后，对于想深入挖掘的读者，我会提供一系列与具体章节相关的附录，以及我推荐的书籍清单（包括一系列的讲座光盘）。我经常多次引用相同的书籍，这些书籍用A—Z的字母进行标记，由于这些书籍数目超过了英文字母总数26，多出来的那部分书籍我将使用两个字母标记，比如AA、BB、CC等。

欢迎阅读本书。

迈克尔·S. 沃克博士

第一部分

发现量子，理解量子

第1章　量子力学的“诸神之战”

我们一直生活在量子世界里，但我们经过了数十年的实验探索和理论建构才发现了这个世界。从1900年起，科学家们发展了一套全新的理论来解释元素的化学性质、元素周期表、原子的尺寸、我们自身的大小，以及许多经典理论无法解释的现象（这些经典理论包括牛顿万有引力定律和牛顿运动定律，它们能够解释苹果的下落和行星的运动）。

新的思想和概念被统称为“量子理论”，用来描述这些想法的数学方法则称作“量子力学”，它将量子理论中的思想整合成普遍适用的计算方法。所有这些工作集合在一起，可以称得上是“人类创造出的最成功的理论”[1]以及“迄今为止最强大的物理理论”[2]。

1925年之前，量子理论只包含一系列假设、一些类似经典结构的理论，科学家们试图用这些理论解释新的实验现象。但是几年后，3名年轻的科学家独立发展出能够精确描述单电子氢原子的数学模型，为科学家们所付出的努力打下了坚实的理论基础。

1927年秋，来自世界各地的24名顶尖科学家来到布鲁塞尔，参加比利时实业家埃内斯特·索尔维（Ernest Solvay）举办的为时将近一周

图1-1 1927年10月24—29日，第五届索尔维会议的参会者合影，会议主题是量子力学（图片来源：Benjamin Couprie/International Solvay Institutes）

的第五届索尔维会议。这是“有史以来最伟大的物理学家聚会”[3]，集中讨论了激动人心且前景光明的量子力学新发现。图1–1展示了这24名科学家和其他5位嘉宾，其中的17名科学家当时已获得或者未来将获得诺贝尔物理学奖或化学奖（注：诺贝尔奖只授予颁奖时还在世的科学家，而这份荣耀通常具有滞后性，有时在一项伟大的工作完成多年后才姗姗来迟。因此，许多科学家还没等到得奖就已去世，没有等到属于他们的荣耀）。

在这次索尔维会议上，物理学家们因为在量子力学的诠释和含义上有分歧，分裂成针锋相对的两大阵营：一派以爱因斯坦（图1–1第一排正中）为首，另一派由玻尔（图1–1第二排最右）带头。双方的争论深入到了客观实在与物理学本身的意义。当初争论不休的观点如今已有定论，但索尔维会议上，双方主要大将首次齐聚一堂，展现并讨论了这些问题，可谓是物理学领域的“诸神之战”。

我将在第一部分展示这次会议的前因，以及量子理论和量子力学是如何发展的，并介绍相关的实验、理论和涉及的人；在第二部分，我将介绍这次会议，以及新理论的提出所引起的争议，探讨其令人难以置信的诠释，以及多年以后澄清了这些争议的决定性的实验。

为了展示这段历史，我在第一部分和第二部分参考了曼吉特·库马尔（Manjit Kumar）撰写的《量子：爱因斯坦、玻尔与实在本质的伟大论战》（*Quantum—Einstein, Bohr, and the Great Debate about the Nature of Reality*）[4]，在前三部分介绍了获得诺贝尔物理学奖的工作以及它们的获奖理由，所有引文来自“二十世纪科学”系列丛书中，由阿尔弗雷德·B. 博莰撰写的《物理学：每一个十年》（*Physics: Decade by Decade*）中“诺贝尔奖得主”一节。[5]

科学记数法以及物理公式

本书中我只会用到最简单的数学知识，通过“科学简略表达法”用公式来描述一些简单的物理关系。此外，在阅读过程中你会遇见非常大或者非常小的数字，我会使用科学记数法来简化这些数字。接下来我会举一些科学记数法以及公式的例子。我建议你花几分钟时间看看这些例子，以便掌握这两种记法，并且在需要使用到它们的时候能轻松理解。

比如，我将光速记成c，著名的爱因斯坦方程可以写作$E = Mc^2$，表示一种有质量的物质所具有的能量（这个方程就是科学简略表达法的一种应用）。c代表光的行走速度。$c = 299\ 793\ 000$米/秒，也可记为m/s。c的上标2代表c与自己相乘，即$c \times c$。

为了更加方便地表示较大的数字，比如光速c，我们将使用科学记数法。具体操作如下：四舍五入保留前几位有效数字，写成小数形式（在这个例子中记为2.998），然后乘以10的几次幂，这个几次幂由小数点后的位数决定（10的几次幂意味着几个10相乘）。在这里，光速$c = 2.998 \times 10^8$ m/s。保留几位有效数字取决于计算的精度。进一步近似取值，我们可以取光速为$c = 3 \times 10^8$m/s以方便记忆（这里10^8意为8个10相乘）。科学记数法也能表示很小的数字，比如电子的质量是0.000 000 000 000 000 000 000 000 000 000 910 83千克，我们可以记为$9.108\ 3 \times 10^{-31}$kg。这里的10^{-31}意为9.018 3除以10^{31}，即除以31次10。

第2章　实验与早期猜想

我们经历了一个漫长的过程才意识到自己生活在量子世界里。一开始，科学家们有些零散的新发现，这些发现不符合经典物理的体系，那时候经典物理学被广泛接受，并被视作绝对正确。现在我们将变身成夏洛克·福尔摩斯，仔细检查这些发现，找出线索并将它们拼接在一起，以解开重大的谜题。当我们逐一分析这些发现时，我会告诉你此处涉及的科学家的生平和相关的物理背景，以便于理解。第一条线索，即量子力学的开端，是由马克斯·普朗克发现的。

第一个发现——能量子

图1–1中，爱因斯坦往左数第二个位置是玛丽·居里，她再往左就是马克斯·普朗克。普朗克在1900年通过对热和光辐射的解释掀起了量子革命。那时，德国是理论物理研究的中心，而整个德国只有16名理论物理教授，是个很小的研究团体。理论物理学的进步大部分来源于30岁以下的年轻人，有些人甚至更早，20岁出头就有所贡献。而普朗克当时已经超过40岁了。

图2–1 马克斯·普朗克（图片来源：AIP Emilio Segre Visual Archives）

德国政府意识到，一个国家的优势来源于研究的发展和创新，于是他们1887年在柏林郊区建立了帝国物理与技术研究所（Imperial Institute of Physics and Technology，简称PTR）。当时的PTR拥有世上最先进的设备和最昂贵的实验室。为了开发出更先进的灯泡，科学家们将精力投入到研究高温物体的热与光的辐射问题上。1900年，新的实验研究表明，用经典物理学去解释辐射问题是有瑕疵的。作为德国（最重要的）柏林大学的高级物理学家，普朗克决定研究这个问题。

马克斯·卡尔·恩斯特·路德维希·普朗克诞生于1858年4月23日，在一个有文化的富裕家庭中长大。他的父亲是神职人员的后代，是基尔的宪法教授，基尔是当时属于丹麦的荷尔斯泰因地区的一部分。马克斯是个好学生，他擅长弹钢琴，曾经有投身于艺术的机会，但因为好奇心选择从事物理学。在他上学时，教授的薪水由国家承担，但理论物理尚未形成自己的研究领域。其间，普朗克博士与多个大学的著名科学家一同工作，但他毕业时各大学却没有合适的教职提供给他。1880年，普朗克成为一名独立讲师，开始了他的教学生涯（独立讲师并不像教授由国家提供薪资支持，他的薪水由学生支付）。8年后，普朗克30岁时，他受柏林大学的邀请去继任古斯塔夫·基尔霍夫（Gustav Kirchhoff）的理论物理学教授职位。

1900年年末，普朗克设计出一个数学表达式，完美地描述了关于辐射的新实验结果，但是这个发现狠狠地驳斥了他自己和其他物理学家信奉的经典物理学理论。普朗克也对自己的新发现背后隐藏的含义感到深深的不安。

为了让读者更容易理解普朗克的新发现的奇怪之处和量子力学的思想，接下来我会介绍当时的人们是如何理解光和热辐射的。

> 16世纪中期，艾萨克·牛顿认为光由粒子组成，他将其称为“微粒”（corpuscles）。1801年，一位27岁青年托马斯·杨（Thomas Young）大胆地反对牛顿的学说。杨发现，任何特定颜色的一束光经过屏障上的两条狭缝之后，会出现干涉和衍射现象，而这两种现象只会出现在波动的物体上。我将用水波作为例子来介绍这个过程。

图2–2中的墙开了两个缺口，墙两侧都有水，当水波从墙的左侧经过两个缺口到达右侧时，发生了衍射和干涉现象。请注意，水波并不是真的在“移动”，而是水分子在向上或向下运动：一个地方的水上升到一个高峰，然后下降，它旁边的水面再上升到一个高峰，就像是足球比赛中，当观众们举起或者放下手臂时，就产生了“人浪”。“人浪”是在观众席上传播，图2–2中的水波是从左侧传播到右侧。

现在我们假设水波以图（a）所示的方式撞击到墙上（波峰和相邻波峰之间的距离称为波长w），每道波的一部分会穿过两个缺口，并在另一侧出现，波在经过缺口时会发生衍射现象（即向外扩展），图（b）中的时刻2到时刻4展现了之后的演变过程。从一个缺口衍射出的波会干涉另一个缺口产生的衍射波，这两个波交叉后会得到干涉波，如时刻3

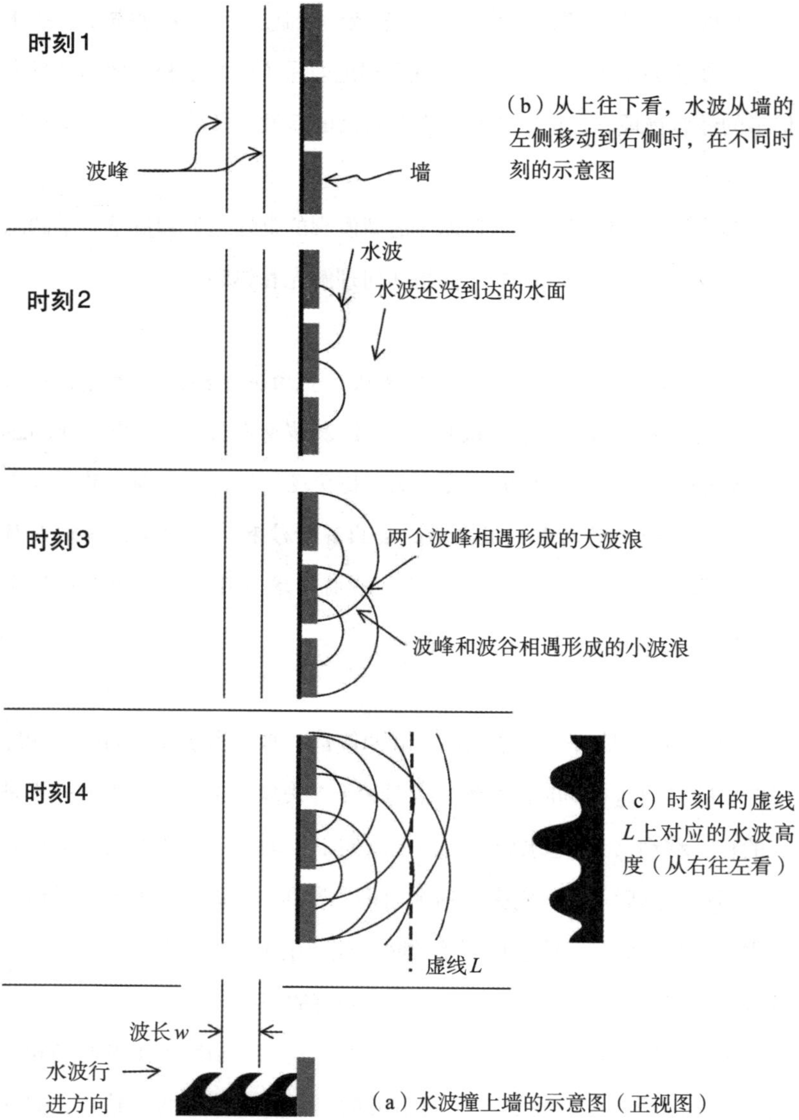

图2–2 水波的衍射和干涉图像：(a) 波长为w的水波从左到右行进；(b) 从两个缺口出来的衍射波，时刻3展示了两个衍射波相互干涉的情景；(c) 展示了干涉图像，即虚线L上所对应的水波高度（这张图经原作者同意后做了修改，原图出自戴维·托巴克《无须数学基础的宇宙大爆炸与黑洞导论》中的图5–1）

所示。图（c）展示了时刻4中的虚线L上对应的水波高度。当波峰与波峰相遇，水波上升的高度就会叠加；当波谷遇上波谷，水波的深度也会加深；当波峰遇上波谷，它们的效应会相互抵消，水波上升或下降的幅度很小。

这是水波的情况，那么对于光又是怎样的呢？图2–2中水波形成的干涉图像，与光形成的图像非常相似。杨把光的干涉图像呈现给伦敦皇家学会，以展示光的波动行为。根据他的理论，粒子并不会同时穿过双缝并与自身干涉，而在他的实验中测量到的干涉区域的光强度，与水波形成的干涉图像是非常类似的。

从杨的实验可以得出结论，光是波，而不是粒子。但是在当时，这个结论没有被接受。

库马尔说："1802年，当杨第一次提出光干涉的想法，并报告了他的早期成果时，他因挑战牛顿的权威而受到恶意攻击。他试图撰写一本小册子来为自己辩护，小册子里宣扬了他对牛顿的看法：'我尊敬牛顿，但是我不会理所当然地认为他的理论是无懈可击的。我看到牛顿也会犯错，这并没有让我得意，而是感到遗憾。有时候他的权威甚至延缓了科学的进步。'[1]但这本小册子只售出了一本。"[2]

到了普朗克时代，情况有所好转，大家已经普遍接受光的波动学说，而不再相信光是一种粒子。"光是波，不是微粒"的观念建立在坚实的理论和实验基础上，但你很快就会看到，与这种观念相反的新证据也开始出现。

接下来我们将研究波都有哪些特性。尽管这些知识看起来很细枝末节，但是对于我们今后的理解非常有帮助。

在杨的实验完成100年后，普朗克的分析挑战了坚如磐石的光的波动学说。为了解释实验中测量得到的辐射数据，普朗克将光或热辐射看作像离散的粒子一样的能量包，他将其称为“能量子”（quanta）。为了让他的理论更好地解释实验，普朗克将每个量子的能量定义为一个常数（以下称为普朗克常数，记为h）乘以光的频率，可记为$E_{量子}=hf$。因此，频率越低（即光的波长越长，在光谱上越接近红端或红外端），量子的能量就越低。相反，频率越高（即光的波长越短，在光谱上越接近紫端或紫外端），量子的能量就越高。你将会看到，普朗克常数在物理学中是一个基本常数，如同π在几何和数学中的地位一样。

相邻波峰之间的距离就是波长w。数一数在给定时间内有多少个波峰经过了墙，你就能计算出波的频率，单位是个/每秒（也可以说每秒通过了多少个周期，每个周期是一个波峰到一个波谷再到另一个波峰）。然后你可以通过波长w乘以频率f，计算出波的传播速度。在科学上我们可以写作$S=wf$。

1900年，光和热辐射都被视作电磁波，它们之间的唯一区别在于它们拥有不同的波长。热辐射的波长比可见光更长，在光谱上它位于红外区域，是肉眼不可见的。所有电磁波的传播速度都是光速c，接近3×10^8米/秒。因此，对于电磁波来说，我们可以将公式改写为$c=wf$。（等式两边同时除以w或f，等式依旧成立，因此我们可以把公式改写成$c/w=f$以及$c/f=w$。如果我们得知电磁波的频率f或波长w其中一项，我们就能计算出另一项：已知频率f，用c除以f可以得到w；已知波长w，用c除以w可以得到f。从另一个角度讲，只要知道频率f和波长w其中一个，你就能得到另一个的数值。有时用w讨论物理问题会更加方便，有时则使用f。）

［附录A对经典物理中的电磁波做了更详尽的描述。如果现在你想大概了解一下电磁波谱上不同类型的波和射线，可以看附录A中的图A–1（c）以及图A–2的波谱。］

普朗克本人对物理学的理解还处在经典物理体系中，光和热辐射的能量传播是离散地、一份一份地传播——这在他看来是非常荒谬的。光被普遍认为是一种波动，它的频率和强度是连续的，可以取任意值。也就是说，在普朗克原来的观念中，光可以越来越暗，没有下限；它在任意的频率下，能量也能连续取值，没有最小限度。现在，为了解释实验中的辐射数据，他假设有光量子的存在。但是正如杨所说，这个微粒状的量子该如何通过两个狭缝衍射、再和自身进行干涉?! 这不可能！实际上普朗克确实认为这不可能。他不会再回到牛顿的“微粒说”，因为这已经被证明是错误的！

然而，普朗克还是展示了他的成果，他有意避开了量子和经典理论之间的矛盾，并将这些矛盾留到以后解决。在之后的10多年里，普朗克想努力解决这些矛盾，却没能做到。他给“能量子”赋予了实体基础，认为光是由一系列不同频率的微观电振子（electric oscillators）传播的，它们附着在发热物体的表面。但是为了解释实验结果，他一直被“离散的能量包”的假设所困。他没有更进一步考虑光本身就是量子化的，只说了光和物质之间的能量转移是量子化的。普朗克余生都在抗拒他自己提出的量子概念所产生的物理学革命。但是他在1900年展现的成果都是正确的，并在1918年获得了诺贝尔物理学奖[3]——“表彰他发现了能量子，为推动物理学进步发挥了巨大的作用”。

第二个发现——光电效应

与经典物理学的彻底决裂，始于1905年爱因斯坦对光电效应的分析。量子原本是普朗克为了方便而建立的一种数学表达方式，爱因斯坦将其转化成一种全新的物理学思想，最终（但不是立刻）被人们接受。

光电效应是指，在适合的条件下，光照射在金属上，金属表面的电子就会弹出来，如图2–3所示。但无论光照有多强，只有当光的波长（波长越短，光量子的能量越大）短于一个特定的值（这个值因金属而异）时，电子才会脱离束缚弹出去。只要光的波长足够短（即光量子的能量足够高），即使很微弱的光也能使电子弹出金属表面。经典物理学理论是无法解释这个现象的！

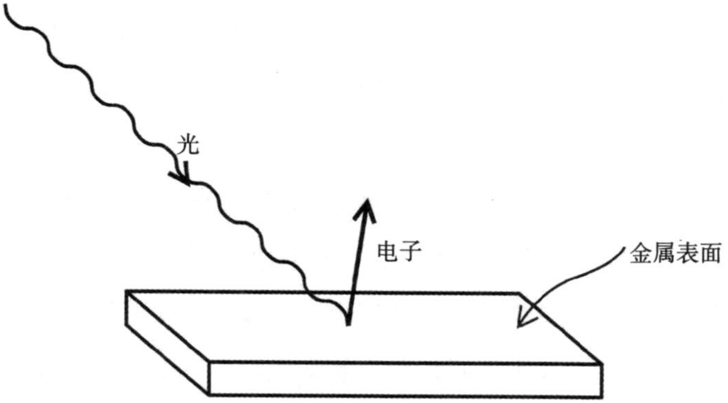

图2–3　光电效应：波长足够短（光子能量足够大）的光打在金属表面上，会使电子飞离表面获得自由

下面我将简短地介绍爱因斯坦对光电效应的分析。但首先应该注意到，爱因斯坦做这些分析工作时年仅26岁，当时他为了养活妻子和年幼的儿子，正在为瑞士政府做专利审查员的工作。让我们花点儿时间了解一下爱因斯坦早年的曲折经历，这些经历也可能促进了他对物理问题

的思考，并为他创造现代物理学中最深刻、最重要的思想奠定了基础。

1879年3月14日，阿尔伯特·爱因斯坦出生于德国乌尔姆市的一个犹太人家庭。他的妹妹马娅（Maja）在两年后出生。爱因斯坦花了很长时间才学会说话，并且他得先在脑海里将句子的结构搭建好并检查一遍，才会把话说出来。直到他7岁时，爱因斯坦才像正常人那样讲话。

据说在爱因斯坦5岁时，他发现一种看不见的力量在移动指南针的针头，这让他开始对物理世界的运作感兴趣。爱因斯坦6岁时，他们举家搬到慕尼黑，他的父亲和叔叔在那里开始从事电子业务。因此他很早就接触了电机，并对电磁的概念很熟悉。他从小就喜欢独处，表现出十足的耐心、坚韧的精神和对孤独的追求。他10岁时就搭了一个14层楼高的纸房子。

十一二岁时，爱因斯坦迷上了宗教研究。但是当他接触了欧几里得、康德、斯宾诺莎的思想和亚伦·伯恩斯坦（Aaron Bernstein）写的《自然科学的热门书籍》后，他感觉自己被宗教蒙骗了。爱因斯坦之所以知道这些思想，都是因为马克斯·塔尔穆德（Max Talmud）——一名贫穷的21岁波兰裔学生，他每周四都被邀请到爱因斯坦家吃晚餐。

爱因斯坦父亲的家族企业因制造直流发电机和电表而开始繁荣起来，两兄弟的业务包括搭建电力和照明网络，还负责了1885年慕尼黑啤酒节的照明工作。但是最终他们的公司败给了大企业，尤其是西门子的交流电系统。1894年，兄弟俩将业务移到米兰。爱因斯坦此时已15岁，他留在了德国，与远亲住在一起，并完成了中学学业。但是他非常担心到17岁时，作为一位德国公民他会被强制服兵役（他后来成为一名反战主义者，但并不是因为要服兵役，而是因为他痛恨德国的军国主义）。

爱因斯坦找了一个借口离开学校，并放弃了德国公民的身份，来到米兰与家人在一起。最后[4]他通过了瑞士的苏黎世联邦理工学院（ETH Zurich）的入学考试，选择了将来能成为数学物理老师的专业。1896年10月入学时，他是6名学生中最年轻的。后来他与另一名学生坠入爱河，她就是米列娃·马里奇（Mileva Marić），出生于奥匈帝国一个家境良好的塞尔维亚人家庭。两人于1903年1月成婚。

尽管爱因斯坦一开始在学校里过得很顺利，但是苦日子即将到来。

爱因斯坦热衷于跟米列娃和朋友们一起探索物理学中的有趣问题。但是他的行事总是按照自己的方式，因此激怒了教授。他逃课，借同学的笔记来学习，最后勉勉强强毕了业。米列娃则没有通过期末考试，她回了家。爱因斯坦没能从他的教授那儿获得一封好的推荐信，因此找不到工作。他甚至没能和他的许多同学一样，拿到苏黎世联邦理工学院的助教职位。同时，他和米列娃的家庭都反对他们的婚姻，尤其是爱因斯坦的母亲。

最终，爱因斯坦被苏黎世大学的博士项目录取，但从那时起他父亲的生意开始衰落。爱因斯坦找了份助教的工作来赚点儿钱。米列娃怀孕了，而她又一次没有通过期末考试。米列娃在娘家艰难地生下了他们的女儿，取名为利泽尔（Lieserl）。爱因斯坦只能写信传达他的爱与支持，但是他没有钱去看望母女俩。利泽尔后来可能被弃养了，并被另一户人家收养。爱因斯坦永远都看不到他的女儿了，他继续默默地在物理学领域努力着。

终于，1902年6月，爱因斯坦在朋友的帮助下找到了一份工作。他开始在瑞士专利局上班，担任三等技术专家，工资是在苏黎世联邦理工学院当助教的两倍。有了可观的收入后，他获得了父亲临终时的许可，在两位朋友的见证下与米列娃在伯尔尼结婚。图2–4是他和米列娃在多年以后拍的照片。1904年5月，在他们的第一个儿子汉斯·阿尔伯特（Hans Albert）出生后，他们开始了新的家庭生活。

图2–4 阿尔伯特·爱因斯坦和他的妻子米列娃·马里奇，摄于1912年（图片由苏黎世联邦理工学院图书馆提供）

爱因斯坦在专利局从事专利申请的技术鉴定工作，这份职业要求他对自己读到的一切内容保持怀疑。这可能为他异于常人的思考奠定了基础，使他能够找到经典物理学中的缺陷。专利局也为批判性思维提供了良好的氛围。尽管一周工作6天，每天8小时，他依旧能够充分利用在办公室里的时间，不仅做好他的本职工作，还能在不被打扰的情况下探索物理学的基本定律。不过，促使他做出成果的不仅仅是专利局安静的环境，还有他的强大的专注力。他不仅能够在繁忙而混乱的家庭生活中工作，也能在社交场合中收回思绪、集中思考。

[这个介绍非常简短。如果你想更多地了解爱因斯坦，感受他的挣扎、成功、品格和低谷，我强烈推荐你阅读阿瑟·威金斯（Arthur Wiggins）和查尔斯·温（Charles Wynn）撰写的《科学中的人性》（*The Human Side of Science*），从第102页起（书目KK）。补充材料由库马尔的《量子》一书提供（书目K）。]

下面，为了让读者更深入地理解爱因斯坦对光电效应的分析，我将要介绍1905年的人们是如何理解电子的：

1897年，科学家通过观察"阴极射线"发现了电子。将两个电极装进真空管中，一个阴极一个阳极，阴阳两极之间隔着一段距离。在电极上施加高电压，电流会击穿阴阳两极间的空隙并在其中流动。这会导致真空管中仍然存在的少量空气发光，展现出"射线"的路径。在对射线进行研究后，J. J. 汤姆孙（J. J. Thomson）在1897年发现它们是由带负电荷的粒子流构成的，这种粒子的质量比氢原子的千分之一还小。牛顿曾用"微粒"解释光的本质，汤姆孙借用了这个名字，将这些带负电的粒子称为"微粒"（corpuscles），但后来人们称其为"电子"。

图2–5（a）是汤姆孙在他的实验中使用的真空玻璃管的示意图。

在他的实验中，真空玻璃管中的电子（总是带有一个单位的负电荷）从阴极（c）出发，在很高的正电压作用下加速穿过狭缝（A）和（B），最后得到带状的粒子束。穿过缝隙的电子携带着它们的动量打到真空管右边的荧光屏上，使其发光。利用加在（D）

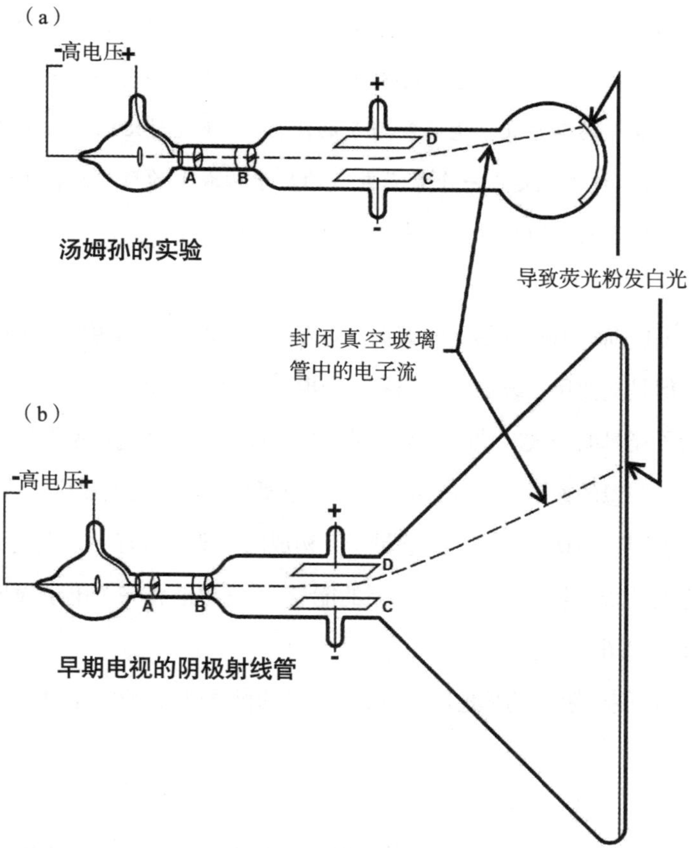

图2–5 （a）是汤姆孙发现电子时所用的装置。图的左侧是封闭的真空管，连接着电源负极的金属热阴极会发射电子流（如图中虚线所示），电子流穿过正电压环（A），并在D和C处遇到正负电压板而发生偏转，最后打在右边的荧光屏上使荧光粉发白光，显示出它们的终点。（b）是早期电视阴极射线管的概念图

和（C）电压板上的较低的电压，电子（运行轨迹如虚线所示）受到电压的作用向上或者向下偏转。因为电子带有负电荷，它会被正电压板吸引并远离负电压板（事实也是如此）。

因为电磁波并不会在电场的影响下偏离轨迹，所以汤姆孙猜想他观测到的射线是由带电粒子构成的。他假设（事后证明是正确的）这种粒子是自然界中存在的最小电荷，是构成大自然的基本电荷单位。因为已知电子的偏转角度和偏转电压的大小，他可以计算出电子的荷质比（电荷和质量的比值）。通过对比电子与氢原子核（随后被发现是由一个带正电荷的质子构成）的荷质比，汤姆孙估算出了电子的质量，约为质子的1/1 800。

爱因斯坦追随普朗克的脚步，对发热物体的光和热辐射理论进行检验。但是他使用了统计工具和另一个模型，也推导出了普朗克得到的关于量子能量的公式。他将光本身量子化（而不像普朗克模型那样认为光是一种假想的振子），并应用光量子这个概念解释了光电效应。

爱因斯坦认为光是由“能量子”构成的。即使只有一个光量子，只要它的波长足够短（即有足够高的能量），它也能将一个电子撞出金属表面，如图2–3所示。

接下来，我将简单地回顾一下汤姆孙的科学成就给世界带来的几种新产品。

真空管的设计和抽真空的技术在不断提高。当科学家们使用更先进的真空管做实验后，他们发现，如果用电将阴极金属加热至红热状态，不需要那么高的电压就可以引发阴极射线。在去掉了偏转电压板、缝隙和荧光屏的装置中，若在阴极

和阳极之间再额外加一个小电压，会极大地影响阴阳两极间的电流。这种管状装置对极小的电信号有放大效应。基于这个原理，许多电子元件被发明出来，并发展成我们现在熟知的“电子学”（electronics）。20世纪50年代，人们发现极小的固体材料也有放大作用。这个发现促进了“固体电子学”的发展。量子器件的出现淘汰了从前使用的笨重的电子管，最终引发了电子革命——将电路与元件集中安装在一块芯片上。我将在第20章和26章介绍这场革命。

大而笨重的“阴极射线管”依旧在电视中使用，直到最近平板电视的出现。图2–5（b）展示了一个这样的阴极射线管，它拥有比汤姆孙的实验装置更大的荧光屏。如意大利面条一般细的电子流在管里流动，经过偏转电压板时，在水平和竖直偏转电压的引导下冲击荧光屏的不同位置，从而使我们在管外能透过玻璃看见被电子流击中而发光的荧光粉。通过改变偏转电压的大小，电子流能在荧光屏上快速沿直线扫过；同时，再通过打开和关闭电子流产生明暗区域，从而形成能够显示一段时间的图像；而这种图像又在接下来的电子流扫射中迅速改变。图像细微的变化通过这种方式无缝连接起来，就成为我们在电视上看到的动态画面。这就是黑白电视的运行原理。到后来，新的方法又促进了彩色电视的诞生。

现在，量子理论可以解释两个经典物理理论所不能解释的现象了。爱因斯坦并不像普朗克那样苦恼于量子思想，相反，他成为量子观点的拥护者，但是仍然存在许多问题等待着他的解答。

由于干涉和衍射现象，光一直被认为是一种波。但如今，光电效应现象又似乎表明光由粒子构成。（又要回到“微粒说”？）倘若光真的是由像粒子般的光量子构成的，那它又是如何形成衍射的呢？一个光量子所携带的能量已经不能再分割了，它在通过缝隙之后又是如何与自身发生衍射，并产生如杨的实验中的衍射图像的呢？

在1909年的一场讲座上，爱因斯坦在当时最著名的一群德国物理学家面前介绍了一个数学模型，这个模型揭示光既有粒子的性质，也有

“如果这是真的，所有我们曾经认为是波的事物，实际上是粒子；所有我们曾经认为是粒子的事物，实际上是波。”

波的性质，后来我们将之称作“波粒二象性”。普朗克作为这场分会的主持人，向爱因斯坦表示了礼貌性的感谢，但是并不认同他的观点。普朗克坚持认为（也被大部分物理学家认同）：只有在物质和辐射间做能量交换时，才需要考虑量子，但没必要将光本身视作粒子或者由量子构成。

1905年，爱因斯坦一共发表了5篇论文，主题涵盖了光电效应、狭义相对论和布朗运动（被视作原子和分子存在的证据），这一年也被称为“爱因斯坦奇迹年”。基于这些以及他后来的工作，爱因斯坦在1921年获得了诺贝尔物理学奖——“因为他对理论物理的卓越贡献，特别是对光电效应本质的发现”。

更多的发现——关于固体的量子理论

1909年，即爱因斯坦加入专利局的7年以后，他结束了在波恩大学为期一年的独立讲师工作，获得了苏黎世大学理论物理助理教授的职位。他的授课方式十分轻松，鼓励提问，很快赢得了学生们的尊重。他又重新将精力投入到物理学的新领域上。

许多固体物质是由原子在三维空间中有周期性地排列堆叠而成。我们感受到的“温度”，实际上是由热量引起的原子在它的晶格位置上的振动。这种振动越剧烈，温度越高。（当我们触碰一块发热的物体时，它的原子将这种振动传递到我们手指的原子上。如果这种振动过于剧烈，我们手指上的细胞会受损，也就是被烫伤。）如果一块固体（比如金属）被加热到足够高的温度，原子的振动会非常猛烈，直到它们脱离原来的晶格位置，四处游走。于是，这块固体就被熔化了。

爱因斯坦将原子的振动看作是由振动频率不同的机械振子叠加而成，就像重物在弹簧的牵引下摇摆。如同普朗克处理光辐射的问题一样，爱因斯坦也假设这些振子的振动频率只能取一些特定的值。他推导出一个公式，用来描述固体吸收热量后温度的变化情况。也就是说，爱因斯坦推导出了固体的热容量。

爱因斯坦的理论在两年内都没什么人关注。然后，转折出现了——柏林大学的杰出物理学家瓦尔特·能斯特（Walter Nernst）成功地在低温条件下精确测量出固体的热容量。这个结果与爱因斯坦的理论高度吻合！

人们开始注意到爱因斯坦。布拉格德意志大学（German University in Prague）邀请他去当教授，他答应了。1911年，他带上妻子米列娃、6岁的汉斯和1岁的爱德华（Eduard）一起搬到布拉格。他也被邀请去参加在布鲁塞尔召开的第一届索尔维会议。他在这次会议上压轴出场，在22名欧洲著名物理学家面前做报告。这次会议的主题是分子和动力学理论（比如关于粒子运动的理论），他的报告内容是固体的热容量。在这次会议上，第一次出现了“量子”的概念（但是光量子并没有出现在日程安排上）。

尽管爱因斯坦在事业上取得了成功，但1908—1911年，米列娃的日子却过得非常艰难。爱因斯坦在波恩大学做独立讲师时（没有薪水），还全职在专利局工作。一年后他获得了助理教授的职位，也肩负起了繁重的教学任务。他在学生中很受欢迎，常在学生们的簇拥下，在苏黎世的咖啡馆与他们一起讨论物理问题。1910年7月，他们的第二个儿子爱德华出生，米列娃得同时照看两个孩子。她感觉自己被忙碌的丈夫忽视了，夫妻间还产生了一些误解。随后，他们搬去了布拉格，米列娃对布拉格的生活感到不满，爱因斯坦也渴望回到苏黎世。在马塞

尔·格罗斯曼（Marcel Grossmann）的协助下，他进入瑞士联邦理工大学（ETH，即更名后的瑞士联邦理工学院）担任物理学教授。早年他甚至连这所学校的助教职位都没能获得。格罗斯曼是爱因斯坦的同学及朋友，后成为ETH的数学与物理系系主任。

一种解决方案——玻尔模型

1911年，丹麦物理学家尼尔斯·玻尔取得了重大突破。他在图1–1中位居第二排最右。玻尔成为这场物理学革命的强大驱动力，他综合了科学家们在量子领域的早期实验和理论成果，并描述了原子与元素的结构。随后，在他的理论物理研究所，玻尔以自己的洞见以及和其他物理学家的讨论交流，成为量子力学哥本哈根诠释的拥护者和领头人。

为了让读者更好地理解玻尔的成就，我简短地介绍下当时人们对原子的认识。

> 1903年——J. J. 汤姆孙发现电子的仅仅6年之后，玻尔提出了原子结构的“枣糕”模型。他在这个模型中设想每个元素的原子带正电的部分是一个有整个原子那么大的、没有质量的球，上千个带负电的电子镶嵌在这个球内，正电荷与负电荷电量相等。随后他又修正了自己的模型，认为原子中的电子数量更少，且大部分原子质量是由正电荷提供的。那时候，许多著名物理学家和化学家仍然不相信“原子”的存在。

玻尔的导师欧内斯特·卢瑟福（Ernest Rutherford）提出了另一个原子结构模型。

卢瑟福在新西兰的一个工薪家庭中长大，家里有11个兄弟姐妹。1895年，卢瑟福在一系列奖学金的资助下来到剑桥大学学习，师从汤姆孙。他延续了之前研究的课题——设计探测无线电波的方法，并探究放射性铀发出的辐射。1898年，在汤姆孙的推荐下，卢瑟福到加拿大蒙特利尔市的麦吉尔大学担任教授一职，在那里从事放射性物质的研究。1901年，在与弗雷德里克·索迪（Frederick Soddy）的合作研究中，卢瑟福发现，一种放射性元素会在释放出α粒子后转变成另一种元素（被称为衰变）。随后他们发现α粒子就是氦原子核。（卢瑟福创造了"半衰期"的概念，他用这个术语描述放射性元素的原子核有半数发生衰变后所需要的时间。）因为这个杰出的工作，他获得了1908年诺贝尔化学奖与曼彻斯特大学的教授职位。两年后，索迪也获得了诺贝尔化学奖。

在曼彻斯特，卢瑟福指派他的助理汉斯·盖革（Hans Geiger，是的，就是发明盖革计数器的盖革）和本科生欧内斯特·马斯登（Ernest Marsden）在实验中用氦原子核（α粒子）轰击金属箔，以此来检验原子的结构。他们发现，尽管大部分α粒子穿过了金属箔，仍然有小部分α粒子被反弹回来。因此，卢瑟福猜测原子中心有个密度大得多的原子核。他的计算表明，原子核的大小只有原子的100 000分之一。他提出原子的行星模型：小小的电子围绕着又小又重的原子核旋转，电子离原子核很远，这样整个原子的大小就与实验结果相符。但是卢瑟福的模型有个极为严重的缺陷，他决定暂时不去理会它。1911年3月，他在曼彻斯特的某次会议上提出了他的想法。然而，模型中的缺陷很明显，大家

的反应非常冷淡。同年的第一届索尔维会议上，甚至没有人讨论他的行星模型。

行星模型的问题在于，它明显违背了带电粒子的一个广为人知的性质：带电粒子做变速运动时，会向外辐射能量。电子在原子中做圆周运动，就如同行星围绕恒星运动一样，是加速运动，有向心加速度。带着负电荷又有加速度，电子就会向外辐射能量，它的运动速度就会变慢，最终坠入原子中心。如此一来，原子不可能稳定存在，我们的世界也就不存在了。这是个很明显的错误。

轨道运动的加速度

如图2–6（b），当我们站在行星或电子的某一侧观察它们的轨道运动时，我们就能看到电子是如何加速的。从这个角度看，电子（或行星）似乎是在来回地振动，从左到右再原路返回，加速度从一个方向变换到另一个方向。再看图2–6（a），若我们从上面俯视，电子（或行星）的加速度一直指向原子核（或太阳）；否则，如果没有向心加速度，电子（或行星）将沿直线向前行驶，永不停息。

根据人们当时的认知，带有加速度的电子，或者说，任何有加速度的带电粒子，都会持续地向外辐射电磁能量。这就是无线电波的产生原理：通过以特定的频率来回加速大量的电子，向外传播特定频率的波。但与原子中电子的运动不同，广播天线中的电子会持续不断地从外界获得千瓦级的功率。所以，在没有外界能量的情况下，卢瑟福模型中的电子会向外辐射能量，并螺旋坠入原子核中，最终使原子分崩离析。因此，人们认为卢瑟福的模型是错误的。

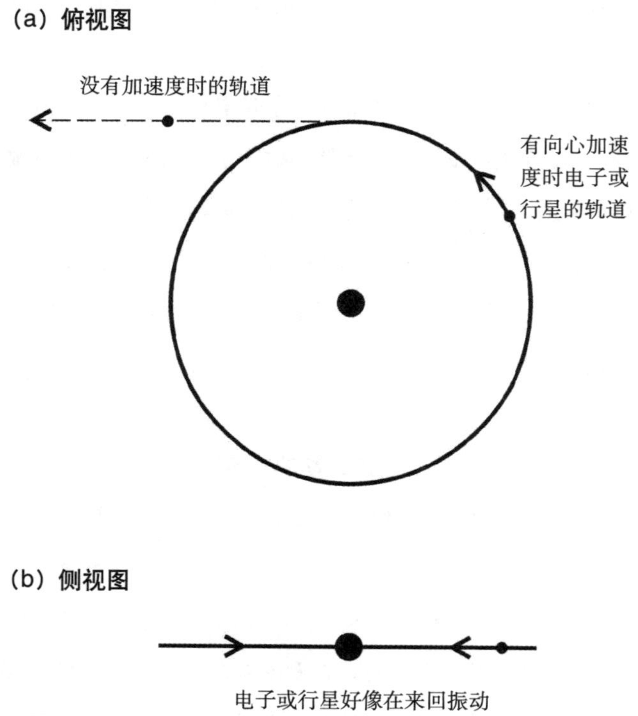

图2–6 （a）太阳的引力为行星运动提供了向心加速度，使行星以圆轨道或者椭圆轨道（没有在图上展示）绕太阳运动。否则，行星就会笔直地冲出太阳系（如虚线所示）。在原子中，带正电的质子会吸引电子，形成类似太阳—行星的系统。（b）从侧视图上看，行星或电子在左右来回地振动

和爱因斯坦一样，玻尔对充满问题与争议，却很重要的物理学研究有着敏锐的嗅觉。他相信卢瑟福的模型大体上是正确的，并着手处理这个模型中的问题。他认为模型中的辐射问题一定与普朗克和爱因斯坦提出的“量子”相关（那时量子思想还未被广泛接受）。

尼尔斯·亨里克·戴维·玻尔出生于1885年10月7日。他度过了一个优渥的童年：他母亲的家族非常富有，在银行业享

有一席之地，在政治上也有一定的影响力；他父亲是哥本哈根大学著名的生理学教授。尼尔斯与他的姐弟从小就接受着文化的熏陶——许多作家、艺术家和学者经常到他家做客，谈论充满智慧的话题。尼尔斯擅长运动，也擅长数学和科学，1903年他开始在哥本哈根大学学习物理，于1909年获得硕士学位，1911年获得博士学位，博士论文是关于金属的理论。

9月，玻尔在一笔奖学金的资助下，前往剑桥大学做博士后，师从当时已经获得诺贝尔奖的J. J. 汤姆孙。这笔奖学金为他提供了一年的资助。但是在剑桥，他发现汤姆孙不怎么关注他，也不怎么与他交流。8个月后，玻尔带着剩余的奖学金投奔了在曼彻斯特的卢瑟福，尽管当时的卢瑟福正被理论物理学家们质疑。玻尔是个足球运动员，这点让他更容易融入当地的环境。

玻尔充分相信自己的直觉。他假设，原子中的电子只能在一系列特定的、离散的“静态”圆周轨道上运动。电子在这些轨道上非常稳定，不会像经典物理理论认为的那样向外辐射能量。他不加证明地做出这个假设，但是这个模型起了作用，他成功地用这个模型量化解释了许多当时未能解释的现象。

为了支持自己的假设，玻尔延续了剑桥前同事J. W. 尼科尔森（J. W. Nicholson）早些时候发表的观点：原子中电子的动量（动量等于质量乘以速度，$M \times v$）乘以电子的轨道半径所得的结果，是普朗克常数除以2π的整数倍，记为$Mvr = (nh)/(2\pi)$，其中n为整数，h为普朗克常数。玻尔证明，如果这个公式是正确的，并且一条轨道上只能存在一个电子，根据经典牛顿力学的数学计算，就能够推导出这些特定轨道的半径正比于n^2！将这个猜想应用在只有一个电子的氢原子上，计算出的5条特定轨道就如图2–7（a）所示。用同样的数学方法可以证明，在这些特定轨道上运动的电子，它们各自携带着一定的能量。这些能量的取值也是离散和量子化的，如图2–7（b）所示。（这就与行星的运动有很大区别。行星的轨道半径可以取任意值，对应的能量也可以连续变化。

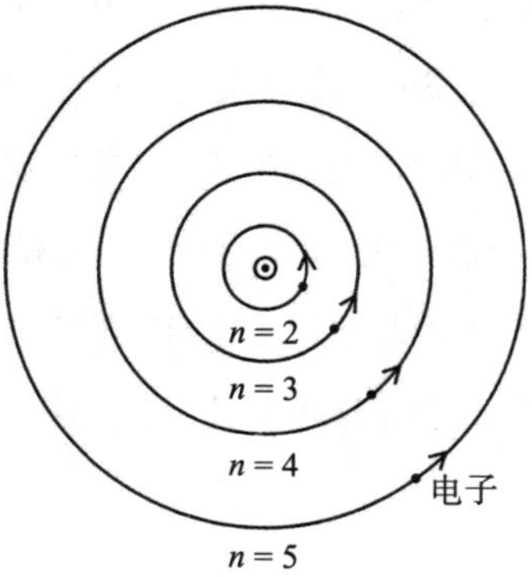

（a）氢原子中电子的玻尔轨道

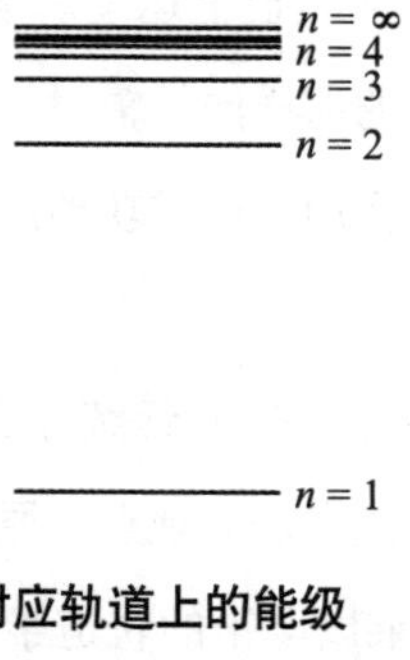

（b）对应轨道上的能级

图2–7 （a）玻尔模型中，氢原子电子的5个能量最低的轨道。质子位于中心，电子绕质子运动。（实际上电子和质子都小到看不见，即使图上这么小的点，也比实际粒子大上1亿倍。）（b）$n = 1$是最低能级，它的轨道半径最小。因为轨道太小，图（a）中画出了该轨道，但没有空间标上$n = 1$（我们将在第14章讨论能级的定义）

每颗行星只是碰巧在各自特定的轨道上运动。若它们获取或损失了一点儿能量，它们就会移动到附近的轨道上运动。）

$n = 1$对应的状态，即轨道半径最小和能量最低的状态，被称为基态。因为没有比基态能量更小的稳定能级，（根据玻尔的假设）电子又只能待在这些特定的能级上，所以在这个模型中，原子并不会像经典物理理论预言的那样坍塌，它是稳定存在的。玻尔的模型还解释了原子为什么是我们观察到的这个大小。

玻尔的模型精确地预言了近60年来无人能解释的实验数据，这使他的理论变得更加可信。接下来我们学习一些光谱的知识，以便更好地理解玻尔工作的重要性。

牛顿早在1666年就做了光的色散实验。他让白光通过玻璃棱镜（截面为三角形的玻璃制品），在屏幕上得到了类似彩虹的多彩色带，他称之为“光谱”。19世纪早期，人们认识到，通过擦火花或者接触火焰可以让不同的物质发出几种颜色的光。利用棱镜组成的分光仪可以将这些不同颜色的光分离开来。图2–8中的光谱仪就将氢发出的光分成4条谱线。每一种元素或者混合物都有它们各自的光谱线。

19世纪60年代，德国海德堡的化学家罗伯特·本生（Robert Bunsen）和物理学家古斯塔夫·基尔霍夫（他就是前文提过的普朗克在柏林大学职位的前任）合作，系统地研究了各种元素和混合物的光谱。激发原子辐射需要干净的高温火焰，于是本生和大学里的机械师彼得·德萨加（Peter Desaga）发明了本生灯。用萨姆·基恩（Sam Kean）的话说，这种方法“让本生成为化学实验室里每个人的英雄，特别是那些曾不小心烧

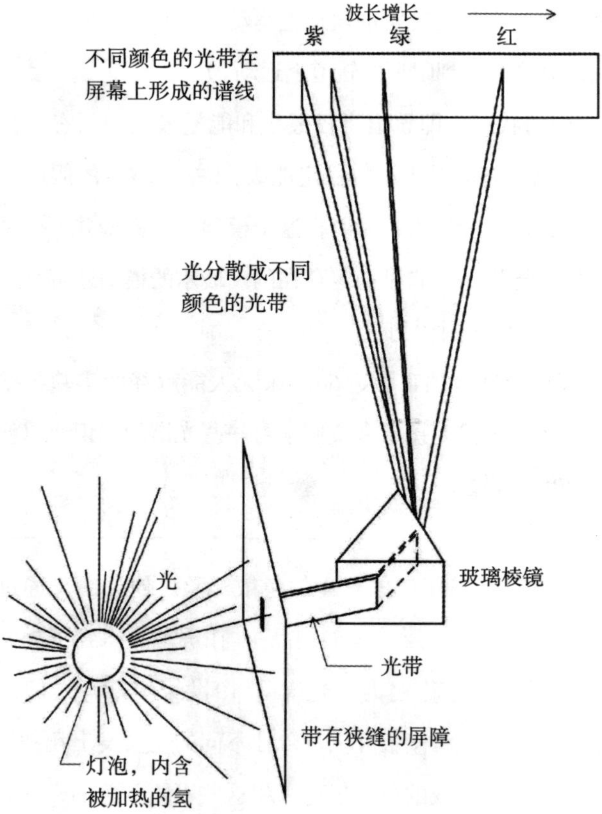

图2–8　光谱仪的工作原理。被加热的氢会发光，光线通过玻璃棱镜时会发生偏折。不同波长的光偏折的角度不同，因此不同颜色的光就被分散开了。氢原子发出的光经过狭缝和棱镜后，产生了4条光带，每条光带有其特征性的颜色，由相应波长的光子组成。这些光子是电子改变轨道（即改变它的能量）时发射出来的

熔尺子或者点着铅笔的人”[5]。当时本生门下有位来自俄国的研究生，叫德米特里·门捷列夫（Dmitri Mendeleev），他后来的工作对元素的表征做出了杰出的贡献，他还促进了元素周期表的发展（我会在附录B中具体介绍门捷列夫和元素周期表的发展）。

氢的谱线（一些早已出现的线索）

图2–8展示了氢的发射谱线，这个实验结果符合玻尔的模型。早在19世纪50年代中期，瑞典物理学家安德斯·昂斯特（Anders Ångström）就测量出了氢的发射谱线。粗略地看，图2–7（b）的氢原子光谱与玻尔模型中的能级非常相似，但实际的氢原子光谱包含更多的细节。

1884年，一名瑞士数学老师雅各布·巴尔末（Jacob Balmer）发现氢谱线的波长可以用一个简单的只包含整数的数学关系式表示，于是他提出了一个经验公式。经典物理理论无法解释氢的谱线和巴尔末的公式，但是当玻尔审视巴尔末的经验公式时，他立刻看出他的模型能够解释这个公式，并且能够预言出所有被观测到的氢谱线。每条谱线都来源于电子跃迁产生的光子——当电子从高能级向低能级跃迁时，跃迁过程中损失的能量被单个光子带走，如图2–9（a）从$n = 5$到$n = 2$和从$n = 3$到$n = 2$的箭头所示。（b）中的大括号表示了电子跃迁中损失的能量。（c）则展示了最终产生的谱线。

玻尔跟那时大多数科学家一样，并不相信普朗克–爱因斯坦的光量子化理论，但是他用普朗克的公式$E_{量子} = hf$来计算电子跃迁产生的光波的频率，然后再用我们之前推导出的电磁波公式$c = wf$（两边同时除以f得到$w = c/f$）计算出相应的波长，发现他算出来的波长与观测到的波长完全匹配。

玻尔很好地解释了氢的谱线问题——电子从高能级向低能级跃迁，损失的能量由发射出的光子带走。只有合理的原子和能级模型才能得到这个结果！（而玻尔模型预测的某些跃迁并没有发生，这个小问题我们

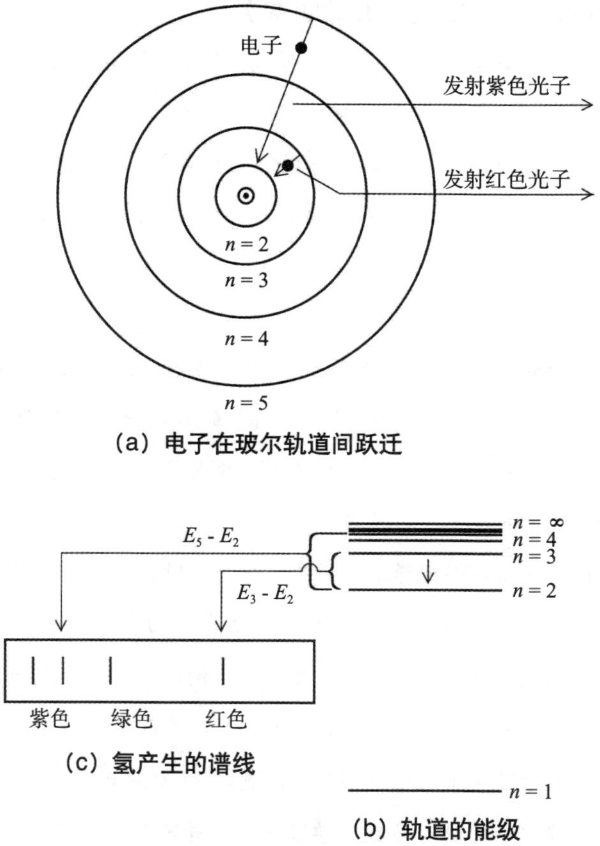

图2–9 (a)电子从$n=5$($n=3$)能级跃迁到$n=2$的能级上，并发射出一个波长在紫色(红色)光区域的光子。(b)大括号表示能级的改变和能量的改变，即电子在跃迁过程中发射出的光子的能量。(c)这两种电子跃迁产生两种能量的光子，这两种波长的光子在屏幕上分别显示出紫色谱线和红色谱线

将在后文中解释。)

1913年3月6日，玻尔将他的第一篇关于“原子与分子的组成结构”的论文递交给卢瑟福(将论文交给高一级的科学家阅览和修改是当时学术界的传统，这样能够让论文更快地发表)，这篇文章在4月就发

表了。他又写了第二篇和第三篇论文，主题是电子在不同元素原子中的可能排布，这两篇论文分别在同年9月和11月发表。

9月，在英国的一次会议上，玻尔的半量子、半经典的原子模型得到了不同的评价。在欧洲大陆上，他的理论则遭到了质疑。但是玻尔扩充了自己的学说。他分析了太阳光谱中与氢的谱线并不吻合的谱线，指出这些谱线与玻尔模型中预测的氦谱线大致相符（正是这一点让当时已经很有名望的爱因斯坦认为玻尔的模型是有价值的）。

战争及其后续——光量子和广义相对论的出现

1914年8月，第一次世界大战爆发。由于激进民族主义情绪的蔓延，科学家也加入了战争的行列，这使得欧洲许多实验室都难以运转。

作为柏林大学的校长，普朗克派他的学生去支持这场“正义的战争”。他还与其他杰出人士签署了臭名昭著的宣言，罔顾事实地宣称德国并未违背比利时的中立声明，德国一直是被迫加入战争，没有犯下暴行。（不过，普朗克很快就后悔了，并向其他国家的朋友道歉。）爱因斯坦作为瑞士公民，并没有被要求去签署这份宣言。但是他十分关注这件事，还帮忙制定了反战宣言，严厉斥责德国知识分子狂热的民族主义情绪。他是这份反战宣言仅有的4位签名者之一。

尽管非常厌恶德国的民族主义，但那年年初爱因斯坦还是回到了德国，以担任普朗克和能斯特提供的极有名望且诱人的三重职位：有一份不错薪水的普鲁士科学院科学家、没有任何教学任务的柏林大学教授以及即将成立的理论物理研究所的管理者。但是米列娃并不愿意回到德国。她怀疑爱因斯坦和他已离婚的表妹埃尔莎日益增长的“友谊”不纯，而且他母亲也在那边。米列娃和爱因斯坦开始争吵，最后他们分居了，米列娃带着两个儿子回到了苏黎世。

1914年4月，詹姆斯·弗兰克（James Franck）和古斯塔夫·赫兹（Gustav Hertz）演示了在电子的轰击下，汞蒸气中汞原子会发生类似玻尔描述的原子跃迁。爱因斯坦受这个实验启发，开始研究发生跃迁的可能理论机制。他再一次发现光必须量子化，更进一步来说，光量子本身也含有动量（没有质量却有动量？有意思！），动量决定了光子的前进方向。所有这些线索都证明：光是由量子化的粒子构成的。但是，这个构想在9年后才被人们认可，因为只有量子是具有动量的粒子，才能解释另一个实验的结果（我将在第3章介绍这个实验）。

在“一战”期间，爱因斯坦还完成了他著名的理论——广义相对论。这个理论主要论述了在大质量物体的引力的影响下，空间和时间会发生扭曲。广义相对论成功解释了水星轨道的进动，并预言了星光在经过太阳附近时会发生弯折。这个效应在1919年5月29日日食发生时被观测到了。

广义相对论的理论被证实以后，爱因斯坦的头像登上了报纸头条，大街小巷都在讨论着相对论，德国则大肆宣扬着德国科学的胜利。1919年2月，他和米列娃的婚姻走到了尽头，他向米列娃承诺会提高赔偿金额，并付给她离异抚养金和未来获得的诺贝尔奖奖金。德国当时已被战争击溃，人们饱受饥饿的折磨，很快还要承担过高的财政负担。1923年，通货膨胀使得德国货币贬值到了难以置信的地步——4万亿马克才能兑到

1美元，80亿马克才能买得起一条面包。早在1919年的战后，反犹太主义就已开始抬头。爱因斯坦作为公众人物与反战人士，在自己的讲座上受到了威胁。尽管有政府的保证，爱因斯坦依旧担忧自己的安全。他开始回避在公众面前亮相。两名获过诺贝尔奖的德国物理学家——菲利普·莱纳德（Philipp Lenard，测量了光电效应）和约翰内斯·施塔克（Johannes Stark，发现外加电场会使得氢的谱线分裂）变成狂热的反犹太主义者，他们联合了一群科学家，在1920年专门公开谴责爱因斯坦，攻击相对论是“犹太物理学”。能斯特等人则在报纸上为爱因斯坦辩护。

对玻尔模型的扩展

1916年，当玻尔回到哥本哈根时，他发现阿诺德·索末菲（Arnold Sommerfeld）已发表了论文。索末菲是慕尼黑大学的杰出理论物理学家。当时的技术已能够更加精确地测量氢的光谱。新的实验表明，氢的每条谱线都存在着“精细结构”——每一条都分裂成一系列间隙紧密的谱线。当置身于电场或磁场中时，氢还将分裂出更多的谱线。

玻尔的模型并不能解释这些多出来的谱线，他的理论似乎陷入了僵局。索末菲更擅长数学，他在模型中引入了椭圆轨道，以及所在不同平面的圆轨道，还考虑了相对论效应（电子的运动速度快到需要考虑相对论效应了），似乎解决了出现的大部分新问题。他另外增加了两个量子数l和m（还有此前就由玻尔引入的n）来描述分散的能级。我们稍后会了解这些量子数和它们的物理意义。

玻尔还在英国的时候，就被任命为哥本哈根大学新设立的理论物理学教授。由于玻尔-索末菲理论的成功，玻尔在物理界声名鹊起。1917年，他的朋友出资买下土地和大楼，玻尔在获得许可后，在那里建立了理论物理研究所，也被称为玻尔研究所。这个研究所在1921年竣工。他希望新研究所能形成良好的学习和研究氛围，如同他在曼彻斯特享受的研究生活一样（图2-10展示了那个时候的玻尔）。

图2-10　尼尔斯·玻尔，1922年（图片来源：A. B. Lagrelius and Westphal / AIP Emilio Segre Visual Archives / W. F. Meggers Gallery of Nobel Laureates）

由于战争，德国科学家被排除在国际会议之外。但是玻尔没有这方面的偏见，他依旧邀请索末菲来哥本哈根交流，随后玻尔在1920年4月也被邀请去柏林访问。在那里，他第一次见到普朗克和爱因斯坦，他当时还借住在普朗克家中。那些日子里，他们每天都在讨论物理学。玻尔和爱因斯坦一起在柏林的街道上散步，有时玻尔还去爱因斯坦家用餐。8月，爱因斯坦在从挪威回家的路上，还顺道去拜访了玻尔。

对元素周期表的解释

接下来，玻尔尝试用玻尔–索末菲理论定性地解释元素周期表和元素的性质，他尤其想弄清楚，按照周期表中元素由轻到重的顺序，为什么惰性元素（几乎不参与化学反应的元素）会周期性地出现，并且前后相邻的都是活泼元素？经典物理理论一直无法解释元素的性质、元素在周期表中的位置和性质的联系，也无法解释元素周期表的某些特性（我会在第16章和第17章提供相关背景，在附录B中简单地介绍元素周期表的发展历史和那些为此做出贡献的极具魅力的人物）。1922年6月，玻尔受邀去往哥廷根，并针对这一主题做了7场讲座。此时，爱因斯坦非常担心自己的安全，他没有出席这次讲座。但当他听说了玻尔的理论后，赞叹这些解释“如同一个奇迹”。

1922年10月，玻尔获得了诺贝尔物理学奖，颁奖词是“表彰他对发现原子结构和原子辐射做出的贡献”。在玻尔–索末菲理论的基础上，他预言了当时还未发现的新元素的存在——铪，原子序数为72（表示这种原子有72个电子和等量的质子）。他在12月做诺贝尔奖讲座期间做出了这个预言，后来被实验证实。

不过，这个模型依然存在两个缺陷，最终被一个年轻人解决了，他就是沃尔夫冈·泡利（Wolfgang Pauli）。他在玻尔–索末菲模型中又增加了两个假设。

泡利是维也纳人，在图1–1中他排在最后一排右数第4位。他的智慧不亚于爱因斯坦（图2–11是比参加该届索尔维会议时更年长的泡利）。

泡利出生于1900年4月25日。他的父亲曾经是一名医生，后来又转向科学领域。与此同时，他将姓从帕谢勒斯

图2–11 沃尔夫冈·泡利（图片来源：AIP Emilio Segre Visual Archives）

（Pascheles）改成泡利，信仰上也改信天主教，以此来躲避日益增长的反犹太人浪潮。泡利在他的成长过程中完全不知道自己的犹太人血统。他的母亲是一名和平主义者兼社会主义者，在当时是位颇有名望的记者兼作家；泡利和小他6岁的妹妹从小就受到艺术、医学和科学的熏陶，相关领域的知名人士经常来他家做客。

泡利在教父的影响下，很早就对物理学产生了兴趣。他的教父是奥地利著名物理学家恩斯特·马赫（Ernst Mach）。在泡利厌倦了学校生活后，家里请了家教来教导他；在他厌倦了家教后，他开始自己阅读爱因斯坦的相对论论文。1919年1月，仅有18岁的泡利发表了一篇关于相对论的论文，从而被这个领域的人熟知。那年，他离开了维也纳（因为这里没有能教导他的老师），在慕尼黑开始了他的博士生涯，师从倍受尊敬的物理学家阿诺德·索末菲。不过，相比于日常的学习，他更喜欢慕尼黑的夜生活。索末菲给他布置了一个研究课题，将新量子物理应用在电离氢分子上。但泡利无法用玻尔–索末菲模型来解释电离氢分子的特性，这被认为是模型的一个缺陷。获得博士学位以后，泡利在1921年去往哥廷根，成了马克斯·玻恩（Max Born）的助理。

在图1–1中，玻恩位于第二排右数第二位（紧挨着玻尔）。他找到泡利，决心要在哥廷根建立一个与慕尼黑索末菲的研究所相比肩的理论物理研究所。早些年，年轻的玻恩在柏林和爱因斯坦结下了深厚的友谊。两人都热衷于追求物理学与音乐，甚至在玻恩服兵役时（训练营在柏林附近），爱因斯坦也经常邀请玻恩晚上到他家里欣赏音乐。玻恩通常利用他精通的数学来研究物理，而泡利更多依靠自己的物理直觉。

自旋——行得通的思路之一

1922年，玻尔–索末菲模型认为原子中的电子占据在多个态形成的组中。每个组被称为“壳层”（shell），携带的能量与附近的一条玻尔轨道能量相近。玻尔开始描述元素周期表的图景：每一种原子的原子核，是周期表中前一位元素的原子的原子核再加上一个质子；相应地，原子核外的壳层中也要增加一个电子。壳层上的电子要么快被填满，要么在填满一个壳层后，又开始填充下一个壳层，正是电子的这种填充状态决定了元素的化学性质。那些不容易发生化学反应的元素——氦、氖、氩等惰性气体的原子被认为，它们的每个壳层都填满了电子，结构稳定，不容易与别的元素发生反应。

这个模型的第一个问题是，惰性气体原子实际拥有的电子数量，是按照玻尔–索末菲模型填满壳层所需电子数量的两倍。1925年春，泡利假设（没有任何理由和证明，如当初的玻尔一样）对于每一个玻尔–索末菲模型中的“态”，还存在着另外一种属性，需要由第4个量子数来表示，这第4个量子数包含两个可能的值。玻尔–索末菲模型中的每个电子轨道都可以任取其中一个值，那么电子的总和就刚好是原来模型中电子数量的两倍，这正好可以解释惰性气体元素的问题。

莱顿大学的两名荷兰博士生——乔治·乌伦贝克（George Uhlenbeck）和塞缪尔·古德斯米特（Samuel Goudsmit）提出，所谓的"第4种属性"是电子的内禀性质，并不是电子轨道的一部分。他们将这种属性称为"自旋"（spin），但并不是说电子真的在自转。自旋是量子世界中一个独特的属性，甚至不能在经典物理理论中找到一个可以类比的概念。这两位学生在1925年夏天发表了他们的成果。所以，现在有4个量子数来描述电子所处的状态，即n、l和m，以及自旋量子数。

诺贝尔奖委员会原本考虑颁奖给乌伦贝克和古德斯米特。但是在更早的时候，哥伦比亚大学博士毕业生拉尔夫·克洛尼格（Ralph Kronig）也独立提出了"自旋"的概念。他当时在欧洲做博士后研究。于是，在一片争议声中，诺奖委员会决定不对"自旋"方面的课题进行颁奖。

不相容原理——行得通的思路之二

第二个关于壳层理论的问题是，如果电子在壳层中的排布倾向于让原子处在最低能量的状态——这是自然的本性，那么所有电子都会堆积在最低能量态上。如果所有电子都在同一个态上，自然也不存在"填满壳层"的说法，如此一来，所有元素的性质都无法解释了。

为了让这个理论更好地运作，泡利在1925年提出了"不相容原理"（exclusion principle）——在原子中不能有两个电子处在同一状态。也就是说，不能有两个电子具有完全相同的4个量子数，即n、l、m和自旋的取值一模一样（再次申明，泡利提出这个理论并没有实质的证明和理由，仅仅是因为这能够解释周期表的元素分布）。原子中的电子从最低能态开始，逐个占据空余的、能量最低的态。当某个壳层的每个态都被电子占据后，下一个电子就从下一个能量更高的壳层开始，占据这个壳层中能量最低的态，原子中的最后一个电子占据了整个原子中能量最高的态，它显示了原子最外层壳层的填充程度。元素的化学性质在很大程度上取决于原子最外层电子占据壳层的情况。比如，最外层壳层空缺两个态、空缺一个态、填满壳层（惰性气体）、比满壳层多一个电子、比满壳层多两个电子等。最外层的电子排布又是怎样影响元素的化学性质的呢？我将在第四部分讲述这个内容。关键是这个理论非常有效！在玻尔理论的基础上，加上自旋和不相容原理的假设后，就能够完整地解释元素和它们的性质了！泡利在1945年获得了诺贝尔物理学奖，颁奖词是“表彰他发现了不相容原理，也称泡利原理”。

虽然玻尔–索末菲的模型成功地解释了元素及其性质，但许多物理学家仍然感到不安，因为这个模型借助了太多假设，并且它仍然避开了经典物理理论中加速电子会向外辐射能量，最终向内落入原子核的问题。其他人，包括泡利，则对这个修修补补的理论感到更加挫败：他们需要一套全新的物理学理论。

第3章　量子力学与量子原子

从1922年起，量子力学开始迅猛发展，呈现出与玻尔、索末菲、泡利、爱因斯坦眼中不一样的物理世界，一个前人无法想象的世界。我将在本章重点介绍这些发展，使读者更加了解这个世界，也就是我们所在的世界。

康普顿散射：光量子的证据

1920年，美国优秀的实验物理学家阿瑟·霍利·康普顿（Arthur Holly Compton）被任命为华盛顿大学圣路易斯分校教授及物理系主任，当时他年仅27岁（图1–1中他在第二排，站在爱因斯坦后面）。1922年至1923年冬季，他在威斯康星大学取得了优秀的成果——用单色X射线（一种高能电磁波，波长与原子尺寸相当）照射石墨后，反射回来的光波长变长，类似于用紫色的光照射物体后，反射的光变成了红色。这种现象被称作“康普顿效应”。

波动物质无法产生这种效应，事实上，光的波动学说完全无法解释康普顿效应。唯一可行的解释就是1916年爱因斯坦提出的理论——电磁辐射本身具有动量，如同有动量的粒子。石墨原子（即碳原子）中的电子与入射的X射线光量子碰撞后反弹，电子吸收了光量子的一部分动量，因此，反射回来的光的能量和动量减小了，即，它的波长变长了。

但是这个假说遭到了玻尔和他的两位同事的质疑。玻尔无法接受光本身是量子化的、具有动量的观点。康普顿假设电子和光量子碰撞的过程中，它们的能量和动量守恒。玻尔反驳说（他在公然藐视物理学最基本的原理之一），能量守恒在原子层面上是无法被证明的。

随后康普顿找到了一种方法，不仅能够确定反弹电子的存在，还证明了电子与光量子碰撞过程中能量和动量守恒。德国的汉斯·盖革与瓦尔特·博特（Walther Bothe）也观察到了同样的现象。这一系列的实验结果为电磁量子的粒子本质提供了无可辩驳的证据（实验还证明干涉现象也与光量子相关），也正是因为有了这些实验现象及解释，物理学家们最终接受了光量子假说——光的行为既像粒子，也像波（正如爱因斯坦在1905年对光电效应的分析）。波粒二象性中的“粒子行为”终于被证实了。爱因斯坦和他的学说被孤立了将近20年，如今终于被认可。康普顿在1927年获得了诺贝尔物理学奖，“表彰他发现了以他名字命名的效应”。

康普顿在他1928年发表的论文中使用了“光子”（photon）一词指代光量子或者X射线粒子，该词来自光的希腊文。随后，“光子”被广泛使用，也泛指电磁辐射的粒子［但也有说法是吉尔伯特·刘易斯（Gilbert Lewis）在1926年就命名了“光子”。[1]］在下文，我仍然使用“光”（light）指代“光子”包含的概念，虽然“光”在通常语境中是指电磁波谱上的可见光范围（参考附录A）。

粒子中的波动行为

1923年，路易·德布罗意（Louis de Broglie，图1–1第二排右数第三位就是他，更近距离的照片见图3–1）还是巴黎索邦大学的一名研究生。他意识到，如果光表现出了粒子行为，那么一些本身就是粒子的物体，比如电子，也可能表现出波的行为。德布罗意用计算证明了自己的想法。德布罗意的想法非常激进，但当他的论文审稿人保罗·朗之万（Paul Langevin）写信给爱因斯坦，询问他对德布罗意研究的看法时，爱因斯坦读完论文后回复道："他掀起了伟大面纱的一角。"[2]

图3–1　路易·德布罗意（图片来源：Deutscher Verlag / AIP Emilio Segre Visual Archives / Brittle Books Collection）

路易·维克多·皮埃尔·雷蒙·德布罗意于1892年出生在一个法国贵族家庭，拥有法国公爵和德国公爵两个头衔。他的哥哥莫里斯（Maurice）比他大17岁，在他们的父亲去世后主管整个家庭，那时路易才14岁。莫里斯先是在军队中开始了他的职业生涯——这是家族传统，但后来他接触到无线电通信技术，对科学产生了兴趣，于是离开军队，在巴黎法兰西学院的导师朗之万的指导下获得了博士学位。随后，他在巴黎的宅邸中建立起实验室，并成为X射线方面著名的研究者。

路易在家里接受通识教育，在他哥哥的教导下学习。受莫里斯和他的实验室的影响，路易选择从事科学行业。当时由于战争的爆发，义务兵役从一年延长到5年。服兵役之后，路易和哥哥一起工作，发表了几篇论文。

路易用驻波的图样重新描绘了玻尔轨道，就像吉他弦的简谐振动一样，如图3–2（a）所示。驻波名字的由来是因为它的波形是固定的，无法向任何方向传播。图3–2（a）中最底端的图展示的是半波长弦。半波长弦以基本频率（下文用“基频”指代）上下振动，基频决定了弦的基本音高。图中，实线为向上摆动的最远范围，虚线为向下摆动的最远范围，这两个位置决定了弦的“振幅”。图3–2（a）中上方的3个波形图展示了3个“谐波”，它们决定了弦的音色。谐波的振动频率都是基频的整数倍。

德布罗意猜测，一个电子轨道中容纳了整数个全波长［全波长如图3–2（a）倒数第二个图所示）的波］，这些波形成了一个闭合的圈。图3–2（b）就展示了$n = 5$的玻尔轨道容纳了5个全波长的波的情景。这个假设推导出了与玻尔的计算结果相同的量子化能量和轨道。但是在德布罗意的模型中，电子被看作一个驻波，而不是在轨道中运动的粒子。电子没有在做加速运动，相应地也不会辐射出能量，从而减慢速度，最终落入原子核中。德布罗意的驻波模型避免了经典物理理论和玻尔模型的冲突。

德布罗意还提出，如同光会表现出粒子行为一样，电子作为自由粒子的时候也会表现出波的行为，它们会像波一样发生干涉或者衍射，如图2–2的水波行为。

1926年，两名美国物理学家克林顿·戴维森（Clinton Davisson）和莱斯特·格尔默（Lester Germer）观测到了电子的波动行为。他们将电

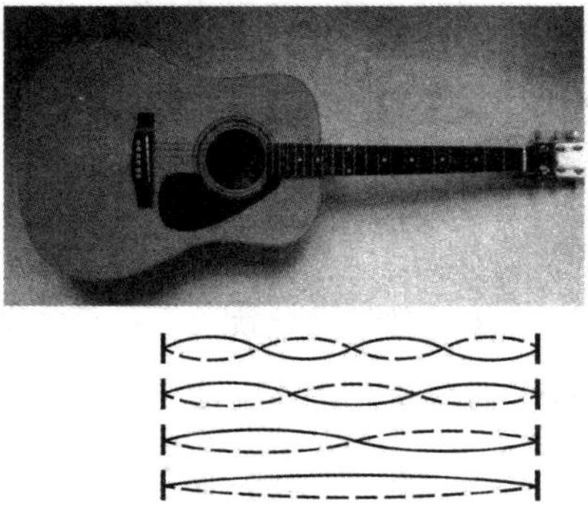

(a) 吉他弦做简谐振动时
产生的驻波

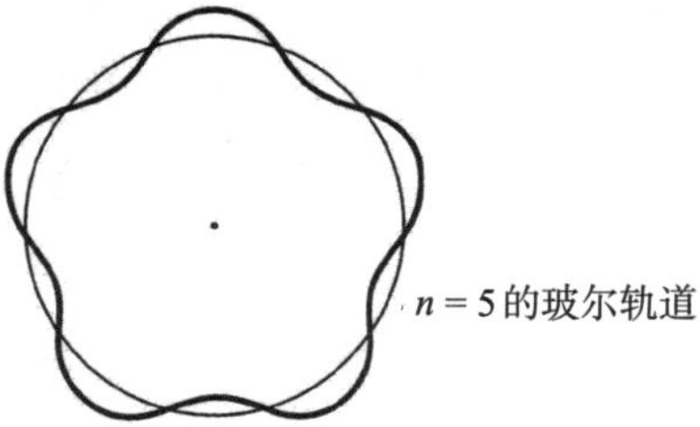

(b) 德布罗意电子，被视作
闭合成环的简谐驻波

图3–2 （a）最底下的图是以基频振动的吉他弦，上面三幅是以最低基频整数倍的频率振动的弦。它们振动的模式被称为“驻波”，因为实线和虚线组成的波形是固定的，不会传播。（b）德布罗意模型中，氢原子中的电子被视作一组沿着玻尔轨道成闭合环的驻波。图中显示 $n = 5$ 的玻尔轨道附近的电子驻波

子束打到镍晶体中，由此观察到了电子的衍射和干涉现象。（在晶体中，原子会形成周期性排列的晶格，从而使电子发生衍射，衍射后的电子再发生干涉，就像图2–2中水波先经过两个缺口分别发生衍射，衍射后的水波再发生干涉一样。）当时，两位物理学家并不知道德布罗意提出的学说。接下来的一年中，这两位物理学家再次确认了电子先衍射后干涉的现象。同时，英国物理学家乔治·汤姆孙（George Thomson，J. J. 汤

姆孙的儿子）在使电子束通过金属薄膜时，也观测到了类似的现象。

只有带有波特性的物质才能产生干涉和衍射现象！经典的物理理论——粒子就是一个只存在于特定位置的点物质——受到了挑战，它们的波动行为如今得到了证实！

1929年，德布罗意获得了诺贝尔物理学奖，“表彰他发现了电子的波动性”。戴维森和汤姆孙共享了1937年的诺贝尔物理学奖，“以表彰他们在实验中发现晶体中电子的干涉现象”。

在这里我要插播一段最近做的揭示电子波动性的实验。

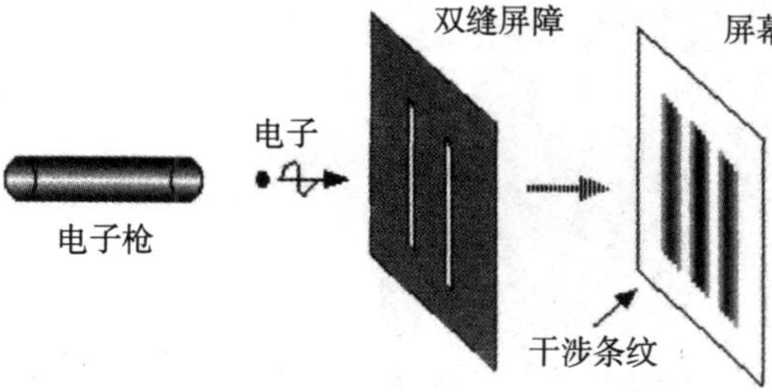

图3–3 电子枪每次只发射一个电子。每个电子穿过双缝屏障后在屏幕上打出一个黑点。当有许多电子穿过双缝屏障时，它们在屏幕上呈现出了形如几条黑棒的干涉图样——最中间的颜色最深，越往两边黑棒的颜色越浅（图中只画出了三条，实际两侧还有颜色更浅的棒）。若记录这些黑点的个数，并画出黑点的密度与位置的关系图，就能得到类似于图2–2（c）的水波高度图

电子的波粒二象性在双缝衍射/干涉实验中得到了完美的体现。实验装置如图3–3所示，所有装置都位于一个真空室内。位于双缝中轴线上的电子枪每次发射出一个电子，最后打在屏幕上，留下一个黑点。成千上万个电子在屏幕上打出成千上万个点，产生了类似于波的干涉图像（如图中屏幕上显示）。

图3–4展示了当电子越来越多时，它们在黑底屏幕上留下的白

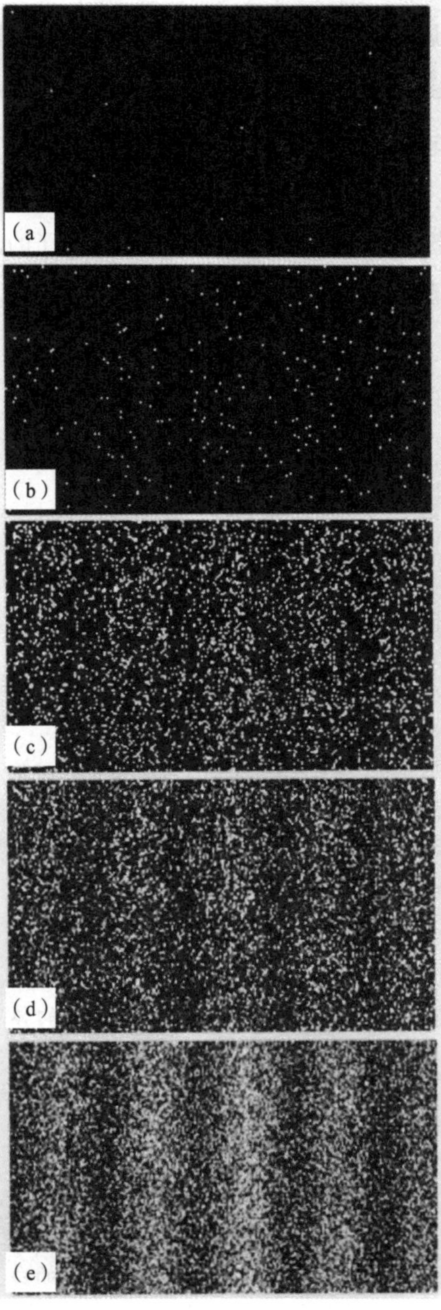

图3–4　也是类似图3–3双缝实验的结果图。它的不同之处在于，图中的屏幕是黑色的，电子打到的位置用白点表示。随着白点越来越多，干涉图案也越来越明显：(a) 11个电子打在屏幕上；(b) 200个电子；(c) 6 000个电子；(d) 40 000个电子；(e) 140 000个电子。每个电子在发射出后表现得像粒子，但当它经过双缝后与自己产生干涉并最终打在屏幕上时，它的行为就如同波

点累积形成的干涉图案：（a）当只有11个电子时的图案；（b）200个电子；（c）6 000个电子；（d）40 000个电子；（e）140 000个电子。电子的粒子性体现在，电子枪是一个一个地发射出电子的，电子也是一个一个地打在屏幕上，并且生成一个个白点的。但是，电子的波动性能让单个电子“同时穿过双缝”，或至少感知到双缝的位置，因此，当电子枪射出一个又一个相互独立的电子时，这些电子在屏幕上打出的白点就形成了干涉图案。

我们认为是粒子的电子，表现出了波动行为。难道电子能够以某种方式把自己分成两半通过双缝，并和自己发生干涉吗？

现在让我们回忆一下，托马斯·杨的双缝干涉实验证明了光是一种波动，如之前我们在图2–2中讨论的那样。最近，普林斯顿大学的莱曼·佩奇（Lyman Page）做了一个类似图3–3装置的实验：逐渐减弱单色光（即只有一种波长的光）的强度，使得每次只有一个光子通过双缝。随着一个个光子的射出，屏幕上出现的白点越来越多，然后形成干涉图案，类似于图3–4产生的现象。我们依旧会问一个同样的问题：光子是以什么方式通过双缝，又如何与自己发生干涉的？

经典物理学理论无法解释单个粒子的波动行为。不管是单个电子还是单个光子的双缝实验，都是我们居住在量子世界中的最好证明。并且，如你所见，我们的量子世界非常奇异，而量子力学为这种奇异性提供了解释。敬请关注。

（我现在可以说，我们对波粒二象性这个话题有一些了解了，但是我们还没有完全理解它。）

这里有个实际应用中利用了粒子的波动行为的例子。

> 早在1926年之前，人们就知道了光学显微镜的精度是受到光波长限制的。波长的长度应该比与被观察物体的尺寸小，才能在显微镜下看清被测物体。用可见光可以看到约为10微米（10^{-5}米的量级）大的血细胞，但是再小就看不清了。
>
> 1931年，认识到电子可以产生波长仅有可见光1/100 000的波后，马克斯·克诺尔（Max Knoll）和恩斯特·卢斯卡（Ernst Luska）发明了电子显微镜。现在我们能够“看见”原子尺寸的东西了。1935年，英国开始对电子显微镜进行商业化的制造。

现在我继续讲讲早期量子力学的发展。尽管玻尔和索末菲在1916年就在原子模型中引入了量子化的轨道，但他们的模型使用的仍是经典物理理论中点粒子和类似行星轨道的概念——在当时，经典物理学理论仍然是大部分物理学家眼中“坚固的大厦”。但是，这些经典理论对原子中电子会发出辐射并坍塌的预言、德布罗意原子里的电子波、1923年康普顿效应的实验和1926年镍晶体电子的衍射与干涉现象，都使得经典物理的大厦摇摇欲坠。

量子力学理论的诞生

在上述电子双缝实验进行之前，三名科学家已经分别开始寻找更好的理论来解释原子的本质和运行机制，他们分别是德国的维尔纳·海森堡（Werner Heisenberg，图1–1中最后一排右数第3位）、奥地利的埃尔温·薛定谔（Erwin Schrödinger，图1–1最后一排右数第6位）、英国的保罗·狄拉克（Paul Dirac，图1–1站在薛定谔前面、爱因斯坦后面的那位）。尽管他们各自独立发现了三种方法，但获得的结果却惊人地一致。然而，这三种方法中，薛定谔的“波动力学”最形象，也最容易理解。

我们将重点关注薛定谔的方法是如何描述关于原子及至宇宙（或者多宇宙，你以后就知道了）的那些令人着迷的核心概念的。现在，让我们快速浏览一下这三种方法，同时也认识一下这三位科学家。

矩阵力学

1925年6月的哥廷根，海森堡正专心解决导师马克斯·玻恩两年前指派给他的任务，即关于氢原子谱线的问题。他想到，可以将氢原子看作由一束量子谐振子构成（这个方法类似于25年前普朗克对光辐射的假设，以及9年前爱因斯坦对固体热容量的处理方法）。海森堡用阵列的方法来描述原子中可能出现的能量转换。他在泡利（泡利已经成为知名物理学家，他因喜欢直言不讳地批判别人的工作而出名）的鼓励下，发表了自己的理论，写成了他的第一篇关于量子力学的论文。尽管玻尔和爱因斯坦对海森堡的理论仍持怀疑态度，但他们希望这个理论能发现一些新东西。不过，虽然海森堡的矩阵力学是为研究原子模型而建立的，但它却十分晦涩难懂，因此这一理论也没有得到成功的应用。

图3–5　1927年的维尔纳·海森堡（图片来源：AIP Emilio Segre Visual Archives, Segre Collection）

维尔纳·卡尔·海森堡于1901年12月5日出生在德国维尔茨堡，在家里两个孩子中排行老二，还有一个哥哥。

在维尔纳8岁的时候，他的父亲成为慕尼黑大学拜占庭文献学教授，于是他们举家搬到慕尼黑。战后的巴伐利亚生活非常困难，维尔纳和他的朋友们成立了一个民兵团体，和其他类似的团体一起从事社会政治活动。

海森堡在学校里表现优秀，并在进入大学时获得了知名的奖学金。他成年时选择学习物理，曾在当时最主要的3个量子物理思想中心学习和工作过。1920年，海森堡作为一名本科生，到慕尼黑由索末菲带领的研究所开始从事科学研究，师从泡利。泡利和索末菲都发现了海森堡的潜力，后来海森堡和泡利在学术上保持着紧密的联系。索末菲去美国访问时，泡利安排海森堡到哥廷根的玻恩手下学习。随后，海森堡回到慕尼黑获得了博士学位，然后又在玻尔的邀请下前往哥本哈根度过了一年。玻尔之所以注意到海森堡，是因为1922年玻尔在哥廷根做完其中一个讲座后，海森堡对玻尔的理论提出了一些富有洞见的问题。

泡利之前在信中向玻尔提过关于海森堡的事情。海森堡在哥本哈根受到了热情的招待，他和玻尔一直保持着学术上与私人间的友好关系。（电影《哥本哈根》把两人之间的交情描绘成类似父子间的亲情，还讲述了海森堡在“二战”期间成为德国纳粹的原子弹计划的领导人后，依旧去拜访了玻尔。）正如后来海森堡得知的，玻尔甚至比别的物理学家还关注自己原子模型的缺陷。

玻恩意识到，要处理海森堡对于谐振子的阵列描述，需要用到矩阵的知识。而矩阵作为一种数学工具，当时并不被物理学家们熟知。于是，玻恩安排他的一位从数学专业转到物理专业的22岁学生帕斯夸尔·约当（Pascual Jordan）去构建这个理论的数学框架。玻恩、约当与海森堡合作，在1925年10月发表了关于这项工作的论文。后来他们的方法被称作“矩阵力学”。

矩阵力学使用起来非常烦琐，但泡利仍然掌握了它，并成功推导出了氢原子光谱。矩阵力学有结果了！但是原子看上去又是什么样的呢？矩阵力学没有给出答案。

图3–6　中年的保罗·狄拉克（图片来源：A. Bortzells Tryckeri / AIP Emillo Segre Visual Archives, E. Scott Barr Collection, Weber Collection）

狄拉克的量子力学

在三人的矩阵力学论文发表之前，保罗·狄拉克就透过海森堡的原始理论发现了其背后的物理学本质，他写了一篇论文，并投稿给了伦敦《皇家学会学报》。

保罗·阿德里安·莫里斯·狄拉克于1902年出生，在三个孩子中排行老二，母亲是英国人，父亲是说法语的瑞士人。

保罗的父亲是个傲慢的人。他是一名法语老师，并强迫狄拉克用法语交流。但是保罗发现自己并不能熟练地使用法语表达，因此他选择尽量少说话。这个习惯塑造了他的性格，他是个沉默寡言的人，但才华横溢。

狄拉克对科学非常感兴趣，但是他的父亲却让他学习工程学。他在布里斯托大学读了三年，拿到了电子工程的学士学位。但是在战后他没能找到一份工作，于是在大学免除了学费的情况下，继续留在那里攻读数学学位。随后，他在政府的资助下前往剑桥大学学习。在此之前他也曾被剑桥大学录取，但他当时无法承担起剑桥大学的费用。早在他还是工程学院的学生时，他就开始阅读并尝试理解爱因斯坦的相对论。狄拉克在剑桥时去听了玻尔的讲座，并被他的人格魅力打动，但是他对玻尔的理论却不为所动。

尽管狄拉克在剑桥是独自一人工作，但在导师拉尔夫·福勒（Ralph Fowler，卢瑟福的女婿，图1–1最后一排右数第二位）的指导下接触到了海森堡的早期工作。1925年11月，狄拉克已经发表了4篇论文并获得了博士学位。狄拉克的工作比之前那三个人的论文更加完整、细致，并使用了完全不同的形式体系。（本书第二部分将会提到，狄拉克以一种更加基础的形式描述了量子力学，他后来还把相对论和量子力学薛定谔方程结合起来，非常自然地推导出电子的自旋。后来他担任了剑桥大学卢卡斯数学教授席位。前有艾萨克·牛顿，后有斯蒂芬·霍金都担任过这个职位。）

图3–7　埃尔温·薛定谔，1933年（图片来源：Wikipedia Creative Commons/Nobel Foundation）

波动力学

薛定谔是苏黎世瑞士联邦理工学院的一名教授，他在1925年10月关注玻尔的原子问题时，已经是位有名望的物理学家了。

埃尔温·薛定谔1887年8月12日出生于维也纳一个中上流阶层的家庭，他是独生子。当时，维也纳是式微的哈布斯堡王朝和奥地利第一共和国的文化中心。薛定谔以出色的成绩从高中和大学毕业后，进入研究生阶段的学习，并于1914年在维也纳大学获得了物理学博士学位。

那一年第一次世界大战爆发，薛定谔被召集去意大利前线做了一名炮兵。1918年，他父亲的生意因为战争倒闭了。他的双亲在那之后不幸去世，战后的奥地利也被占领，对于一位年轻而才华横溢的物理学家而言，前景堪忧。

1920年，32岁的薛定谔和他的女朋友安娜玛丽·贝特尔（Annemarie Bertel）结婚。她是一位来自乡村的23岁女孩，拥有不错的家庭背景，且有工作。如此一来，薛定谔需要在欧洲承担好几个职位，才能有足够的薪资来供养他的妻子。他的职业生涯巅峰在1926年，那时他在苏黎世研究波动力学。

1933年，因为厌恶德国对犹太人的压迫，薛定谔放弃了接替普朗克的柏林大学教授职位，转而去牛津大学供职。那时希特勒刚成为总理。穆尔记录道："薛定谔是个特例——他是少数拒绝对纳粹卑躬屈膝的非犹太裔教授。"为了强调这点，穆尔进一步说："1933年秋天，960名教授宣誓支持希特勒。"[3]但薛定谔并没有成为他们之中的一员。

1936年，薛定谔回到奥地利。然而，奥地利被德国占领之后，薛定谔因被纳粹列入“政治不信任”名单而难以再在奥地利待下去。他与妻子一同搬离了奥地利，去往牛津大学和根特大学访问。随后，他被爱尔兰总理埃蒙·德瓦莱拉（Eamon de Valera）邀请去建立都柏林高等研究院。他担任理论物理学院院长，在那里一待就是17年，其间他还成了爱尔兰公民，并发表了50篇涵盖不同主题的论文，包括尝试建立统一场理论。

詹姆斯·沃森（James Watson）在读完薛定谔1944年写的小册子《生命是什么》（*What Is Life*）后倍受鼓舞，并与弗朗西斯·克里克（Francis Crick）、莫里斯·威尔金斯（Maurice Wilkins）和结晶学家罗莎琳德·富兰克林（Rosalind Franklin）一起发现了DNA（脱氧核糖核酸）的双螺旋结构。或许你已经知道，细胞分裂过程中，正是DNA的双螺旋结构让遗传密码能够自我复制。（沃森、克里克和威尔金斯获得了诺贝尔奖，但富兰克林在获奖前就去世了，她没能成为候选人，但她的工作对DNA双螺旋的发现至关重要。）

薛定谔发现，海森堡1925年提出的量子力学谐振子方法非常难以理解，并且缺乏一个简单易懂的物理描述。他转而去检验德布罗意的驻波理论，他根据爱因斯坦一篇论文中的脚注，尝试把原子中的电子当成三维驻波来看待，并找到解答。他用一组驻波来描述原子，看上去比矩阵力学简单易懂，使用的数学方法也被当时的物理学家熟知。并且，薛定谔的方法提供了将量子力学与许多物理学家（包括薛定谔自己）不愿抛弃的经典物理理论联系起来的可能性。

理论之间的冲突

薛定谔在1925年的圣诞节完成了他的构想，于1926年3月发表了论文。他的波动力学理论受到了爱因斯坦和玻尔的赞赏，并最终在物理学界被广泛接受（尽管也受到了一些质疑）。海森堡非常郁闷，薛定谔的理论倍受欢迎，他自己的理论却遭到冷落，于是他向波动力学发起挑战。7月，当薛定谔在慕尼黑做演讲时，海森堡向他提出了几个难以回答的问题。比如，薛定谔无法解释光电效应：电子作为一种波动，在光电效应实验中是如何弹出金属表面的？波又是以什么样的形式携带电子的电荷？一开始，薛定谔想用电荷“涂抹”在波上的方法来解释电荷携带问题，但是这个解释似乎会违背我们观测到的电子的粒子属性——带有单位电荷的、在屏幕上打出一个点的单个粒子。

这次演讲后，玻尔邀请薛定谔来哥本哈根访问。10月初，他们两人以及刚从慕尼黑回来的海森堡，花了几天时间一起讨论矩阵力学和波动力学之间的冲突和存在的问题。玻尔对波动力学的质疑比海森堡更加严重。但是海森堡和玻尔都不知如何回应薛定谔提出的描述“量子跃迁”机制的问题——电子如何从一个能级跃迁到另一个能级。薛定谔的波动力学能够描述这一机制的发生，但海森堡的矩阵力学却无法做到。他们需要一个更广泛、更全面的形式体系来回答这两个理论存在的问题。

态演化理论

1926年年末，帕斯夸尔·约当和保罗·狄拉克各自独立地提供了答案。狄拉克在玻尔的邀请下到哥本哈根工作了6个月，在此期间他提出矩阵力学和波动力学都是一个更广义的“态演化理论”下的特殊解。狄拉克的理论虽然整理了基本的数学架构，但并没能给出清晰的物理学诠释，也未能解决波动力学和矩阵力学的问题和冲突。

（1923年，海森堡获得诺贝尔物理学奖，“表彰他在量子力学方面的创造性工作，除此之外，他的理论还促进了氢的同素异形体的发现”。海森堡认为约当和玻恩应该一起分享这个奖项。1933年，薛定谔和狄拉克一起获得了诺贝尔物理学奖，“表彰他们发现了描述原子理论的新形式”。）

波动力学对氢原子的描述

薛定谔的波动力学为量子力学的基本运作提供了一幅最佳的图景。我会从一个简单的类比开始讲述，最后用另一个类比结束，通过与我们更加熟悉的事物的类比，可以更好地理解薛定谔得出的成果。

> 薛定谔在1925年做了什么？其实有点类似我们高中学的代数。在代数中，我们用字母x来指代未知数，然后我们建立一些关于x的方程来提供解开x的线索，最后得出方程的解，有时候x可能有两个解。只有这个（这些）解符合条件，是题目的正确答案。

薛定谔定义了一个复杂的函数，使用希腊字母Ψ（读作“普赛”）来表示。Ψ包含了关于粒子的位置和在时空中的运动的所有信息。粒子的每一个物理性质，都可以通过对Ψ进行一些数学运算来推导出。一种运算可以计算出电子的位置，另一种运算可以算出它的速度，还有一种运算可以算出它的能量等。

我们在高中学到的解方程的目的是要找到x的值，而薛定谔则要找到未知函数Ψ的数学表达式（下文称Ψ为波函数）。为了达到这个目的，他建立了一个方程，让整个原子系统的能量（可以通过对波函数Ψ进行一种数学运算得出）等于氢原子中电子的动能（可以通过对波函数 Ψ 进行另一种数学运算得出）加上电子在原子核的吸引下所拥有的势能（可以通过对波函数 Ψ 进行第三种数学运算得出）。

听上去好像用到了很多复杂的数学方法，但当薛定谔解出了他的方程以后，他就吹响了第一阶段胜利的号角。薛定谔方程只包含一个假设——电子拥有自旋，但很快这个假设也不需要了——狄拉克用他自己的方程推导出了电子的自旋。薛定谔的模型几乎准确预言了当时氢原子被观察到的性质，并且也不像玻尔–索末菲模型那样需要那么多的假设！

薛定谔解出方程后，得到的 Ψ 不仅仅是一个或两个解，而是一系列无限个不同的驻波解，占据在离散的、不同的能级之上。这些能级和图2–7（b）中玻尔模型的能级完全一致。索末菲加入了电子自旋的假设后，推导出了氢原子的精细结构，也就是一个能级分裂成两个相隔很近的能级的现象。波函数 Ψ 的解代表了电子的一系列状态，每个状态在数学上都符合氢原子中电子应当满足的波动物理学原理，也就是说，只有它们是氢原子中允许存在的电子态。不同态的能量之差产生了巴尔末总结出规律的氢谱线（如第2章介绍），也展示出了氢原子的精细结构，以及氢原子置身在外加电场和磁场中时谱线的分裂。但最重要的是，跟玻尔原子不同，薛定谔的模型没有轨道的概念，电子没有在做加速运动，因此也不会向外辐射能量从而落入原子核中！

概率：一个让原子“可见”的方法

不久后，即1926年8月，马克斯·玻恩提出，粒子并不是通常认为的物理意义上的波，其波动性仅仅体现在波动力学的数学解释里（波动力学的数学计算可以确定粒子出现在哪里）。根据玻恩的说法，空间中某个点的薛定谔驻波解，其大小（即振幅）代表着粒子出现在那个点的概率。通过这个诠释，玻恩既保留了波的性质，也保留了粒子的性质，并解决了更强调粒子性的矩阵力学和更强调波动性的波动力学之间的分歧。玻恩的概率观点解释了薛定谔的结果，并得到了玻尔的支持——后来他将玻恩的观点纳入量子力学的“哥本哈根诠释”，作为其中重要的一部分。玻恩获得了1954年的诺贝尔物理学奖，“因为他在量子力学领域的基础性工作，尤其是他对波函数的统计诠释”。

但是玻恩的概率学说并不是从经典物理学统计意义上说的，后者描述的是一群粒子的集体行为的可能性。比如，在经典统计的观念里，从一个破裂的气球中释放出的氦气原子更有可能充满整个房间，而不太可能在一段时间后又自发地重新回到气球中。玻恩对于电子的概率描述，仅仅是指位置上的“不确定性”，就像掷出两个骰子得到总点数为7或2的概率一样。

（注意，把薛定谔方程用在自由粒子上也能得到波函数，波函数随时间的演化表明了粒子可能发生的运动状态。原则上，薛定谔方程可以应用于多个粒子或者整个物体，得到的波函数可以描述整个系统的演化，甚至是整个宇宙的演化。）

让原子可见的方法

现在，描述量子原子的空间形式，最常用的方法就是薛定谔方程的解——氢原子波函数Ψ的玻恩概率诠释。我曾看到将原子行为可视化的最佳方法，即在以黑色为背景的三维空间中，用不同亮度的白点来标记氢原子电子出现在各个点的概率。如果我们将薛定谔方程对氢原子的所有解都可视化——用白点的明亮程度表示波函数Ψ在空间各处的大小，我们就能得到一团有对称性的概率云。图3–8展示了其中5个概率云的二维截面，代表着氢原子中的5个最低能态。该图像放大了100 000 000倍。

这些状态实际上在数学上表示了薛定谔方程的驻波解，它们为德布罗意的驻波（如图3–2所示）描述提供了严格的数学推导。你可以将图3–8中花瓣状的空间态看作驻波：明亮的区域波动强度较高（即出现电子的概率最大），而暗淡的区域波动很小，几乎为0（即几乎不可能出现电子）。

图3–8中每朵概率云都代表电子出现概率的大小所形成的图案。电子只能在一个空间驻波态中出现（即电子只占据一个态），也就是说，电子在某个特定时间里只能出现在一朵概率云中（也有例外情况，我们之后会提到）。而一直待在原子中心、只由一个质子组成的原子核，尽管在概率云中处于波动强度较大的地方，却因为原子核太小而在图3–8中难以看见。

为了把概率云解释得更清楚，我在图3–8中分别展示了5朵概率云的二维截面，但是，这些概率云所表示的电子态都在同一个原子里，围绕着同一个原子核，因此，实际上这些概率云（电子态）的中心都是重叠的，一个氢原子电子的概率是由所有概率云叠加起来的，并且呈对称形态。这些概率云是对氢原子可视化的最好方法。

你会看到，只要简单地修改一下以上提到的氢原子可视化的模型，我们就能描述其他元素原子中电子的状态。当物理学家们建立模型来解释多电子原子时，他们发现不可能有两个或两个以上的电子同时占据相同的空间态和自旋态，于是他们推导出了泡利不相容原理！这个原理不再是一个假设。

图3–8中每张概率云截面图都用薛定谔方程中的量子数n、l、m（很快自旋量子数s也会包括进来）来表示。“3p”中的“3”表示量子数n

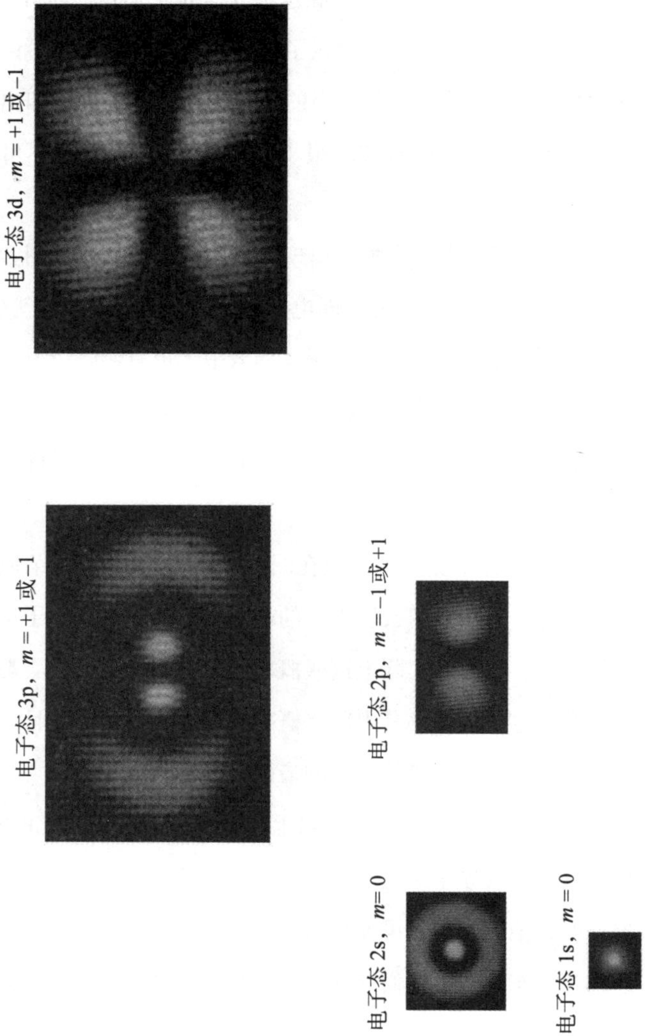

图 3–8　氢原子的空间态（图片来源：参考书目F，经作者授权转载）

= 3，代表玻尔能级，接在数字后面的字母（即“3p”中的“p”）表示谱线的本质，也表示角动量（我会在下文中给出角动量的定义），角动量量子数$l = 0$，1，2，3…分别对应s，p，d，f…；后面的m代表与磁相关的属性（我也会在下文给出它的定义）。与这些量子数相关的每一个电子态，都能在实验中直接或间接地观测到。

图3–8中左下方两朵$m = 0$的概率云，在三维空间中看起来就像一个毛茸茸的球和一个在中空绒球里毛茸茸的球。其他三朵$m = +1$和$m = -1$的概率云由隔开的几部分构成，它们往不同的方向展开。左下角最小的、像绒球一样的概率云代表基态，即能量最低的状态。自然界中的所有物质，包括氢原子电子，都倾向于处在能量最低的状态，因为那样最稳定。因此，图3–8中左下方的图在大小和形态上最接近氢原子的概率云（当然，图像比实际放大了1亿倍）。同样，其他元素的原子稳定时也处于尺寸最小的基态中。

相比之下，经典物理理论中并没有规定原子有最小尺寸。我们在上文提过，经典物理学认为，电子在轨道上做变速运动时会向外辐射能量，从而减慢速度并坠入原子核中。这个理论预言的原子尺寸只有实验观察结果的十万分之一。量子力学解释了原子为什么不会坍塌：因为薛定谔方程的所有解中，没有一个允许电子处在比基态能量还低的状态，你将会在第四部分和附录D中看到，从薛定谔方程对氢原子的解出发，向外延伸，能够预测出多电子原子甚至更复杂的原子的最大或最小尺寸。这些预言还能解释，为什么我们和身边的一切事物（都由原子组成）都是这般大小，而不是只有现在的十万分之一。答案很简单——因为比电子基态还小的能级、比基态原子还小的原子，是不存在的。

最后我要强调一点：我们在薛定谔方程的解中提到“轨道”的概念，是因为这些解可以跟玻尔–索末菲模型中的轨道联系起来，但实际上，电子的驻波解并不会形成真正的轨道，这些概率云也没有在旋转，所以不存在轨道的概念。为了不产生混淆，我在本书中将薛定谔方程的解称为“空间态”，概率云是这些空间态的表示形式。

概率云是“毛茸茸”的、弥散的，且向外扩展。尽管在每一个态中，电子在明亮区域出现的概率最高，但是电子也可能以较小的概率出现在较为黑暗的区域；越暗的区域，电子出现的概率就越小，直至无穷远处为0。因此，电子出现的区域是不确定的：尽管电子最有可能出现在最明亮的区域，但仍然可能出现在别的地方。当然，电子可能出现的不同地方之间的距离跟宏观物体比起来依旧是非常小的，我们可以认为电子会出现的地方是近似确定的。但是对于原子来说，电子可能出现的不同地方之间的距离非常大，甚至与原子的尺寸相当，因此在原子层面上，电子位置的不确定性非常大。

原子就像振动的鼓

薛定谔原子的行为在某种程度上跟乐器很像，尤其是振动的鼓。氢原子的基态，在数学上和鼓的基频振动很相似；氢原子的无数个高于基态的能态，则可以类比成无数个频率为基频整数倍的高频谐振。

就像鼓的振动是由一系列离散的振动方式组成的，把薛定谔方程应用在原子上，就可以把自然形成的原子内部物理学定律分解成电子的基态和能量更高态的一系列驻波解。不过，这些驻波是薛定谔空间态的解，是三维的，与物理意义上的振动并无联系。它提供了电子可能出现在原子核周围哪个位置的概率信息，以及电子的其他性质。

原子核周围的电子态也可以发生叠加，就像鼓面上振动的叠加一样。但在鼓面上，所有的振动模式都能同时存在，但是电子在特定时间内只能够占据一个态，并拥有这个态的特性（除了后文会介绍的特殊情况）。鼓的振动范围限定在鼓面上，鼓面边缘的振幅一直都是0，而电子的概率云仅仅在无穷远处才为0。如同鼓面上的一系列简谐振动，薛定谔方程的波函数解的值也是上下振动的，但是形式更复杂，并且它在某个点的振幅代表电子出现在这个点的概率，也就是说，对于电子可能处于的态，概率云的亮度总是一个正值，在任意情况下，概率值正比于Ψ的一个波函数解的绝对值。

薛定谔方程对氢原子的空间态解为我们提供了很多信息，比如预测氢的物理和化学性质。每一个空间态解都蕴含着一组信息。它们不仅能够描述氢原子，并且还成了一把多功能钥匙，帮助我们看到并理解了其他元素的原子的性质，其中就包括组成我们身体和宇宙的原子。

我将在第四部分和附录D解释，其他元素的原子与氢原子的不同之处在于，它们在原子核中有更多的质子，原子核外的电子与质子数量相等。质子越多，它们对每个电子的吸引力就越强，它们的能量就会越低。而且，其他元素原子的能级和概率云跟氢原子的有所区别，因为电子与电子之间还存在着排斥与相互作用。每个能级上电子态的数量、电子占据态的方式都决定了一种元素的性质，尤其是化学性质。

在这里，我想事先告诉你，量子力学并不是“万能的理论”。我现在要打断按历史顺序的叙述方式，在第4章插入对应用最广泛的量子器件——激光器的介绍。激光器正是利用了量子世界的本质——原子中电子离散的、分散的能级。通过科学家和工程师的工作，我们将知道如何利用这些量子特性，发明出激光器以及第五部分即将介绍的许多其他的发明创造。

第4章　6亿瓦能量

功率是衡量能量被产生、被利用，或是从一个地方被转移到另一个地方的速率的物理量。想象一下，我们能够在一瞬间（比如在1亿分之一秒内）同时让2 000亿亿个原子（这只是一块方糖大小的物体中所含原子数量的0.3%）从一个能级跃迁到另一个能级。再假设，一个电子从氢原子中$n = 3$的能级跃迁回$n = 2$的能级，释放出一个红色波长的光子（如第2章的图2–7和第3章的图3–8所示），那么2 000亿亿个电子就能够产生6亿瓦的功率！作为比较，我们平时使用的闪光灯，功率最高也只有几万瓦。（闪光灯需要在短时间内发出很亮的光，通常用于摄影。它们通常包含一种能发出明亮的光的金属或粉末，封装在闪光灯泡里。）

再假设，所有光子都向同一个方向行进，并且这些光子产生的光波都有相同的相位，即它们的波峰和波谷的位置都严格地保持一致，此时，这束光的强度是由300亿亿个光子产生的光波强度相加而成。最后，我们得到了高功率、强相干的激光束。

我下面将介绍激光器的工作原理和它的相关应用，但先要讲解的是“功率”和“相干”的概念。

首先，我要自我检讨：我在标题中使用了“6亿瓦”的字样，让它看起来像是个很大的功率。虽然实际上也是如此，但是功率其实是衡量能量转换速率有多快的物理量。早期的激光器之所以有这么高的功率，是因为它在非常短的时间内（1亿分之一秒内）释放出了一定的能量，因此激光器的能量转换速率非常高。相同的激光能量，如果释放的时间更长，比如释放了1秒，那么它的功率就只有6瓦。

但这并不意味着激光器就不厉害了。一台从外界获得能量的激光器发出的激光能够切断几英寸①厚的钢板。更高能的激光器甚至能发展出国防和商业用途，我将在第23章具体介绍。

激光中“相干”的概念可以类比成“整齐划一的动作”。想象一下，一个由1 000名演奏家组成的行军乐队，每行每列都排得整整齐齐，演奏着同一首曲目。或者想象1 000名士兵在以同样的方式进行军事演习，每个人的左腿或者右腿同时踏在桥面上时，桥面承受的冲击就要扩大1 000倍。(这就是为什么行军队伍过桥的时候，士兵不能按统一的节奏迈步。) 这些都是人群造成的“相干”。

现在我们看看附录A中的图A–1（c）。一束相干光中，每个光子都有相同的波长w、相同的行进速度v，形成的光波的波峰和波谷完全重叠。这就是激光器中产生的强相干的光束。正是因为相干性，激光器产生的光如同正在进行军事演习的士兵们一样，可以对外界造成强烈的冲击。[记住，速度是个矢量（你可以理解成一个箭头），包含了物体前进的方向和速度的大小，真空中光的速度大小大约为$c = 3 \times 10^8$米/秒。]

激光的英语单词laser是“通过受激辐射产生的光放大”（Light

① 1英寸≈2.54厘米。——编者注

Amplification through Stimulated Emission of Radiation）的首字母缩写。我们在第2章提到，1916年，在量子理论发展初期、量子力学还未建立起来之时，爱因斯坦通过计算提出，光子的存在能够激发电子从高能级跃迁到低能级，激发光子的能量正好等于电子跃迁时释放出的能量。假设有一堆电子正处于同样的激发态（即处于更高能级），其中一个电子在一个光子的激发下，从高能级跃迁到低能级，同时释放出一个相应能量的光子。现在，这两个光子再分别激发其他两个电子从高能级跃迁到低能级，如此一来便得到4个光子，这4个光子再激发其他4个电子，从而得到8个光子……这条触发链不断地进行下去，瞬间就能产生大量的光子。（一个光子的存在或许还能同时激发多个光子，这样产生新光子的速度还会更快。）

研究出更有效的激发过程花了科学家30多年的时间。一开始科学家用微波波段的光子去激发，这个时候激光器的前身被称为“通过受激辐射产生的微波放大”，即maser；5年后，则开始使用可见光波段的光子（即laser）。第一台激光器在1960年被制造出来，其中应用了氧化铝材料（一种合成的红宝石）。科学家们发现，将氙闪光管放在两英寸的红宝石晶体里，闪光灯发出的光可以将大量电子送入激发态，因为氙气辐射出光的波长刚好能够激发红宝石晶体中的电子从低能级跃迁到高能级。然后，电子在跃迁回低能级的过程中释放出光子，光子的能量与上文提到的氢原子电子跃迁释放出的能量差不多。红宝石晶体末端被切割下来并进行抛光，两块红宝石分隔放置，相隔特定波长数的距离，这样就可以来回反射光子，激发更多的电子跃迁，从而产生更多的光子。这些强相干的光子产生的光强度比单纯叠加不相干光强上几千倍。

因为光子的行进速度是光速，每个光子能够在千亿分之一秒（一次激光脉冲的时间）内来回反射数十次，它们有很多次机会激发更多的电子跃迁。红宝石的一端被设计成部分反射的结构，不会将所有光子都反射回去，从而激发更多的电子跃迁，只有一小部分光子会直接从红宝石这一端输出，形成激光束。

商业、医疗和科学应用

自1960年以来，科学家已经用气体、液体、半导体，以及其他各种固体材料制造出了各种激光器，还设法连续激发电子，使激光器能发出真正持续的相干光束。激光器被广泛应用到不同领域：加工和自动化制造中的精确校准、整齐快速地切割材料、白内障手术、激光近视矫正手术、测量眼睛形状以监测青光眼、超市收银台的条形码扫描仪、只需少量样品即可测量或是层层剥开并分析样品的现代光谱仪、激光武器、全息摄影技术、包括流体多普勒测量在内的精确测量、测量地质板块的移动、对液体中分子形状快速变化的脉冲摄影、读取CD（激光唱片）和DVD（数字化视频光盘）上内容的光学扫描技术等。

在电影《星球大战》中，你能经常见到全息影像：机器人R2–D2投射出一个三维的、栩栩如生的莱娅公主，并传达了警告和求救信息。只要有合适的仪器，你也能够在自己的房间中制造出类似的影像。在全息影像中，激光有两个作用。一是用激光照射到目标物体上并收集反射光，反射光中包含了物体每个点的信息；二是激光作为参考光，与反射光进行干涉，然后再投射到胶卷上，这样胶卷上就记录了物体的信息。当使用和参考光一样的激光对胶卷进行显影和背光时，同步光就能够还原出胶卷上的信息，并创建三维图像。

在介绍更多的激光及量子力学应用前，我们需要对量子力学和量子世界及其应用有更深入的了解。因此在第二部分，我们再次回到历史发展的轨迹，继续讲述量子力学中充满争议又激动人心的事件。

这只是
一段录音。
没关系，其实
我是一个全息
影像。
S. Harris

第二部分

量子力学诠释和它的启示

第 5 章 量子力学的基本特性

我们在前文讨论过，量子力学有几种不同的推导方式和形式体系，但它们都有效，都能得出同样的结果，比如氢原子的电子态。这些方法都精确地描述了我们在量子世界观察到的结果，它们的不同点在于对世界的物理和哲学诠释不一样。即使是同一种方法，如今也有不同的解读和推论。我将会回顾这些不同的思想。

尽管量子力学有几种推导方式和形式体系，但其中有一些核心思想成为量子力学的重要组成部分，它们是经过多方质疑和考验后存留下来的精髓，我会在下文中介绍。当我们回顾历史的时候，记住这些思想对内容的理解非常有帮助。我会使用薛定谔的体系，因为薛定谔的波动力学与玻恩的概率诠释是量子力学入门最常用的方法（加上费曼后来提出的概念上的方法和规则）。下一章，我们会了解这套方法如何被大众接受，以及在此过程中它在基本框架的基础上又增加了哪些推论。

下面，我首先以薛定谔体系为例介绍量子力学的基本特性，然后解释它们各自的含义，在这个过程中我们会经常联系氢原子电子的知识。现在，让我们从粒子“态”的含义开始介绍吧。

本章的内容比较正式，但不会太长。了解这些知识对我们理解历史发展中的主流思想有很大帮助。

如果用经典物理学的观点近似描述量子世界，当我们想定义一个粒子的状态时，就会用它所在的位置、质量、运动速率和方向来描述它。得知了粒子在哪儿、有多重、行走得有多快，我们就知道它有了多少能量。通过把粒子的速度加快或者减慢，或者将粒子从一个地方移动到另一个地方，我们都改变了粒子的状态。当粒子的速度逐渐地改变时，它的能量也会连续地变化。

在真实的量子世界里，我们用类似的方法定义粒子的“态”。无论是孤立的单个粒子、孤立的粒子对，还是孤立的相互作用的粒子群，甚至是极其复杂的粒子系统，乃至我们的宇宙，薛定谔方程和波函数解都能精确地给出它们的运动及性质。但是，当一个粒子与邻近的另一个粒子发生相互作用时，连续的态和连续的能量也就不存在了。比如，当电子置身于氢原子中时，电子态和能量都是离散的、分立的，在态和态、能量和能量之间，不存在其他的态和能量。因此我们说，电子的态和能量都是量子化的。这就违背了经典物理学的规律——状态和能量是连续变化的。顺带一提，虽然行星轨道也是量子化的，能量是离散的，但是行星能级之间挨得太近，当它们从一个能级切换到另一个能级时，看上去是连续变化的。

量子力学已被证明能精确描述量子世界的机制。无论是小到组成原子的亚原子粒子，还是大到银河系的组成成分，无一例外。下面我列出了量子力学的基本特性[1]。

1. 允许存在的态：每个物体可能所处的态由薛定谔方程对于它的解，即波函数解来描述。一个物体在被观测的时候通常只能占据一个态。
2. 性质：每个波函数都包含了该物体在对应态中的可观测物理量（比如位置、速度、自旋等）。
3. 全波函数集：每个物体或者系统，都由一组波函数表示它们的态。这些波函数可以被组合为物体的全波函数。
4. 概率：根据每个态对应的波函数可以计算物体在每个态中呈现出某个特定性质的概率。全波函数也能计算出粒子处于每个态上的概率。
5. 测量：当测量或者观察一个物体所处的态或性质时，那一时刻物体的态或性质就确定下来了。（当物体或系统被观察时，它们的波函数和概率分布就都发生了改变，这些改变或许还会随着时间演化。）

根据第1条，一个物体只能处在能用薛定谔波函数解表示的状态中，不存在除此之外的状态。回忆一下薛定谔方程，方程的解表示允许氢原子电子存在的态。电子从高能级跃迁到低能级释放出来的能量（以光子的形式）等于电子自身损失的能量。氢原子电子在不同的几个能级之间跃迁产生特定颜色的分立的光谱线，这正是分立能级的体现。

根据第2条，数学运算作用在波函数上，可以计算出物体的相关性质，这些性质出现的可能性有大有小，都与概率相关。正如第4条所示，电子出现的位置也要用概率来描述。

根据第3条，所有事情都能用薛定谔方程来表示，所有物体都能用薛定谔方程的一组波函数解来描述。波函数集的范围取决于被研究系统的大小。这些系统可以是社会、复杂的机器、粒子系统、一个棒球、一堆散沙、一个原子等。一些波函数会随着时间变化，解释物体在空间中的运动和扩散。另一些波函数则表示稳定的空间态，比如氢原子中的电子。

根据第4条，概率决定了粒子可能占据哪个态、有什么样的性质。而随着时间演化和改变的波函数，则决定了物体运动或发生事件的概率。比如，棒球波函数的演化能够给出棒球可能经过的轨迹。当然，像棒球这样的宏观物体，它的运动轨迹有非常高的概率遵循牛顿物理体系。但对于亚微观的粒子，它们的概率就远远不同于经典物理学的预测了。正如我们在图3–8所见，氢原子中电子可能出现的位置，是用拥有奇怪的对称性的概率云描述的。对于每一个态，电子会出现在某个特定位置的概率，由那个位置对应的波函数振幅决定，概率云的明亮程度则表示了波函数振幅的大小，越明亮的区域，电子出现的概率越大。而电子占据某个态的概率也由全波函数得出。

根据第5条，经典物理学的理论认为，观察者是被动的。一个物体处于一个特定的状态，且具有特定的性质，我们观察这个物体并不会对它产生影响。但是在（我们实际所处的）量子世界里就不一样了，观测行为本身会迫使物体落入一个状态，但并不是说观测决定了物体处于某个特定的状态，也不是说观测决定物体应该占据哪个态、应该有什么性质。在相同条件下，多次对相同的物体进行同样的观测，每次得到的结果可能都会不一样。如果对出现结果的次数进行统计，处于某个态的可能性大小都与波函数得出的概率有关。

这个世界是基于概率来运作的。上文列举了量子力学对这个世界的描述，它不仅为我们提供了理解世界的框架，也为许多创造发明提供了实用工具。科学家和工程师接受了量子观点，但对于较大的物体，还是使用更容易计算的经典物理学方法较好，它在这个尺度得到的结果与量子力学非常接近。但是量子力学非常深刻，无论是它的含义、对自然本质的诠释，还是在物理学中扮演的角色，都是如此。接下来我要讲述这些奇妙构想的历史发展，以及我们对这些思想的理解，一切都从1916年的爱因斯坦开始。

第6章　不确定性、纠缠与多世界理论

因果关系和决定论的消亡

1920年，当玻尔和爱因斯坦在柏林的街道上散步时，他们探讨的主题之一是爱因斯坦在1916年对玻尔原子做出的分析。尽管他们对量子理论的正确性和诠释持有相反的观点，但在讨论过程中一直保持友好的氛围，彼此尊重对方。

爱因斯坦发现，自己的计算既不能预测电子什么时候会从高能级跃迁到低能级，也不能预测辐射出的光量子的发射方向。在数学上，玻尔的模型允许电子跃迁发生在任何时刻，或者说，是随机发生的，没有任何原因。换言之，若他相信自己的分析是正确的，他就要放弃经典概念中的因果关系，他对此感到非常困扰。（关于这个问题的实验结果要到之后才产生，但结果只能进一步加深他的担忧。）

> 经典理论认为，凡事皆有因果。假设我们能在任意一个时刻得知世界每一个原子的状态，理论上，我们就能够推导出在此之前

发生过的所有事情，也能够预测接下来要发生的所有事情。这就是一个决定论的世界。

爱因斯坦和其他物理学家一样，深信决定论的观点是正确的。但是，根据他的分析，即使他知道原子此时此刻的状态、电子所在的轨道，也不能预测出下一刻电子会不会发生跃迁，或者究竟会在什么时候跃迁。如果他不知道电子跃迁释放出的光子会往哪个方向发射，他也无法预测接下来会发生什么。如果将这种不确定性推广到其他原子上，那么结论就是，决定论在原理上就是错误的。那么，爱因斯坦和其他大多数物理学家对宇宙和世界的构想将会彻底改变。

爱因斯坦认为这种不确定性和因果缺失不可能会发生，量子力学只是通往更高级理论的阶梯、一个过渡，更高级的理论依旧存在因果律。相反，玻尔接受了爱因斯坦先前的分析，他的结论是我们无法做出任何预测：至少在微观尺度上，不存在可预测的“因果律”。

不确定性——对非决定论的更正式、更基本的解释

1926年4月末，海森堡在柏林大学做了一场关于矩阵力学的讲座。随后，爱因斯坦邀请这位年轻的物理学家到他的公寓，一起讨论因果律的话题。海森堡认为这次拜访对他的下一个研究成果至关重要，特别是爱因斯坦针对“理论决定了观测哪些量”这一现象提出的评论。对于海森堡来说，另一次交流也很重要，当年10月，泡利对海森堡说，当研究两个电子的碰撞问题时，他的分析（利用了马克斯·玻恩的概率诠释）只能给出电子的动量，但计算不出电子的位置。

1927年2月，海森堡利用矩阵力学，推导出了几种物理性质的不确

定性之间的数学关系。这种关系后来被称为“海森堡不确定性原理”。他发现，粒子位置的不确定性乘以动量的不确定性，结果总是大于或等于普朗克常数除以4π（我们再一次遇上了普朗克常数），我们可以把公式写作$(\Delta x)(\Delta p) \geqslant h/4\pi$。当含有质量的粒子运动速度远远小于光速时，动量的改变量Δp可以近似看作质量m乘以速度的改变量Δv，因此我们得到$(\Delta x)(m)(\Delta v) \geqslant h/4\pi$，两边同时除以$m$，得到$(\Delta x)(\Delta v) \geqslant h/4\pi m$。质量越大，普朗克常数除以的数值就越大，两个不确定性相乘得到的数值就越小。（这也解释了为什么在现实生活中我们看不到诸如沙粒、棒球、火箭或行星等物体的位置不确定性和速度不确定性。即使是一个非常小的可见沙粒，质量也比电子大上10^{24}倍，因此它的速度不确定性乘以位置不确定性得到的结果将非常小。相反，质量小如电子的物质，就有非常大的位置不确定性——正如电子弥散的概率云所展示的那样。）

> 我们可以从另一个角度理解位置不确定性。沙粒或者更大的物体，都是由原子构成的。原子尺寸大小的不确定性，是由原子中占据低能级的电子的波函数（即概率云）范围决定的。边缘模糊、如绒毛般的概率云能够衡量物体的位置不确定性，而一个原子概率云边缘的“绒毛”跟由数十亿原子构成的宏观物体相比，它的范围是非常小的。因此，在现实中，对于沙粒、棒球等宏观物体，我们不会遇到位置不确定性的问题。

海森堡认为，从矩阵力学中推导出的不确定性原理，会使得他的矩阵力学理论成为量子力学的主流思想。但他很快就失望了。

海森堡论文中关于不确定性的观点启发了玻尔对一些现有物理学论据的批判，随之而来的是对量子力学诠释的长期讨论。海森堡认为，是观察行为本身扰乱了物体当时的状态，因此没人能真正知道粒子在那一刻处于什么状态。而玻尔认为不确定性是由测量时对仪器的操作产生的（实际上，不确定性是物理学的内禀性质，无论你是否在观察、测量，不确定性都一直存在）。

玻尔坚持认为粒子和波是同一种存在的两种互补的表象。而且让海森堡气愤的是，玻尔更偏爱用薛定谔的波动方程来解释不确定性，这场争论让这两个人的关系变得很紧张。海森堡用矩阵力学解释不确定性的论文于1927年发表，他在附言里引用了玻尔的观点，即不确定性是波粒二象性的一部分。

哥本哈根诠释

随后几个月，玻尔将关于粒子二象性本质的观点总结出一条原理，他称之为互补原理（complementarity）：观察者在信息上的选择，或者因测量仪器性质而做出的选择，决定了实验结果观测到的是波动性还是粒子性。[1]他将这个观点与海森堡不确定性原理、矩阵力学、薛定谔波动力学和玻恩的概率诠释结合起来，这一系列观点后来被称为量子力学的哥本哈根诠释，其中心思想是观察，或者说测量行为本身在可能出现的众多物理结果中选择了一个结果，每个结果出现的可能性仅仅基于概率。

1927年9月，在意大利科莫举行的国际物理学代表大会上，玻尔展示了他的哥本哈根诠释，在场的听众有普朗克、泡利、德布罗意、海森堡、索末菲、玻恩和恩里科·费米。两名反对玻尔观点的物理学家缺席了：不想踏足被法西斯占领的意大利的爱因斯坦，和接替了普朗克的职位、正在走交接程序的薛定谔（普朗克将退休为荣誉教授）。

图6–1 1927年科莫会议上的三位年轻人，从左到右依次为恩里科·费米（Enrico Fermi）、维尔纳·海森堡和沃尔夫冈·泡利（图片来源：Franco Rasetti/AIP Emilio Segre Visual Archives, Segre Collection, Fermi Film Collection）

挑战哥本哈根——1927年和1930年索尔维会议

科莫会议仅仅是第5届索尔维会议的前奏。当年晚些时候，第5届索尔维会议在布鲁塞尔召开。由于当时的特殊外交环境，比利时国王取消了禁止德国参会者入境的禁令，因此，这次爱因斯坦和薛定谔也可以参加会议，关于量子力学的正确性、含义和诠释的论战将由此展开。在接下来的80多年中，这场会议产生的概念一直促使人们不断反思和质疑经典理论的确定性概念。

1927年10月24日，为时一周的索尔维会议拉开帷幕，亨德里克·洛伦兹（Hendrik Lorentz）主持了这场会议。

在图1–1中，洛伦兹坐在第一排的中间位置，爱因斯坦和玛丽·居里之间。1902年，由于在磁场辐射方面的杰出工作，洛伦兹获得了当年的诺贝尔物理学奖。但他更著名的工作是洛伦兹变换，爱因斯坦在狭义相对论里利用这个变换，推导出了“时间膨胀”和“尺缩效应”（也称洛伦兹收缩）的现象。洛伦兹收缩是指当一个地面观察者观察一个正在高速运动的物体时，他会发现物体上的时间变慢；或者当他观察高速前进的尺子时，尺子的长度也会缩短。爱因斯坦评价洛伦兹说：“对我个人来说，他的意义远超过我生命中所遇到的一切。”[2]

尽管这次会议的主题是“电子与光子”，但很明显，参会者对新兴的量子力学和相关问题的热情更大，头3天都在总结讨论关于量子力学的实验和理论。[3]爱因斯坦与玻尔也被邀请做演讲，但是他们拒绝了。两人鼓励并帮助了其他人的工作，但都认为自己的贡献还不够。玻尔、海森堡、玻恩和泡利（我们称他们为“哥本哈根组”）致力于推广哥本哈根观点（我在第5章介绍过）。薛定谔、德布罗意和爱因斯坦都反对哥本哈根观点，尤其是哥本哈根诠释，他们致力于寻找与此不同的物理学理论。

德布罗意在次日下午做了演讲，描述了他关于粒子波的开创性工作、薛定谔对这一想法的扩展，最后提出“导频波”（pilot waves）的概念，与玻恩的概率诠释形成了竞争。哥本哈根组认为，电子要么表现出粒子的行为，要么表现出波的行为，但德布罗意不认同哥本哈根观点，他设想电子作为一个粒子，在一个真实的物理波上“冲浪”，导频波引导着电子沿着某一条路线运动。比如，在双缝实验中，导频波在经过双缝时发生衍射，同时还指导着电子通过其中一个狭缝。这个构想两边不讨好：一方面挑战了想要推广哥本哈根观点的玻尔和他的追随者，另一方面又挑战了薛定谔关于电子的本质是波的观点。德布罗意仍然希望在经典理论的框架下解决量子物理的问题。而曾鼓励过德布罗意的爱因斯坦则选择保持沉默。德布罗意的导频波理论在1952年被戴维·博姆（David Bohm）逐步完善，但当时并没有被大众接受，下文会详细阐述。

周三早上，玻恩和海森堡一同做了一场报告，主题是关于矩阵力学、狄拉克–约当变换理论、玻恩对波动力学的概率诠释以及不确定性原理。他们认为，普朗克常数是波粒二象性产生的结果之一，同时总结说，量子力学是一个“封闭”的理论，即量子力学是一个完备的理论，不能轻易地被修正。虽然爱因斯坦被量子力学已有的成就所震撼，但仍然认为量子力学只是通往其他理论的阶梯，而不是一个完备的理论。然而，他依旧什么都没说。

薛定谔在当天下午做了演讲。他指出，量子力学包含两种理论：第一，波动力学，通过人们熟悉的三维空间来描述物体；第二，海森堡和狄拉克的矩阵力学，引入了数学中高度抽象的多维空间。矩阵力学应用到氢原子上时，只需要三维空间表征；应用在氦原子（双电子原子）上时，需要六维空间表征；当应用到锂原子（三电子原子）上时，需要九维空间来表征，以此类推。在薛定谔看来，矩阵力学只是一种数学工具，它最终仍然需要在三维空间中描述真正的物理实体。他也发出这样的疑问：矩阵力学又该如何描述电子跃迁的机制呢？

薛定谔非常乐观，他认为最终矩阵力学和波动力学会统一成一种理论，但是他反对玻恩对波动力学的概率诠释（即认为波函数是在空间中某点找到粒子的概率的数学表述），他认为，电子就是一种实体波，携带着“铺开”的电荷。然而，没有人认同他的这个观点，尽管大家认为在实际操作中波动力学比矩阵力学更加简洁方便。

玻尔在会上介绍了哥本哈根观点。互补原理说明波粒二象性是一种自然的本质，基本原则是：在某次特定的观测下，物体的粒子性和波动性是互斥的，要么只能观测到波动性，要么只能观测到粒子性。他将世界分成两部分：一部分是微观世界，需要用量子力学的语言描述；另一部分是宏观世界，需要用经典物理学的语言描述。用于观测微观粒子行为的仪器是属于宏观世界的，只要没有观测，微观世界中的真实就不存在。在观测电子之前，电子不存在于任何一个特定的位置，直到有人去测量，电子的位置才被确定下来。（海森堡走得更远，他宣称电子根本不存在，直到人们用仪器去测量时，它才存在。）这个理论再往下推论，可以说成：在一个有意识的存在去观察电子之前，电子都是不存在的。如此一来，也就不存在“客观存在的真实”了。

> 在爱因斯坦的世界观中，“客观实在”是非常重要的一部分。他会指着月亮说：如果没有人观察月亮，那么月亮是不是就不存在了？对他来说，科学就是去探索和理解客观存在的世界，他无法接受不确定性，也不接受用概率描述粒子的状态，“上帝不掷骰子”。他也不接受互补原理：粒子的粒子性和波动性是无法同时观测到的。爱因斯坦相信，一定存在某个更深刻的理论，可以解释量子力学的结果，同时不会破坏他对“客观实在”的信念。

如果爱因斯坦能够证明量子力学是有瑕疵的，那么量子力学就是一个不完备的理论，寻找一个更深刻的理论的大门就会敞开。他常常用思想实验来分析检验物理理论，如此一来，他不需要在实验室里工作，在草稿纸上或是在脑海里就能模拟出思想实验的步骤，从而检测理论的正确性。会议上，他向洛伦兹示意他有话要说。接下来，我将介绍爱因斯坦用了什么方法对哥本哈根思想发起了挑战。

单缝思想实验

爱因斯坦走到黑板前，简单描述了光子通过屏障上的单缝，撞击到摄影底板上的过程。正如波函数描述的那样，光子通过狭缝后会在狭缝前伸展开（如图2–2中水波经过两个缺口时展开成半圆形一样），这意味着光子在底板上的各个点都有可能出现。根据哥本哈根诠释，在光子撞击到底板上的那一刻（即做出观测的那一刻），光子的波函数就会坍缩成一个尖峰：光子会100%出现在那个点上。爱因斯坦质疑说，光子的撞击信息为什么能够瞬间传递到底板上撞击点之外的其他区域，让它们的波函数坍塌为0呢？这个信息的传递速度比光速还快！他因此推论，要么波函数的坍缩过程违反了“定域性”，要么波函数概率坍缩的假设是错误的，即哥本哈根诠释的假设是错误的。

定域性在经典物理学中已经被实验彻底证实，它是经典理论（包括爱因斯坦的狭义相对论）中的关键组成部分。定域性的意思是，一个物体若要改变自身的运动状态，要么需要受到另一个物体的冲力（比如粒子被光子撞击），要么在诸如电场、磁场、引力场中受到力的作用而发生移动。而所有这些相互作用的传递速度都不可能比光速快。

另一种解释

爱因斯坦继续解释说，当有大量光子通过狭缝时，用经典统计分布的方法也能得到干涉图案的结果。量子力学错了，经典理论也能解释干涉图案，量子力学甚至没有存在的必要。这真是双重打击！

玻尔没有立刻回复爱因斯坦，但是当天晚上他对哥本哈根组做了说明：波函数是数学上的抽象概念，而不是一种物理上的存在，因此波函数不受定域性的束缚。他也反击了爱因斯坦关于统计的论述，指出爱因斯坦的论述是错误的。

若把思想实验里的单缝实验换成双缝实验，爱因斯坦的论述就有个前提假设：测量到粒子的位置和动量的精确度已经超过了不确定性所允许的范围。

玻尔简述了实验组成装置，分析了实验细节，再一次发现爱因斯坦的论述是错误的，顺便还完善了互补性原理的表述。

最后，玻尔和他的同事们一一驳倒了来自薛定谔和爱因斯坦的挑战。量子力学还有一些问题没能解决，但这个理论本身并没有瑕疵。爱因斯坦依旧没有被说服。保罗·埃伦费斯特（Paul Ehrenfest）作为爱因斯坦和玻尔共同的朋友，公正地指出玻尔在这次论战中获胜。

接下来的几年中，爱因斯坦饱受疾病的困扰，有一阵子才恢复健康，在那之后他又开始了统一场论的工作——统一引力和电磁力，他希望这项工作能解答他对量子力学的疑虑，并使量子理论更完善。他仍然在思考着不确定性。

库马尔引用海森堡的话说，爱因斯坦和哥本哈根组之间的争论大多发生在会议室之外。[4]早晨，爱因斯坦在参会者暂住

的酒店中吃完早餐，便带着一个针对不确定性的质疑，出现在哥本哈根组面前。在步行前往举办会议的生理研究所的路上，爱因斯坦会跟哥本哈根组详细阐述他的质疑。哥本哈根组在午餐时开始分析爱因斯坦发起的挑战，在黄昏时分聚在一起讨论如何回应，并由玻尔在晚餐期间向爱因斯坦表达他们的回应。整个交流过程中，爱因斯坦和哥本哈根组都在友好的氛围中互动。图6–2展示了7年后的爱因斯坦和玻尔在布鲁塞尔的街道上散步的情景，或许跟1927年的散步如出一辙。

图6–2　1934年，爱因斯坦（左）和玻尔（右）在布鲁塞尔（图片来源：Paul Ehrenfest / AIP Emilio Segre Visual Archives, Ehrenfest Collection）

而到了1930年，第6届索尔维会议上，爱因斯坦的质疑则让哥本哈根诠释遭受了第一次重大打击。这次会议的主题是材料的磁性研究，地点和组织形式都与3年前的会议一样，一共有34名参会者，其中的12名已获得或未来将获得诺贝尔奖。跟上次一样，爱因斯坦和哥本哈根组之间的对话都发生在正式会议之外的场合。这次爱因斯坦从另一个层面上对不确定性原理发起进攻。[如果量子力学的任何一个层面（包括不确定性原理）被证明是不正确的，那么哥本哈根组就得承认量子力学是一个不完备的理论，需要修正和完善，而爱因斯坦认为对量子力学的修正非常有必要。]

海森堡不确定性原理可以应用在好几个物理性质与变量的"共轭对"上。其中一对就是上文讨论过的粒子的位置和动量。海森堡发现，粒子位置的不确定性乘以动量的不确定性，大于等于普朗克常数除以4π，记作$(\Delta x)(\Delta p) \geqslant h/4\pi$。另一对共轭对是能量和时间，即粒子能量的不确定性乘以测量这个粒子能量所需时间的不确定性，结果也跟普朗克常数h有关，记作$(\Delta E)(\Delta t) \geqslant h/4\pi$。

爱因斯坦用下面的思想实验反驳玻尔。

爱因斯坦说，假设有数量庞大的光子在一个盒子里跳动，盒子的设置如图6–3所示，实验装置由弹簧挂在悬梁上。

盒子上有扇百叶窗，窗子可以快速地打开、关闭，每次只允许一个光子逃逸到外边。窗子的打开与关闭由一个时钟控制，因此光子逃逸出盒子的时间就能被准确地记录下来。控制窗子的时钟与外界另一个距离很远的时钟同步，所以对实验的时间观测（由远距离的时钟完成）就不会影响到盒子里的实验。爱因斯坦说到这里的时候，玻尔依旧很淡定，他知道实验中对波长w测量的不确定性（用普朗克公式$E = hc/w$表示）会转换成能量的不确定性。但随后，爱因斯坦说，盒子在光子逃逸之前先称重一次，光子逃逸后再称重一次。盒子的重量可以通过盒子的悬挂高度来测量，盒子越重，弹簧伸得越长，张力越大，盒子的悬挂高度就越低。

图6–3　1962年玻尔去世后他的黑板上的内容。显然，他依旧在思考着爱因斯坦的盒子思想实验（图片来源：AIP Emilio Segre Visual Archives）

玻尔立刻意识到不确定性陷入了危机。

爱因斯坦的狭义相对论公式$E = Mc^2$预示着光子逃逸前后，盒子的质量会发生变化，因为光子逃逸后带走了一部分能量。分别对光子逃逸前后的盒子称重，爱因斯坦就能得知盒子质量的变化值，再利用狭义相对论公式计算出光子的能量。通过这种方法，他就能绕开不确定性，精确且直接地测量出光子的能量。在计算的过程中，能量的不确定性为0，那么无论测量时间的不确定性值是多少，它们相乘最终得到的结果都为0，因为0乘以任何数都是0。这种情况就违背了不确定性原理，因为不确定性原理预言这个乘积永远不会小于$h/4\pi$。哥本哈根对量子力学的诠释，包括不确定性原理，被证明是有瑕疵的，因此，量子力学是一个不完备的理论。

玻尔找来他的同事一起讨论，但是没人能发现爱因斯坦的论述有什么破绽。同事们都很乐观，认为迟早会找出这个破绽。玻尔却十分担忧。以玻尔的思考方式，他会逐个检查实验的细节，比如盒子上的百叶窗、同步时钟、悬挂盒子的弹簧、测量盒子位移的指针等。

玻尔没有放弃，最终在黎明时分他找到了破绽。爱因斯坦引入了相对论，这是个非常微妙的细节。玻尔决定用爱因斯坦的方法反击爱因斯坦。

玻尔注意到，盒子外需要有光（或者说光子）照亮指针，以便通过指针的指向位置来读取盒子的悬挂高度。这些光子都具有动量，会以轻微的方式撞击盒子，因此盒子的位置、质量和能量都具有不确定性。

时间的测量也具有不确定性：指针的位置测量得越精确，即盒子质量的改变（光子质量）测量得越精确，就需要越多的光子在盒子外围对其产生越多的随机撞击。爱因斯坦的广义相对论——成功预言了光线经过太阳就会弯曲——也说明了物体在引力场中运动时，时间的流逝会变慢。测量光子质量的装置利用了引力的作用，因此在盒子里控制百叶窗开关的时钟就会以一种随机的方式（因为盒子在引力场中随机地移动）走得比观察者的时钟要慢。

时间是不确定的，对光子质量和能量的测量越准确，时间的测量就会越不确定。时间和能量是一对共轭对，这正符合海森堡不确定性原理的阐述！

爱因斯坦无法反驳，但他仍然坚持量子力学是一个不完备的理论。不过从这次论战之后，他开始尝试从正面去阐明量子力学的不完备性，而不是通过侧面攻击不确定性原理而发起进攻。

在整个欧洲各个大学任职的杰出物理学家，大多数都直接或者间接接受过玻尔研究所的教育。玻尔通过邀请物理工作者来拜访、合作、分享物理思想，培育了一批哥本哈根诠释的追随者。这些追随者再把哥本哈根诠释传授给他们的学生。但爱因斯坦在柏林的研究所里则更喜欢独自工作。他（和薛定谔）以反对者的身份站出来，几乎凭借一己之力，追寻着对“客观实在”的诠释。

纠缠与EPR佯谬

1935年，爱因斯坦发起了另一次进攻，这时他已在美国的普林斯顿工作。5月，他与两位同事，鲍里斯·波多尔斯基（Boris Podolsky）和内森·罗森（Nathan Rosen）一起设计了另一个思想实验，并在美国杂志《物理评论》（*Physical Review*）上发表了一篇题为《我们能认为量子力学对物理实在的描述是完备的吗？》的论文，他们的回答是："不能！"在这个思想实验里，他们引入了之后被薛定谔命名的"纠缠"概念。EPR（爱因斯坦、波多尔斯基和罗森的名字首字母）论文考虑了动量和位置的纠缠性质，但我们在这里引入纠缠的概念是因为它跟我们之后要描述的实验相关，它们都考虑了光子偏振的纠缠性。

我们之后会谈论到，纠缠态让量子计算机、量子加密甚至隐形传态成为可能。如果两个粒子属于同一个波函数，它们就会陷入纠缠，一个很好的例子就是一个钙原子受到激发，在几纳秒内发射出一对光子，这对光子就是纠缠粒子。

光子的本质是电磁波，我们可以从经典物理学的角度理解光波的偏振特性，如附录A描述的那样。它们小小的电场在时空中交替，犹如上下左右波动的绳索，有时候还朝向其他角度。但无论是什么角度，电场的振荡都只在一个平面上，如在附录图A–1（c）中，电场的振荡就永远在竖直平面内。

钙原子中发射出的两个光子受物理法则的约束，它们具有相同的偏振角度，并沿相反方向前行。偏振方向可以是任何一个角度。如果测量其中一个光子的偏振，比如让它通过一个偏振滤光片，它要么可以通过，要么不能通过。如果偏振片的设置是让竖直偏振的光通过，并且我们的光子就是竖直偏振的，那么它就能通过偏振片；如果光子是水平偏振的，那么它就不能通过；如果光子的偏振方向是其他角度，它要么能通过，要么不能通过，每个结果的概率取决于它初始偏振相对于竖直方向的角度。光子是不会“部分通过”偏振片的，要么假设偏振光子能够通过偏振片，要么假设光子的偏振是垂直于偏振片而无法通过。这又回到了量子力学和光子的本质：它们不会分裂。

纠缠光子的关键在于：无论第一个光子测量的偏振结果如何，第二个光子测量的结果跟第一个光子一样，哪怕第一个光子的测量结果完全基于量子力学的概率，哪怕两个光子隔着千万里远。不管测量偏振片的偏振角是多少，光子和它的纠缠同伴在通过偏振片时都选择了同样的结果：通过，或者不通过。一旦测量到第一个光子是通过/不通过，第二个光子就不可能有别的结果，它一定跟第一个光子一样。

EPR思想实验检验了当测量两个相距甚远的纠缠粒子时，将会发生什么。我们继续用两个光子的例子阐述EPR实验。

玻尔想象中的量子力学认为：只有当测量出其中一个光子是否通过了偏振片时（即要么通过要么不通过）时，光子的偏振才会确定下来。用类似的实验装置立刻测量另一个相距甚远的光子状态，这个光子的偏振态会严格地跟第一个光子的偏振态一样。若第一个光子通过了偏振片，第二个光子也会通过相同设置的偏振片；若第一个光子没有通过，第二个光子也不会通过，它的偏振态也是在测量第一个光子偏振态的时候才确定下来的。

EPR理论反问，这怎么可能？第二个光子如何得知第一个光子随机选择的结果，并跟它的同伴处于相同的偏振态呢？

有两种解释。第一种情况是，这个纠缠实验违反了定域性（这个性质要求信息的传播速度或者力的传递速度不超过光速），因为两个光子之间的信息传递是瞬时的，爱因斯坦称之为“幽灵般的超距作用”。根据前人做过的经典实验以及倍受信任的狭义相对论（也已成为经典理论的一部分），力的传递、信息的传播速度是不允许超过光速的。第二种情况是，两个光子一直都拥有相同的偏振态，这种情况下，量子力学就是一个不完备的理论，因为用确定且预先存在的状态就能描述光子的偏振态，而不需要涉及概率。

玻尔和哥本哈根组的其他成员都反对爱因斯坦关于客观实在的经典直觉，因为哥本哈根量子力学观点认为，主观的测量会促使系统确定一个结果，而这个结果是基于概率的。测量结果不仅仅是由测量行为发现的，实际上就是由测量行为决定的。EPR反问，为什么要假设量子力学是正确的？由于没有任何媒介（能以超光速的速度）告诉第二个粒子它应该待在什么状态，而第二个粒子的状态显然又与第一个粒子有关，因此，它们应该自始至终都处于被测量到的那个状态。量子力学无法预言测量之前粒子所处的状态，一定是量子力学有什么地方出错了，或是还不完备。或许，量子理论中还存在着不为人们所知的“定域隐变量”，能够描述粒子事先就存在的状态。要么哥本哈根诠释遭到了挑战，要么量子力学的完备性遭到了挑战。

尽管这个议题看上去像个哲学问题，但这并不是一群闲得发慌的人发起的一场哲学辩论。这是一群科学巨人在尝试通过已经进行过，或者将来可能进行的实验来认识我们的物理世界的本质。

玻尔放下了他手头的一切事情，花了6周时间，不分昼夜地分析

EPR论文，并开始起草对于EPR佯谬的回应。他完成了这篇论文，并给文章起了个与EPR论文一模一样的题目："我们能认为量子力学对物理实在的描述是完备的吗？"但他的回答是肯定的。

这篇文章写得不尽如人意。玻尔找不出EPR思想实验的任何错误，只能争辩说，EPR的例子还不足以说明量子力学的不完备性。保罗·狄拉克一开始甚至认为爱因斯坦成功证明了量子力学是不正确的。随后几年，两派的争论陷入僵局，支持哪一方的观点已经成为一种信仰，而不是科学上的辩论。但是量子力学能够很好地描述微观世界，因此包括狄拉克在内的许多物理学家依旧倾向于玻尔的观点。

10多年后，即1949年，玻尔提出，纠缠态意味着不能将处于纠缠的粒子看作两个独立的个体。他推测处于纠缠态的两个粒子本质上是同一个物体，它们可以用同一个波函数来描述：测量其中一个粒子，实际上等同于测量两个粒子，即同时测量到两个粒子的纠缠性质。这个过程完全不涉及信息的超光速传递和因果关系。

15年后，一位科学家推导出一个定理，提出了一个能够具体解决量子力学是否完备的争论的实验。世界是基于概率，还是客观实在？这个实验将给出解决方案。这个定理被称为"贝尔定理"或"贝尔不等式"，我们稍后会详细讨论。

薛定谔的猫和多世界理论

EPR论文促使爱因斯坦和薛定谔之间互通了一系列的信件。在其中一封信中，薛定谔（或许在玻尔注意到这一点之前）评论说，测量行为本身会破坏纠缠态，让第二个粒子的状态不再和第一个粒子相关。在另外一封信中，爱因斯坦提到哥本哈根诠释特别强调微观现象和宏观现象的分离，并试图证明它的荒谬性，因为量子力学也可能适用于更大的物体。这促使了薛定谔发表了随后的论文。在这篇论文里他走得更远——用几段文字描述了“薛定谔的猫”佯谬（对于公众来说，薛定谔的猫远比薛定谔本人以及他的波动力学更广为人知）。

薛定谔赞同哥本哈根诠释的一部分——未来事件的概率信息都包含在含时薛定谔方程中。但是他反对哥本哈根诠释中对测量的描述——只有有意识的测量或观测发生时，粒子的状态才被确定下来。薛定谔写道（引自库马尔将德语原文翻译成英文的版本）：

> 一只猫被关在一个钢制的密闭盒子中，盒子里放置了一些残忍的装置（当然，这些装置都设有保护措施，防止猫直接干涉实验）：在一个盖革计数器里放入一点儿放射性物质，数量很少，少到一个小时才可能有一个原子发生衰变，当然，也有相同的概率是原子不发生衰变。如果原子衰变了，盖革计数器管会放电，并通过继电器控制一个锤子，锤子会打破一个装有氰化氢的烧瓶。实验者将这个装置静置一个小时，如果原子没有发生衰变，我们就会说猫还活着。如果第一个原子发生了衰变，猫就会被毒死。而描述整个系统的波函数则会说猫处于生与死的混合状态，或者说，猫一半是活着的，一半是死亡的。[5]

库马尔继续阐述道：

> 根据薛定谔的描述以及常识，猫要么是活的，要么是死的，取决于原子的衰变有没有发生。但是根据玻尔和他的追随者的理论，亚原子的世界就如同《爱丽丝梦游仙境》里的地方：因为只有观测行为发生了，才能决定原子是否衰变了，也就是说，只有观测

了这个装置，才能决定猫是死是活。在此之前，猫陷入量子炼狱中，处于一种既不是活着也不是死的叠加态。[6]

20年后，有人提出了薛定谔的猫佯谬的解决方案。你将会看到，这个解决方案涉及了同时存在的“多世界”。

而在当时，我们的世界——多世界的其中之一——再次陷入了战争。

原子核和炸弹

1928—1930年间，希特勒的民族社会主义工人党在国会中占有的席位从12个增加到了107个，成为德国的第二大党。促成这一变化的是华尔街金融市场的崩溃。

美国的银行陷入危机，要求德国偿还它们为刺激德国经济而发放的短期贷款。德国的失业人员从1929年的130万人上升到1930年的300万人。一年后，德国经济萧条，也陷入了政局动荡。希特勒利用反犹主义，将德国的问题归咎于犹太人。1933年1月，他被任命为总理。国会大厦纵火案发生一个月后，由国家发起的纳粹暴力便开始了。3月的国会选举中，纳粹党获得了德国总人口（约6 500万人）中1/4以上的投票。

国会大厦纵火案发生5天后，正在美国加州理工学院做讲座的爱因斯坦（同时也被安排每年在新成立的普林斯顿高等研究院工作几个月）决定再也不回德国了。他公开宣称，他不愿意待在限制人的基本自由的国家，也因此遭受到德国新闻界的诋毁。5月，德国各个大学城里的图书馆和书店中“非德国人”

和"犹太布尔什维克"的书籍和文档被洗劫一空并被焚烧，这其中包括布莱希特、弗洛伊德、卡夫卡、马克思、普鲁斯特、左拉和爱因斯坦的作品。

4月，《职业公务员制度恢复法》通过，公务员中的非雅利安人被强制退休。大学作为国家机构，到1936年，已有超过1 600多名学者离职，1/3是科学家（其中20名已经或将获得诺贝尔奖），包括整个物理学界1/4的成员和一半的理论物理学家。

薛定谔没有被强制要求离开柏林，但为了抗议他还是离开了。德国物理学界的其他人的抗议都是软弱无力的，其他国家的科学家也成立了组织为他们提供帮助。欧内斯特·卢瑟福主持了英国的学术援助委员会，提供查询职位的服务。玻尔研究所成为一个"中转站"，他和他的弟弟帮忙设立了丹麦援助流亡智力工作者委员会。知名的物理学家是能够在德国以外的国家找到职位的，但其他物理学工作者则要困难得多。

玻恩因为法律上的"祖父"条款而不必离职，但是他却受到同事的孤立，所以也离开了德国。他在剑桥任教3年，而后在苏格兰的爱丁堡大学担任自然哲学的教授职位。他的研究所，哥廷根的"量子力学摇篮"[7]基本上已经名存实亡了。

20世纪20年代末期，物理学家主要关注原子核周围电子的量子力学。20世纪30年代，实验室里的实验为人们提供了更多信息，让人们更加了解原子核本身。玻尔曾几次去普林斯顿访问爱因斯坦。1939年1月，他带来了新消息，欧洲实验室发现了核裂变——重元素会分解成质量更小的元素，释放中子和大量的能量。这些过程可能引发更多原子的裂变，并形成连锁反应，这种现象可以被用来制成原子弹。玻尔还报告说，德国已停止出售铀矿石。这些铀矿石来自德国控制的捷克斯洛伐克地区的矿山（铀矿中大约0.7%的物质是同位素铀–235，即核裂变的原料）。

在这种情况下，爱因斯坦放弃了他的和平主义观点，在1939年8月给罗斯福总统写信，提出研制原子弹的可能性。9月，德国袭击了波兰。1940年3月，爱因斯坦给罗斯福总统写了第二封信，表示德国对铀的兴趣与日俱增，并秘密进行了许多工作（他并不知道维尔纳·海森堡当时负责德国的原子弹研制项目）。

1940年4月，德国占领了丹麦。玻尔依旧待在哥本哈根，他希望他的名声能为那里的人们提供一些保护。1943年9月，希特勒下令驱逐丹麦的8 000名犹太人。由于丹麦人将犹太人藏在家里、医院和教堂中，只有300人被围捕。玻尔的母亲是犹太人，他们举家逃往瑞典，然后乘坐英国轰炸机飞往苏格兰，又从那里出发去了美国。他在普林斯顿做了短暂停留，在那里访问了爱因斯坦和泡利（当时他们都在高等研究院），而后去了新墨西哥州的洛斯阿拉莫斯，并成为研制原子弹的人员之一。他在工作时用了假名尼古拉斯·贝克（Nicholas Beck）。直到1941年，美国才开始认真研制原子弹，这项行动也被取名为“曼哈顿计划”。

贝尔不等式、实验和实在本质问题的解决

战后，玻尔成为普林斯顿高等研究院的永久非居民。1946年和1954

年，他和爱因斯坦在那里见了面，在此期间他们还见了几次。在所有碰面的场合中，他们反复讨论着量子力学及其影响。1954年，海森堡也在巡回讲座期间与爱因斯坦见了面。但这两个人都没能动摇爱因斯坦认为量子力学不完备的信念，爱因斯坦认为量子力学只不过是通向更高级的、能够描述“实在”和“定域”理论的垫脚石。

次年，爱因斯坦因破裂性动脉瘤去世。显然，他去世时仍然在思考如何建立一个统一场理论，去解决他在量子力学中发现的问题。1962年，玻尔因心脏病发作去世，前一天晚上他还在黑板上画了爱因斯坦提出的光盒思想实验（见图6–3），显然他仍然思考着和老朋友曾经的辩论。1964年，一个爱尔兰年轻人构建出一种理论，解决了他们两人之间的争端。

1928年，约翰·斯图尔特·贝尔（John Stewart Bell）出生于贝尔法斯特的一个贫穷家庭，他“是木匠、铁匠、农场工人、劳工和卖马人的子孙”。[8]他的家人设法把他送到一所技术高中去读书，他是4个孩子中唯一一个接受了中学教育的孩子。幸运的是，他在女王大学找到了一份技术工作，在那里他的工作和才华被认可，获得了奖学金，并在1948年和1949年分别拿到了实验物理和数学物理的学士学位。后来他去了英格兰，在英国原子能研究机构工作，与物理学家玛丽·罗斯（Mary Ross）结婚，而后在伯明翰大学获得了博士学位。1960年，他和玛丽搬到日内瓦，并在欧洲核物理研究机构CERN（欧洲核子研究中心）工作，设计粒子加速器。

图6–4 1982年，约翰·斯图尔特·贝尔在CERN（图片来源：CERN）

虽然他的工作是设计、制造科学仪器，但早在1945年，贝尔便着手研究量子力学的含义。如今我们已经知道，具有不确定性、用概率描述和非定域性的量子力学成功描述了我们观测到的世界，但这并不意味着当时的哥本哈根诠释占了上风，也不意味着量子力学就是一个完备的理论。在接下来的论述中，我们将了解贝尔是如何开始探索当时对量子力学的诠释的。

1932年，杰出的年轻数学家约翰·冯·诺伊曼写了一本关于量子力学的数学基础的书，成为量子理论的权威参考文献。在这本书中，冯·诺伊曼证明了，量子力学并不能像爱因斯坦寻求的那样，可以用“隐变量”重构。然而，大约20年后，罗伯特·奥本海默

（Robert Oppenheimer）在伯克利的学生戴维·博姆构建了一个可信的隐变量理论。这个理论与德布罗意早期的工作相关，将电子描述成一个在导频波上“冲浪”的粒子。由于冯·诺伊曼的著作和其他因素，以及基于哥本哈根诠释的量子力学已经被学界广泛接受，博姆的工作被人们忽略了，但是贝尔没有忽略。最后，贝尔检验了冯·诺伊曼的工作，发现他关于“隐变量不存在”的论证是站不住脚的。

受到博姆工作的启发，1964年，贝尔因学术休假离开了CERN，他决定着手解决量子力学的哥本哈根诠释与爱因斯坦论证之间的矛盾——量子力学究竟是违反了定域性，还是它根本就不完备？爱因斯坦认为是后者。贝尔倾向于赞同爱因斯坦的立场，并着手研究一种替代量子力学的“定域隐变量”（简称LHV）理论的可能性。[9]根据他推导出的定理，贝尔设想了一个实验，让自旋处于纠缠态的粒子通过不同方向的过滤器，并测量粒子的自旋和是否通过之间的关系，以此来检验LHV理论和量子力学。每组粒子试图通过不同角度的过滤器。也就是说，一个粒子通过（或者不通过）特定角度的过滤器，而其纠缠对象的粒子试图通过（或者不通过）另一个不同角度的过滤器。如果相关性落在一定范围内，那么玻尔就是正确的，爱因斯坦将是错误的。这是一个艰难的实验，直到近15年之后才得以完成，并且实验利用的是纠缠光子的偏振，而不是自旋。我将在后文描述这个实验。

我们在前文讨论纠缠态的时候提到，科学家确实进行了一些与纠缠态相关的实验，所以我们用这些实验中采用的一对偏振光子来描述贝尔实验，而非贝尔描述的有特定自旋方向的粒子（请参阅附录A中的图A–1（c）对偏振光的定义）。这对纠缠的光子由激发态的钙原子中的电子经两次跃迁产生，两个光子以相反方向行进。在测量时，两个光子具有相同的偏振方向，但到底处于哪个偏振方向是未知的。两个光子各自通过一个偏振滤光器，这两个滤光器具有不同的偏振角度。

如果两个光子都通过滤光器或者都不通过滤光器，则说明光子的偏振跟通过与否有相关性。如果一个光子通过滤光器，而另一个光子不通过，则两者之间缺乏相关性。LHV理论假定了两个光子在发射时已经具有特定的偏振方向，无论两个滤光器的方向如何设置，测量到两个光子有相关性的概率不会小于1/3（这就是"贝尔不等式"：若LHV理论是正确的，两个光子有相关性的概率必须大于等于1/3，约为33%）。而在量子力学的观念中，直到对两个纠缠光子的其中一个进行第一次测量后，两个光子的偏振方向才被确定，这种情况下，测量出两光子相关的概率可能会低至1/4（25%）。

贝尔提出，可以对滤光器设置多个不同的角度，并对每个设置进行多次实验，用记录下来的数据画出概率曲线，得到最小概率的值。如果概率值不在LHV理论允许的范围内，那么任何推导出的LHV理论，包括通过修改量子力学而获得的LHV理论，都是不正确的。在我们偏振光子的例子中，LHV理论不正确意味着在某些滤光器设置条件下，测量结果显示相关概率显著低于33%。

为了检验贝尔不等式，在1969年，伯克利的约翰·克劳泽（John Clauser）和他的研究小组，利用上文中描述的纠缠光子，用更精确的仪器进行了仔细的测量。克劳泽的实验结果非常有利于玻尔的非定域性量子力学，但并不是决定性的。在1981年和1982年，阿兰·阿斯佩（Alain Aspect）和他在巴黎第十一大学（位于奥赛）的小组在三组利用类似光子的实验中发现，光子偏振显示的相关性接近于量子理论预言的最低值（25%），明显低于LHV理论给出的最低值（33%）。[10]结论是，我们可以十分确信：爱因斯坦是错误的！用查德·奥泽尔（Chad Orzel）的话说："大多数物理学家都认同，阿斯佩和他的小组为检测贝尔定理所做的实验，决定性地证明了量子力学是非定域性的。任何定域性的理论——认为粒子在任何时候都有确定的性质，在一个地方进行的测量并不会受到其他地方测量的影响——都无法描述我们的宇宙。"[11]库马尔用另一种方式说道："阿斯佩团队和其他检验贝尔不等式的小组的实验结果，排除了'定域性'和'客观实在'中的一个，但允许非定域性实在（non-local reality）的存在。"[12]爱因斯坦要么不得不放弃"客观实在"，要么就得承认"幽灵般的超距作用"（他可能会选择后者）。

量子力学的诠释

检验贝尔定理的实验排除了定域性隐变量的诠释，在玻尔和爱因斯坦去世后平息了两人的争论。但是截至2016年，关于量子力学是如何动作的，共有多达13种不同的诠释被提出。[13]我会提到其中3种主流的诠释。[14]一种是上文提到的德布罗意/博姆隐变量诠释：用额外的数学描述粒子在导频波上"冲浪"。其中包含的隐变量是非定域性的，因此它不会被贝尔定理排除在外。在这个诠释里，存在具有确定性的事件流，但事件流中的确定性是无法观测到的。

另一种诠释被称作"坍缩理论"，它包含了哥本哈根诠释，也正如哥本哈根诠释所说，它认为一个物体在被观测或者被测量前处于各种可能状态的叠加态，只有当其被测量后，物体的全波函数坍缩成一个态，粒子的性质才能被确定下来。如前所述，当这个理论应用到宏观物体上时，就会出现像薛定谔的猫一样的荒谬性：在观察到猫的状态之前，猫

“坦白地说，我自己都不相信我脑子里冒出来的那些想法。”

处于既是活的也是死的的叠加态中。

1957年，普林斯顿大学研究生休·埃弗里特三世（Hugh Everett Ⅲ）提出了一个解决坍缩问题的简单方案：每当面临多个选择时，我们的世界都会分裂，所有可能出现的结果都会在不同的世界中实现。而在下一个事件中，每个分裂出的世界再次分裂，因此分支世界中的所有可能的结果也会实现。后来这个理论被称为多世界理论，这就是我们第三个“主流”类型的解释（尽管在很多人看来它还是很牵强）。

埃弗里特证明，用他的理论来计算，可以得到符合实验的结果，并且也与哥本哈根诠释给出的结果相符合。对于物理学实际应用来说，它们的结果是一样的。但是当他提出这个理论时，哥本哈根诠释的地位非常牢固。埃弗里特的理论在接下来的将近10年中一直被忽视。然而，宇宙学家在哥本哈根诠释中也遇到了困难：如果说需要一个客观观察者才能导致波函数坍缩，并得出其中一个可能的结果，那在我们宇宙之外，又是什么样的观察者导致了宇宙的波函数坍缩，形成了我们现在生活的宇宙呢？他们又在哪儿？因此，相信存在多分支宇宙——不需要观察者也不需要坍缩，似乎成了更好的选择。

投票

库马尔引用了1999年在剑桥举行的一场物理学会议上的民意调查。[15] 90名物理学家被问及他们更相信哪个诠释，其中4个人青睐哥本哈根诠释，30个倾向于多世界理论，50个人认为以上都不正确或者未决定。1997年4月的量子力学基础问题会议上，马克斯·泰格马克（Max Tegmark）发起了另一次投票。这次投票显示17%的物理学家选择了多世界理论。2011年，在量子物理与实在本质会议上，18%的人投了多世界理论，同时42%的人选择了哥本哈根诠释。[16]所以即使到现在，“陪审团”也无法决定哪些诠释有可能是正确的，哪些关于我们物理宇宙的观点是正确的（希望有一天，我们可以用实验来检验这些诠释中哪一个是正确的，而不是通过投票表达偏好）。幸运的是，无论采用哪种诠释，量子力学都是有效的。

退相干：宏观世界为什么遵循经典物理法则

“退相干”（decoherence）的物理过程与多世界诠释关系最密切，但与所有其他诠释也有关。它回答了“在观测或测量时发生了什么”的问题，同时，它与量子计算、量子加密和隐形传态都有关（如第8章所述）。要理解退相干，我们首先需要了解“相干”（coherence）的含义。

回顾第5章以及量子力学的基本特征，我们知道孤立系统中的所有状态都可以由系统的薛定谔方程的波函数解来描述，并且这些波函数可以被纳入全波函数。这些波函数之间存在关联，并描述了系统组成部分之间的关联。随着系统波函数的演化，维持着这些关联的性质被称为“相干”。

当保持纠缠态的粒子们被分别放置到相距较远的地点时，持续的相干便发生了。这解释了粒子与自身发生干涉的现象，正如图3–4所描述的电子被发射过来，穿过屏障上的双缝时所发生的现象。简而言之，这个现象将量子世界和经典世界区分开来，相干是量子世界的核心特征。

退相干则是波函数所发生的一种变化，这种变化使得被分离的粒子之间的关联被削弱，并且可能是观察所导致的。波函数的变化，具体是指波函数内及波函数之间的相位发生偏移。孤立系统与周围环境发生相互作用时，退相干便发生了。比如，当纠缠中的光子在大气中行进时，空气中的分子就会破坏它们之间的联系（第8章里我会具体介绍量子加密）。退相干也会在观测过程中发生——仪器里数亿个原子会扰乱被测粒子或系统的波函数。奥泽尔指出：“这是一个与任何量子力学诠释都兼容的物理过程——但是它对现代多世界理论的观点尤其重要（有时被称为‘退相干历史’）。”[17]

在多世界诠释里，在这个宇宙中的我，看不见也意识不到另一个分裂出的宇宙中的我。但是这两个宇宙都是从同一组波函数演化出来的，它们应该相互联系、相互干涉，就如同图3–4所示的双缝实验电子与自身干涉一样，因为它的波函数以某种方式感知到了另一个狭缝的存在。而在实际生活中，宇宙和宇宙间的关联并没有发生，每个宇宙中的许多粒子都在不断干扰着波函数、改变波函数的相位，因此相干和干涉都不复存在。因此，两个宇宙不会相互影响，就如同两个孤立系统一样。

退相干甚至也让哥本哈根诠释变得更有说服力，它解释了微观系统和宏观系统的相互作用之间的差异，解释了为什么宏观物体没有表现出量子行为。宏观物体中上亿个原子的扰动导致了退相干，因此最终我们看见的是最高概率的结果，这就像当你试图观察电子通过哪个狭缝时，你的行为破坏了电子的干涉，最后的结果是电子只通过了一个狭缝。若想深入了解这个话题，我建议你去阅读查德·奥泽尔[18]或布赖恩·格林（Brian Greene）[19]的书籍。

因为我们在前文中已讨论了氢原子和偏振光子的一些基础理论，很快，我们在第8章就会讨论目前以及将来一些相关的量子力学应用（第五部分将展示未来更多量子力学的应用，从第21章开始）。但是现在，我们先来了解一下前文讨论的新概念的科学含义。

第7章　量子力学、数学和自然的本质

哲学、自然和数学的角色

自古以来，我们对自然的理解一直在随着数学的发展和应用而逐步提升。500年前，伽利略写道：

> 哲学（即物理学或自然哲学）被写进宇宙这本宏伟的书中，它一直在我们的目光所及之处，但我们却无法理解它，除非有人第一个学习、理解它的语言，并解读书中的文字。这门语言就是数学，它的文字由三角形、圆形和其他几何图形构成。没有几何图形，人类甚至无法理解任何文字；没有这些，一个人就仿佛在黑暗的迷宫中徘徊。[1]

1687年，牛顿发明了微积分，用来描述行星的运动。[2]即使到了现代，薛定谔也曾表示他需要用数学进一步描述他的理论。1925年12月27日，波动力学发表前夕，他在笔记中写道：

> 目前我在艰难地研究一种新的原子理论。如果我能掌握更多的数学知识，那该多好！我对这件事保持乐观，并希望我能……解出它，这将会是一个非常漂亮的理论。[3]

通过对量子力学进行数学分析，我们得以窥见量子世界在亚微观尺度上的运作。我们见到了一个陌生的世界，不确定性和概率描述的数学形式非常漂亮，它们能够精确描述原子——组成我们世界的基本单元。而且你将会看到，量子力学甚至能够解释位于我们星系中心的黑洞。但是，量子世界是否只存在于我们的脑海中？这是因为量子力学提供的观点是基于数学的，而数学本身就是人脑的产物。

思考这样一点：数学只是借助符号来运用逻辑的一种方式。如果质子和电子确实具有电荷，并且如我们所观察到的那样相互吸引；如果电子在数学模型中可以精确地表示为弥散的形式，并且如薛定谔方程描述的那样被原子核吸引，那么薛定谔方程的数学的解就是符合逻辑的结论。

由于薛定谔、海森堡和狄拉克构建的量子理论可以准确地描述我们的世界，所以我们倾向于相信他们的理论就是电子和原子的基本模型。但是就算我们不去建立相关的数学模型，量子世界，包括星系都依旧存在。所以，看上去自然本身就是逻辑自洽的。如果存在带电的电子和质子，那么我们如今观察到的量子行为就是一种非常自然的、符合逻辑的行为。数学仅仅是把它描述出来而已。

假说、理论、定理以及对应原理

本书介绍了部分量子理论，以及从量子力学的数学构造中得到的结果，并具体介绍了它们在原子上的应用。理论（theory）是指一系列经过检验、被证实了的想法，它们能够精确地解释物理世界。有时，经过检验的理论也被称为定律（law）。相比之下，那些还未经过检验、没有被证实的假设与想法，在科学上被称作假说（hypothesis）。

一个成功的理论必须能够预言出现今还未被观察到的现象。如本书前面所述，广义上的量子理论，包括量子力学，是科学史上最坚实、预言能力最强、最成功的理论。[4]量子力学已经被广泛接受，它从宏观（大物体）到微观、亚微观、亚原子，甚至亚原子核层面都被证明是有效的。它具有深远的影响，证明了经典理论中的决定论[5]是错误的。

这并不是说，从经典理论时代起，科学家们就开始对已有理论做出了大幅修改，量子理论也不是突然就流行起来的新理论。相反，是因为经典理论已无法解释越来越多的实验证据，所以最终科学家们不得不抛弃了经典理论，转而去寻找新的理论来解释这些现象。然而，就算知名物理学家接受了新量子理论，他们中的很多人还是认为它跟经典理论比起来太荒谬了。正如库恩（Kuhn）所说，量子理论的发展（包括它延伸出的数学形式——量子力学）是一场真正的科学革命。[6]

如前言和上文所述，在量子理论出现之前，牛顿、麦克斯韦等人构建的经典物理学理论似乎很好地描述了物理世界，但到1900年，由于人们有了新的发现，经典理论开始显得不管用了，尤其无法解释微观世界。我们现在知道，经典物理学在描述宏观物体——比如沙粒或行星般大小的物体时，在“概念”上也是错误的。

然而，虽然经典理论学在微观领域失败了，但是它为宏观物体——比如沙粒和行星的量子力学解提供了非常好的近似描述。[7]我们将这种特性称为“对应”（correspondence）。况且，经典理论应用起来比量子力学更加简单，在科学和工程领域我们依旧使用经典力学——即使是近似描述，它也能提供较高的精度。同样地，就算适用范围更广的新理论被发展出来，量子力学和相对论也都不会被弃置一旁。在另一个领域中的对应会让它们继续得到应用。

接下来，在我们窥见量子和相对论世界——从最小的基本粒子到星系（第三部分）——之前，我们先了解另一个令人振奋的量子应用，它正展现出巨大的潜力。

第 8 章　量子计算、密码破译、量子隐形传态和加密

在第6章，我们讨论了量子纠缠以及贝尔不等式的概念。现在，我将介绍这些神奇的现象在现实中的应用。

量子技术的发展动力

驱动量子计算机发展的动力，一部分来自商业、政府以及军事上对秘密传输信息的需求，相应地，一部分也来自国家部门以及军队对拦截、破解信息的需求。量子计算机不仅能在某些应用上运行得比传统计算机更加快速，更重要的是，它运行的方式与传统计算机完全不同，它可以在同样的电路上同时运行多项任务、解决多个问题。基于同样的量子力学原理，我们还可以用更快的计算速度去完成其他的任务，比如精确模拟我们（量子）世界中的许多物理过程。

量子计算机不仅能够解开传统密码，还提供了新的加密方式，导致信息无法被破解。通过这种方式加密的信息，若被篡改，发送者或接收者都将知晓。并且，量子信息无法被复制，但原则上可以被传输，这些性质在经典理论中都是不允许存在的。

请注意，我只选择了几个主题作为本章的内容。这里我只提供一些基础框架，并让读者感受到一些即将来临的振奋人心的应用。如果你想深入了解量子计算、加密和相关的物理学知道，可以阅读约翰·格里宾（John Gribbin）的《量子计算》（*Computing With Quantum Cats*，参考文献Z）。如果你想深入了解经典和量子信息理论、计算机、密码学、克隆和传输，建议阅读由凯尼恩大学本杰明·舒马赫（Benjamin Schumacher）撰写的《量子力学：微观世界的物理学》（*Quantum Mechanic: The Physics of the Microscopic World*）（参考文献Y）中的第19~22讲。我同样推荐你看一看微软公司的克里斯塔·斯沃尔（Krysta Svore）于2014年10月23日在YouTube网站上分享的系列视频，她不仅介绍了关于量子计算机组件的最新进展，还介绍了量子计算机运行所需的软硬件。[1]为了让读者理解背景信息以及相关术语，我将从经典信息论开始介绍。

二进制式的经典信息

在这里我借鉴一下舒马赫一书中第22讲的内容。他首先用问答游戏“20个问题”来举例，并指出，对每一个问题回答“是”或“否”都记作一个“比特”（bit）的信息，最后共能得到20个比特信息（回答是二进制的：也就是说，只有两种可能：是或否，这两种回答可以用数字1和0表示，“比特”是表示二进制数位的术语）。舒马赫指出，如果用这20个比特的各种组合来猜测一个特定的单词，[2]那么答案可能是英文字典中的数百万个单词。换句话说，这数百万个单词都可以用20个比特的不同组合来表示。

20个比特的信息能表示上百万个单词，这种事情似乎相当不可思议，但是从几个比特开始计算，我们就会看到这件事情是如何发生的。第一个比特对应第一个问题的回答，“是”或“否”，由1或0表示，共有两种可能性。以此类推，第二个比特也有1或0两种可能，所以与第一个比特结合起来就有4种可能的组合。对于这4种组合中的每一种，结合第三个问题都有两种可能的答案，因此共有8种组合。然后，随着比特数的增加，将会出现32、64、128，乃至更多种组合，组合数量增加得非常快。我们可以将组合数在数学上记为2^n，其中指数n表示第n个比特，表达式意为把2与自身相乘n次。所以我们说组合的数量以指数增长。在20个问题的游戏中，我们发现，比特的个数，即2^{20}，正好是1 048 576——大约是100万。20个比特的组合能够表示超过100万个不同的单词，每个组合可以表示1到1 048 576之间的一个数字（再比如，21个比特可以表示2^{21}个不同的单词，或者表示1到2 097 152之间的任何数字，是2^{20}的两倍）。因此，我们会说这些单词或数字可以在20比特或21比特的二进制寄存器中表示。

实际上，我们并没有用21比特寄存器来表示所有单词，而是使用7比特寄存器，即$2^7 = 128$个组合来表示一个集合中的所有元素，这个集合里包括英语中的26个小写字母、26个大写字母、数字0到9、标点符号、括号和其他键盘上的常见符号。其他一些组合可以表示指令，比如开始一段文字、开始或者结束标题。这样的编码正是我们用二进制数字可传输的形式表示文本的方式，即所谓的美国信息交换标准代码（ASCII）。该系统已被用于在计算机中输入、存储和显示文本，并通过万维网（互联网）来发送文本（直到2008年[3]）。

经典信息的储存和复制

所有信息的储存都是物理储存。也就是说，信息以有形的物理方式被标记、储存在物质或设备中。在过去，人们必须手工复制一些重要的信件，来记住别人写下的信息，或者向多个收件人发送信息。后来，印刷机可以轻松制作多份副本——有些人认为这是人类历史上最重要的发明。在现代，我们可以通过复印、录音、录像、照片、电子书或者数字文件的形式来存储或复制信息。信息可以被准确地复制和传输，尤其是以数字形式存储。复制使我们的生活在许多方面变得更便捷，但也引发了侵犯版权的问题。

“二战”时期的解码机

对保密和解密的需求激发了发明新编码方式以及破译密码之间的“军备竞赛”，这种“竞赛”贯穿了历史的发展。早在古代，人们就开始使用简单的密码，比如在特定语言里把一个字母替换成另外一个字母。但是在日常使用的语言中，某些特定的字母组合（比如“th”）重复出现的频率更高，或者经常出现的某些特定词语（比如定冠词“the”以及连接词“and”）也会让破译过程变得更简单。类似的破译问题经常会在报纸上以谜题的形式出现。

现在我介绍一个更普遍、更有效的加密方式，它不那么容易被破解，背后还隐藏着一段历史——“一次性密码本”（one-time pad）。

> 假设爱丽丝有一条信息想秘密传送给她的股票经纪人鲍勃，让他出售 IBM（国际商用机器公司）的股票。她可以通过以下的方式安全地发送消息（为了简化操作，我们发送字母“S”来表示“卖”）。

A. 爱丽丝以ASCII格式表示字母S（明文），即一系列1和0（任何知识渊博的人都会将其识别为ASCII，并读取消息）。

B. 爱丽丝在ASCII信息中加入另一个随机生成的包含1和0的字符串，只有作为发送者的她和作为接收者的鲍勃知道这个字符串。

C. 使用简单的规则：0 + 0 = 0，1 + 1 = 0，0 + 1 = 1，1 + 0 = 1，将明文与上文提到的随机字符串相加，得到一组密文数字。如果有人拦截此密文，并使用ASCII转换进行解码，则会得到另一个符号、字母或数字，而不是“S”（对于我们加入的随机字符串，ASCII转换会产生百分号“%”）。截取密文并用ASCII解密，不会得到有意义的信息。

D. 鲍勃将密钥再与密文相加，就好了！

E. 他得到了爱丽丝发给他的明文。再用ASCII的解密方法，就能得到真正的信息“S”。

A.	1	0	1	0	0	1	1	明文
+ B.	1	1	1	0	1	1	0	密钥
= C.	0	1	0	0	1	0	1	密文
+ D.	1	1	1	0	1	1	0	密钥
= E.	1	0	1	0	0	1	1	明文

在上面的例子中，爱丽丝将信息加密成二进制数字串向鲍勃发送，除了鲍勃，其他人都不能正确破译。因为鲍勃持有爱丽丝私下给他的密钥，所以他可以轻松破解加密信息，获取明文，然后使用ASCII转换图表来读取爱丽丝发送的信息。

如果每次发送不同的信息时都使用相同的密钥，外人很快就能推断出密钥是什么，因此这种编码方法产生的密钥只能使用一次或者有限的几次。而且，使用这个编码方法还要求爱丽丝在私底下向鲍勃提供密钥，同时没有任何人拦截下密钥，否则他们也能破译出密文。那么，问题的关键就是密钥的分配。一个著名（或臭名昭著）的关于密钥分配的例子是德国在“二战”前和“二战”期间使用的恩尼格玛密码机（Enigma machine），其转子设置就是密钥，它能够成功地实现加密传输。

许多人都知道恩尼格玛密码机，它提供了一个转子系统，可以生成加密和解密所需要的密钥。读者或许看过电影《模仿游戏》（*The Imitation Game*），它就描写了英国如何努力破译恩尼格玛产生的加密信息。机器中的转子在特定的设置下相互配合、以不同的方式工作，以此来改变密钥。转子设置的指令将单独发送，或是以某种方式与加密信息一同发送给接收者，使指定的接收者能够设置密钥。若不知道机器转子的设置方式，就无法确定密钥。

德国使用的机器则更复杂，在第二次世界大战之前以及整个战争过程中，他们用这种机器成功发送加密信息，并对之解密。波兰人早在1932年就开始致力于破解德国人的密码，并与法国和英国人分享了他们得到的信息，还建造了第一台专用于破译密码的计算机（称为“炸弹”，Bombas）。该机器使用继电器为机电开关，以此来分类整理恩尼格玛密码的可能解答。

1939年德国入侵波兰后，英国——得益于艾伦·图灵（Alan Turing）的天才工作——建造出了一个更加先进和强大的机器，称为“炸弹”（Bombes）；它有7英尺①高、7英尺宽，能够模拟30个组合在一起的恩尼格玛机的工作。然而，同盟国之所以能够破解德国人的密文，并不是通过恩尼格玛机本身的缺陷，而是通过德国人在使用该机器加密时的破绽，例如，找出其中的重复信息，再寻找其模式。

正如格里宾所描述的那样，图灵设计的“炸弹”正是利用了德国人的失误，他的工作可能将战争缩短了两年，甚至可以说是挽救了英国。他举了一个例子：在1941年的夏天，英国处于饥荒的边缘，但多亏了位于英格兰布莱奇利园的“炸弹”以及破译者们，他们提供的信息让从美国到英国的补给船只成功抵达，在运送的23天里，没有一艘沉船，并且躲开了德国U型潜艇的搜寻。

但是，德国人建造了一个比恩尼格玛更强大的后继者，名叫滕尼（Tunney）。破解滕尼需要更大的工作量。格里宾引用图灵的话并解释道：为了找出滕尼的失误，“需要100名英国人每天在台式计算机前工作8小时，连续工作100年”。[4]显然，他们需要更先进的机器来破译密码。新的破译机器的第一台原型机于1943年6月开始在英国运行。它仍然使用继电器进行控制。它的后继者——另一台原型机，使用了近2 000个电子管开关（有点儿像半导体晶体管开关时代之前的无线电管，稍后我将简要介绍）。它于1944年在布莱奇利园投入使用，被称为“巨人”（Colossus），它庞大的体积装满了整个房间。这是第一台电子计算机，但它只能在有限的意义上进行编程。

---

① 1英尺≈0.30米。——编者注

现代经典计算机

现代计算机使用半导体电子开关（即晶体管）来替代电子管开关，有电流/无电流通过可分别表示1或0，即比特。65年前，这些开关的尺寸如一角硬币那么大。从那时起，制造技术一直稳步前进，不断减小半导体电子开关的尺寸，并将多个电子开关及与其相关的电路集成在硅晶片上，成为单个芯片。1965年，英特尔公司（Intel）和飞兆半导体公司（Fairchild Semiconductor）的共同创始人戈登·摩尔（Gordon Moore）指出，集成电路上晶体管的数量每18个月就会翻一番（主要通过减小芯片内的晶体管和其他电路元件的尺寸实现），这个倍增速度被称为摩尔定律。如今，摩尔定律依旧成立，它描述着集成电路的发展。（但经典电路元件的尺寸已经缩小到原子大小的100倍，逐渐走向量子领域，而量子力学限制了电路元件的最小尺寸。所以在10~20年的时间里，摩尔定律可能不再有效。通过缩小元件尺寸来提高经典计算机能力的时代可能即将结束，若要进一步提高计算机性能，就需要进入量子领域。我们很快就会开始讨论量子计算机，但是让我们先来研究一下经典计算机是如何运作的。

存储在经典电子电路中的信息以字节（byte，简称B）为单位，其中每个字节表示8比特的信息。今天，每台台式计算机或笔记本电脑都能存储数千亿字节，即数百GB（吉字节）的信息。

请注意，要储存一本书、一张照片或者一段音频，大概需要1 000万字节（即10兆字节 = 10 000千字节 = 10 000 KB）。因此，现代计算机能够存储数万个类似的文件。

但计算机不仅能存储信息，还会根据人类给出的指令来处理信息。

计算机处理器会将晶体管开关连接成不同的“门”来执行逻辑运算，以处理信息。以异或门（XOR）为例，如果输入的两个信号都是1或者都是0，则异或门会输出一个0。如果输入的两个信号分别是1和0，它会输出1（上文在描述“一次性密码本”时，鲍勃就是这样将密钥与密文结合起来的，图中A至E行有具体描述）。

> 执行任何逻辑运算只需要10个基本逻辑门，而这10个基本逻辑门都可以由晶体管通过简单电路组合而成。例如，异或门使用8个晶体管，以某种方式连接在一起，接受两个输入信号，并根据输入信号是否相同，产生一个输出信号。输入信号可以来自其他晶体管，“1”代表“开”，即在一个方向上承载电流，“0”代表“关”，即在同一个方向上没有电流，或者只有微小电流经过。晶体管根据从外部源或其他晶体管提供的电信号，决定导通或截止电流。

在另一个层面上，电脑能够搜索并决定：“如果x”，“而不是y”，“那么z”，其中x可能意为“约会”，y可能意为“有车”，而z可能意为“然后搭公交车”。

处理器的速度一部分由其时钟决定，时钟输出一个周期固定的电信号，用于协调含晶体管的数字电路的动作。时钟信号频率越高，计算机的速度越快。但是时钟信号与信号之间需要足够长的时间（足够低的频率）来区分，以便在下一个信号来临之前，晶体管能够完成1或0之间的切换。

第一台通用电子计算机——“埃尼阿克”（ENIAC），原本旨在为美国陆军计算弹道数据表。但是，在数学家约

翰·冯·诺伊曼（当时在洛斯阿拉莫斯为曼哈顿计划工作）的影响下，它很快就被转去计算制造氢弹的可行性。ENIAC于1946年宣告诞生。它的尺寸为8×3×100英尺，包含17 468个真空管电子开关（比特），其时钟的总运行频率为每秒100 000次（即100千赫兹，又写作100 kHz）。每条指令需要20个时钟信号进行处理，因此其指令处理速率为5千赫兹。

作为比较，我的苹果Mac mini台式计算机（在撰写本文时已经4岁了）具有2 GB的内存（20亿字节，相当于160亿比特，是ENIAC的100万倍），时钟的运行频率为每秒2.4 GHz（吉赫兹），比ENIAC快24 000倍。

经典计算机无法破译的密码

尽管现代计算机如此强大，但还有许多事情它们仍然无法做到，包括破译某些密码。如今普遍使用的加密方式称为公钥加密法，即对信息进行加密的“公钥”（public key）不能用来解密信息，解密信息需要相关的“私钥”（private key）。比如，爱丽丝想接收来自鲍勃的信息，她会先将她的公钥发给鲍勃，公钥是一个数字——两个很大质数（也叫素数）的乘积。

质数是只有1或它本身两个因数的数字。换句话说，质数只能被分解为（不产生分数）1和它本身的乘积，比如2、3、5、7、11等。

这种情况下，加密过程并不像把明文与密钥直接相加那样简单（如上文中的“C”步骤），而且公钥只能用来加密，不能用来解密。所以，爱丽丝不用担心公钥被人截获，因为即使知道这个数字，别人也无法成功解密鲍勃发送给她的信息。鲍勃使用公钥向爱丽丝发送加密信息，爱丽丝使用她的私钥对信息进行解密（她的私钥是形成公钥的质数之一）。她不会告诉任何人私钥是什么，也不会往任何地方发送私钥，所以没有人能拦截或者看到私钥。

用大质数的乘积作为公钥进行加密，以此来保护要传送的信息，这种加密方法被银行和军队所采用。当你在网上购物时，此类加密方法也用于保护你在输入你的信用卡密码时发送的信息。

想要对加密信息进行解密，就必须要知道组成公钥的两个质数之一（知道了其中一个质数，就能轻松算出另一个质数，只要用公钥除以已知质数即可）。所以，试图破译密文的人必须找到组成公钥的质数是多少。找到15的质数3和5只需要稍微尝试一下，而要找到400位数的数字（例如用于保护信用卡信息的公钥）的质数，就算用上性能最好的现代（经典）计算机，也可能需要数十亿年的时间，而更新的计算机也无法显著改变这个事实。实际上，经典计算机在有限的时间内是无法破译出这样的密码的。

量子计算

相比之下，量子计算机使用只有50个量子比特的处理器，运行相应的破译算法（algorithm），就能够在几分钟内找出私钥。

算法是一套独立的逻辑运算或数学运算，如“如果a，则b”或“x和y相加”。通过执行一组这样的操作，计算机就能够基于输入信息做出判断，或执行相关程序。

难怪政府、大企业和军方争相资助量子计算机的研发。举一个例子，爱德华·斯诺登（Edward Snowden）提供的文件就显示，美国国家安全局投入了8 000万美元的资金，为了开发出“能够破译脆弱的密码”的量子计算机。[5]

因为是量子设备，所以量子计算机的计算不可避免地会涉及概率，因此单次的计算结果可能不是完全准确的。对于质因数分解而言，这并不是一个问题，因为计算机可以通过将得到的两个质数相乘，检验计算结果是否跟公钥匹配。但是，广义上来说，运行多次计算，将会得到一组与正确答案相似的结果。当然，我们可以要求计算机进行尽可能多的计算，直到获得所需的具有高确定度的答案。在解决复杂问题时，所需的计算时间可能会从几秒延长到几个小时，但与经典计算机解决或破译某些问题可能需要的数十亿年相比，这个时间已经非常短了。

还有其他棘手的问题以及应用类型都可以用量子计算机来解决，包括更快速的搜索引擎（如谷歌搜索）、快速的人脸识别和语音识别（例如，从一张照片或一个视频中的很多人里识别出一个正在被寻找的人——也许是一名恐怖分子）、模拟各种物理和化学过程、设计新药和新型材料，以及更有效率的人员分配和产品分配路线（经典计算机在计算如何将一名销售人员高效地运送到14个不同的地点最节省交通费用时需要100秒的时间，但即使使用现在最先进的计算机，当计算将同一人安排到22个目的地时，也需要大约1 600年的时间）。某些排序问题也适合用量子计算机解决，例如反向电话簿问题，即根据一个特定的电话号码来寻找号码的主人。一个经典计算机平均需要100万次操作（对于200万人口的城市而言），才能解决这个问题，而量子计算机用1 000次操作（100万的平方根）就能完成。

量子计算机的核心——量子比特（quantum bit），与经典比特有很大的不同。

量子比特在英文中通常用“qubit”表示。这个术语是本杰明·舒马赫和威廉·伍特斯（William Wootters）教授于1992年在某次讨论中创造出来的，当时他们在威廉姆斯学院工作。起初它是一个双关语，与《圣经》中测量长度的单位腕尺（cubit）有关。例如，挪亚方舟有多少腕尺之长，多少腕尺之宽，多少腕尺之高。

量子比特与经典比特的区别在于，量子比特可以处于两个态的叠加态，也可以处于两个态中的一个，由概率决定。这一点可不是说说那么简单，正是因为我们的世界是量子构成的，量子比特才能展现出如此奇特的性质。

为了解释量子比特在物理上是如何实现的，让我们再次回想氢原子中的单个电子。

电子的全波函数是电子所有可能状态的叠加，由所有波函数和相关的概率云（如图3–8所示）——相互叠加、环绕在原子核周围——表示。在自然界中，粒子倾向于处在能量最低的状态，因此发现电子处于能量最低的基态的概率比处于更高能量态的概率要高得多。这个概率信息也包含在全波函数中。波函数可能会随着时间发生变化。但是，直到对系统进行观测（测量）之前，电子都会根据全波函数给出的概率，处在不同态的叠加态中。

观察（测量）行为从允许存在的多个态中选择并确定了一个。但是一旦观测行为结束，概率就会再次统治电子，只不过现在是另一个不同的全波函数描述电子，让电子随时间进行新的演化。

为了阐述得更清楚，我们假设一个量子比特可以在氢原子中产生，通过控制电子在两个特定的状态间的占据情况，一个态表示

"0"，一个态表示"1"。两个态之间的切换可以通过激光来实现。特定频率的激光照在原子上，要么诱导电子从高能级跃迁到低能级，要么让原子吸收单个光子，让电子从低能级跃迁到高能级。在这种双态的设置中，总体状态用两种态的组合来表示，其中全波函数包含了电子出现在两个态的概率。

你会看到，许多种粒子和它们的性质都被用来探索、发展量子比特的二进制表示，原理类似上文的描述。在这样的二进制物理系统中，我们可以用两种状态的组合（和双态波函数）来描述每个量子比特。

如果两个量子比特太过靠近，它们的波函数显著重叠，则它们就会相互影响。在一个适当的环境中，每个量子比特都可以与另一个量子比特陷入纠缠，因此我们可以用一个新的纠缠波函数，将它们当作一个整体来进行描述。纠缠态一旦得到确立，则在特定条件下，就算两个量子比特互相远离，也能继续维持纠缠态。所以，对其中一个量子比特进行测量不仅选择了这个量子比特的状态，同时也决定了与它纠缠的另一个粒子状态，不管它们的距离有多远。你可能记得，这种在长距离下粒子依然保持纠缠的能力，就是爱因斯坦所说的"幽灵般的超距作用"。

这对量子比特一共有 2^2 共4种组合状态，或者说，同时处于4种组合状态的叠加态（这4种组合状态可以表示成4个二进制数字组合："0，0"，"0，1"，"1，0"和"1，1"）。若有 n 个量子比特都处于纠缠态，那么它们就能同时表示 2^n 个不同的值，并储存到 n 个由0和1组成的字符串中（这与 n 个经典比特不同，它一次只能表示、存储 2^n 个值中的一个）。如果 $n = 20$，那么 $2^{20} = 1\ 048\ 576$。也就是说，20个量子比特就能储存那么多数！

那么，为什么我们不能以同样的方式，让经典比特也连在一起形成纠缠，处于叠加态中，并让它们也同时表示0和1呢？这是无法实现的，因为经典比特间隔太远，它们的波函数没有明显的重叠。人们故意把经典比特和比特之间的距离设置得较远，是为了避免对一个比特的操作会影响到相邻比特的状态，从而出现问题。例如，如果电流不经过连接电路，而是从一个比特直接到另一个比特，就会造成短路。

最近（2015年），用于集成电路的电子控制开关——晶体管（经典比特）和铜线（作为微导线）已经缩小到千倍原子直径大小，它们之间相隔的距离也是这个数量级。原子的直径可以被认为是原子最低能量（最可能占据）状态的波函数降为零（可以看作其黑色概率云的边缘）的距离。因此，如果晶体管之间相隔数千个原子直径的距离，而构成它们的原子的波函数在几个原子直径的距离上就降为零，那么晶体管和晶体管之间的波函数就不会重叠，它们之间也不会互相影响。

但是，如前所述，现今晶体管和电路元件只有数百个原子直径的大小，根据摩尔定律，未来10~20年内，经典电路元件的尺寸将会达到量子极限，并且它们之间的距离将缩小到原子直径的大小，波函数开始重叠。不管你喜不喜欢，不断将电路元件小型化就一定会涉及量子效应。开发量子比特的工作已经开始了，这对进一步缩小电路元件可能是必需的。不仅如此，它还能增加计算机的储存量和计算能力，以及计算机元件的数量。

量子比特还促使了新的逻辑门、新的更简洁的算法诞生，从而用于新的、更快速的量子计算。需要说明的是，用量子算法分解*n*位整数的质因数需要的基本操作次数大概是$n^2\log n$，它比经典算法简洁得多，需要的操作次数也少得多，经典算法需要大约$\exp[n^{1/3}(\log n)^{2/3}]$次操作①。[6]

有一种逻辑门叫CNOT门，这是一个用经典比特无法实现的操作。CNOT门的操作是：当第二个比特处于1（而不是0）状态时，翻转第一个特定比特的状态。实现这个特殊操作的方法是，在CNOT门中让两个比特陷入纠缠态，以此来表示4个贝尔态中的任何一个[7]，不管这两个比特在物理上相距多远。

如前所述，量子信息存储和处理（例如使用相同的量子比特同时运行多个程序）的能力，来源于量子比特叠加态以及两个或多个量子比特的纠缠态。但是请记住，正如第6章末尾所述，外界的任何干扰、观察或测量的行为都会破坏纠缠态。因此，量子计算机的设计必须足够精密，能在不被观察或测量的情况下，以叠加态进行多任务计算，直到找到答案并进行读取（即测量）。

制造量子比特，并让它们通过纠缠联系起来并维持纠缠态，并不是一件容易的事。量子比特必须与周围环境隔离，以防外部干扰（比如固体材料中原子的热振荡）破坏量子的纠缠态。但是，量子比特之间又不能太孤立，不然就无法形成纠缠态，并且它们也需要跟外界保持联系，以便设置量子比特的初始状态以及观察和读取。格里宾列出了量子比特应该满足的要求，总结如下[8]：

1. 它们必须被研究得很透彻，并能够被大量生产。
2. 我们必须能够初始化它们的状态，来开启计算的过程。
3. “退相干时间”，即纠缠的持续时间应该足够长，足以完成100万

---

① exp表示e的多少次方，例如exp(n)就表示e^n。——编者注

次逻辑门的操作。

4. 它们必须能结合可逆门，并且能够在环境噪声下工作。
5. 它们要能多次重复计算以提供可靠的结果。

格里宾接着介绍了五六种满足这些标准的构建量子比特的方法，他参考了2014年及以前的量子比特研究进展和它们在计算机上的应用。[9] 注意：如果你已读完第四部分介绍的化学和材料科学基础，和第五部分讲述的各种超导体、半导体器件的性质，我在这里使用的术语和概念可能会变得更加容易理解。不过这部分可以当作是对接下来内容的预览，我只是提前引入了这些概念。

以下这些量子计算方法尚在探索中，每个都各有利弊，附录C会详细介绍。可见，量子计算虽然仍处在发展初期，但前景一片光明。

1. 离子阱，这是最初用于实现量子计算的技术；
2. 核磁共振，目前被用来将143分解质因数；
3. 量子点，这是一种很有潜力的器件，可以在室温下运行，研究者计划在5~10年内用量子点制造包含20个量子比特的电路；
4. 同位素核自旋，它们有较长的相干时间；
5. 量子光子学，利用光子的偏振态，目前能将15分解质因数。它还能应用在量子加密和量子隐形传态上，可能是最先进的方法；
6. 超导量子干涉设备（SQUIDS），迄今为止已经开发出含有1 000个量子比特的处理器（2015年6月宣布）。但是请注意，目前还需要更多工作来证明这个处理器的实际计算能力。

量子隐形传态（和心灵学中的远距传动可不是一回事！）

如今，量子隐形传态的基本架构已经被描述得很清晰了，我将在后文介绍它。但是像《星际迷航》中描绘的远距离传送（“传我上去，斯科蒂”），尽管在理论上似乎能实现，但实现的概率却非常低。只有量子过程才使得这种传送变成可能，因为我们的身体也是由量子——原子和分子构成的。

关于原子的量子知识

我们已经从薛定谔对氢原子的描述中得知，原子中的电子态是离散的，它们的位置由概率云来描述，如图 3–8 所示。电子占据哪个态是基于概率的。像自然界中的大部分事物一样，原子也倾向于处于最低能量的状态——基态，即所有电子都占据在可能的最低能态中，但总有电子会跑到更高的能量状态中。以上对态和能量的描述，我们也能应用在化学的分子和原子组合中。

《星际迷航》中的传送需要将人体的所有分子和原子进行传送，不过，为了从原理上探讨传送的可能性，只讨论一个原子就够了。我们将考虑最简单的原子——氢原子的传送。但是首先来看看用经典方法传送实体的可能性。

经典传送可能实现吗?

答案是否定的。我们不能通过任何已知的经典方法传送物理实体，但我们可以传送经典信息，比如我们一直在使用的传真机。为什么不能测量或观察物体的属性，然后（使用电话线和卫星以光速）把这些信息传真出去，以便根据这些信息在远距离上重新构建出这个物体呢？我们应该能够在一个原子上快速做到这一点。

即使只传送一个原子，也存在一些问题。测量或观察的行为会改变我们要发送的原子的状态，发送出去的是改变状态后的原子。关于原子的初始状态（包括概率）信息都会消失，所以我们对此一无所知。

简而言之，我们传送了一个原子的信息，但不是原本的那个原子了。以这种方式传送的原子分子构成的人（尽管两个地方的人具有相同数量的原子）实际上和我们打算传送的不是同一个人。

你可以说："但是，我们已经传送了一个身体！"确实如此，但斯科蒂传送过去的已经不是原来的那个人（假设他叫约翰）了。我们复制了约翰身上每一个原子的信息，但所有原子在被观测到的一瞬间就已经发生了变化。将这些信息传送到另一个地方，用这些信息重组起来的人是另一个人，他已经不是原来的那个约翰了。

量子传送和经典传送有何不同？

量子传送并不会直接测量或观察我们希望传送的粒子的性质（因此又被称为"量子隐形传态"），所以，起码在最初的时候，粒子不会发生退相干或者其他变化。待传送的粒子通过一个纠缠操作与第二个粒子陷入纠缠态，而第二个粒子在之前就与第三个遥远的粒子处于纠缠态了。描述一开始的纠缠操作如何实现的信息会以经典的传递方式独立传送到第三个粒子附近，我们根据这个信息对第三个粒子进行操作，使得第三个遥远的粒子因为纠缠而具有第一个粒子的性质。在这个过程中，第一个粒子的性质也因为操作而发生改变（但这发生在这个粒子与第三个粒子纠缠之后，它的原始状态没有发生变化）。因此，原始粒子的性质已被有效地传送到远处的位置。请注意，被传送到另一个已经存在的、遥远粒子身上的是原始粒子的性质，而原始粒子本身并没有被传送，也没有被转移，但在这个过程中它自身的性质发生了改变。

对于所有粒子都是光子的情况，以上的传输方式已经实现了。我们现在来看看下面这个简单的例子。然后，我们再考虑构成人类的离子、原子和分子的隐形传态。

光子如何实现量子隐形传态

所有光子都可以被当成二进制量子比特，因为每个光子都可以被描述成竖直或水平偏振状态，或这两种状态的叠加态。关于偏振的定义和物理描述，请参考附录A和图A–1（c）。我们可以用1来表示竖直状态，用0表示水平状态，然后就可以回到量子计算机和量子信息处理的领域，所有这些内容都属于量子信息理论的一部分，传输也是。

在该理论的一个应用中，具有二进制状态的粒子已经可以通过一个定义明确的过程被传送了。我们用光子来说明。第一步，我们产生一对纠缠的光子，即所谓的e比特（ebit），然后将两个仍然处于纠缠状态的光子分别发送到两个地方：我们把粒子E1发送给爱丽丝，将粒子E2发送给距离爱丽丝很远的鲍勃。

几个月后，爱丽丝希望传送一个光子给鲍勃，我们称之为T。这个光子是一个量子比特，它可能是竖直偏振状态，也可能是水平偏振状态，又或者是二者的叠加态。

通过所谓的贝尔测量，E1与T陷入纠缠。贝尔测量不会改变T的状态，也不会导致退相干，因为在这个过程中不需要去测量光子的偏振状态，观察行为没有发生，它只要求知道两个光子是否处于相同的偏振状态，并且在得到这个信息的过程中让两个光子陷入纠缠。

爱丽丝不知道T的偏振状态，但她知道已执行的贝尔测量的参数。她使用经典的传输方法——比如无线电或者互联网通信，以光速（考虑到服务器的操作等因素，也可能更慢些）向鲍勃发送了描述测量行为的信息。

鲍勃利用爱丽丝发送的信息，逆转了贝尔测量对粒子施加的影响，并让光子E2处于T原始的状态。经过这个过程，T的状态已经跟它的原始状态不一样了。但是由于E2具有T的原始性质，所以T的原始信息已经成功地从爱丽丝处传送到鲍勃处。

“但是，”你可能会说，“为什么爱丽丝不直接把T发送给鲍勃呢？T是光子，以光速行进，实际上它自己就是光。那么，鲍勃将以光速接收到原始的T光子，而不需要任何中间媒介。”

事实上，爱丽丝是可以做到这一点的。但我讲光子隐形传态有3个目的。第一，用类似光子传输的方式来传送加密信息，这种方式非常愚蠢，我将在下文中详细说明。第二，量子计算机可以通过隐形传态连接远程的量子设备，或者量子计算机和计算机之间进行直接、安全的通信，绕过用经典通信提供输入和读取输出的阶段（基本上去除了人或者经典设备作为“中介”的参与）。最后，既然光子的隐形传态已经被检验过了，我们想用光子的例子作为基础，来考虑有质量的、不能以光速行进的粒子的传输。

检验光子隐形传态

2004年，由安东·蔡林格（Anton Zeilinger）领导的一个团队利用光纤将光子从多瑙河一边成功地传送到另一边（约600米）。[10]

格里宾还描述了后来的两个重要实验，两者都发生在2012年。[11]第一个实验中，中国一个大型研究组设法在露天的情况下，将“量子态”传送到97千米外的地方①。在第二个实验中，来自4个欧洲国家的一个团队将“一个光子的性质”从加那利群岛的拉斯帕尔马斯传送到85英里②外的特内里费。这两个地方海拔近8 000英尺，空气稀薄，受到的干扰较小。如果传输在海拔高的地方更容易，那么为什么不将信息先传送到卫星，再通过卫星传输回来呢？中国人设想以这样的方式创建一个安全的量子网络，这就需要大量纠缠的光子。截至2012年，为达到这一目标，中国的研究人员已经能够以每秒数千次的速度制造4个光子的纠缠组③。

纠缠是隐形传态的关键。但是要想传送身体，我们需要让物质粒子进入纠缠态，而不仅是光子。而且我们还需要完整的纠缠波函数，来描述每个原子或分子的所有状态，而不仅是一对二进制粒子态。在这方面我们也取得了一些进展。

离子的纠缠和电子的隐形传态

在《量子计算》中，格里宾描述了密歇根大学的工作：相距约3英尺的两个离子通过它们发射光子的纠缠而陷入纠缠态。[12] 2014年的一篇文章报告说，荷兰代尔夫特理工大学的研究者成功让两个被困在极冷钻石中、相距33英尺的两个电子陷入纠缠。[13]

---

① 这一研究由中国科学技术大学的潘建伟教授带领。——编者注

② 1英里≈1.61千米。——编者注

③ 2017年8月，潘建伟团队宣布，实现地面与卫星之间的量子隐形传态。——编者注

这些都属于重大成就，但是想要实现长距离传送单个原子，我们还有很长的路要走。若想最终实现传送人类，就需要传送数量惊人的原子：大约10^{27}个。我们可能会得出结论，就算理论上可能实现，《星际迷航》中人类传送的实现概率还是极低的。

还要记住，与《星际迷航》中不同的是，我们只将原子的性质传送到已经存在于远方目的地的原子上，而不是传送原子本身。留下的原子在传送完自身的性质后，就会改变自己的状态。远方的原子与被传输的原子在改变之前的状态相同。这也是传态与克隆的区别，如果被传输的原子保留了它们的原始性质，那么我们将有两个相同的物体，其中一个是从另一个克隆出来的。但克隆不可能发生在量子系统中。我们从量子信息理论中得知，复制和克隆是不可能实现的，这是种“非克隆”的理论。在隐形传态中，原子的原始状态总是会改变，但原子本身还在原地。然而，经典物体可以复制和传送，却不能克隆，这真是有意思！

但是，奥泽尔指出[14]，一些科学家——例如罗杰·彭罗斯（Roger Penrose）在他的《皇帝新脑》（*The Emperor's New Mind*）中——提出意识的本质是量子现象。奥泽尔指出，如果是这样，量子传送或许可以传送我们的思想。我想说：若是这样的话，我们的身体还有什么用？死亡又意味着什么？

绝对安全的量子加密

易于复制的特点使得经典传输下的信息容易受到窃听和监视，通常发送者和接收者都意识不到这件事。就算是前文提到的公钥加密算法，原则上也可能被破解，因为发送出去的信息可以被复制。比如，把密文复制到并行操作的一大批计算机中，以此来破解它。经典计算机要破解公钥加密的密文可能会很吃力，但正如前文所述，可能不久之后量子计算机就能轻松破解了。

相比之下，量子信息根本无法通过经典或量子的方式进行复制。若要阅读或者复制，就要涉及物理上的观察和测量。而且，正如我们所了解的，量子世界的一个基本特征是，任何测量或观察都会导致粒子的波函数退相干，从而破坏了波函数所包含的大部分初始信息。测量到的只是“原始信息”发生改变后的一部分，“原始”则不再存在。

量子信息无法被复制的特性，从根本上决定了它不能被其他人破译，仅有接收者能够解密，而且不可能在发送者和接收者不知道的情况下，对信息进行篡改。这种能力的主要应用是所谓的量子密钥分配（Quantum Key Distribution，简称QKD），如下所述。

量子密钥分配是如何实现的?

还记得那个经典密码学的例子吗？爱丽丝使用“一次性密码本”的方法，向鲍勃发送了加密信息。鲍勃用一个密钥——爱丽丝事先给鲍勃发送的一串由1和0组成的字符串来解密。只要鲍勃有密钥，他甚至可以解开更长、更复杂的信息。但是，发送或分配密钥，特别是向多个指定的接收方发送，可能会花费很大的代价，并且若密钥落入别人手中，那么非指定接受者就能够在发送者和接受者毫不知情的情况下，解开密文。可以说，安全地发送密钥，是一次性密码本的关键。

量子密钥分配是个万无一失的发送密钥的方法。1984年，IBM的查尔斯·贝内特（Charles Bennett）和蒙特利尔大学的吉勒斯·布拉萨德（Gilles Brassard）一起发明了被称为BB84的QKD协议，它利用量子比特以编码方式传送密钥。1991年，阿图尔·埃克特（Artur Ekert）发明了另一个QKD协议，称为E91，它涉及对一组偏振纠缠光子的操作，方法类似于前文中的光子隐形传态。对于这两个协议，任何拦截信息的行为都会破坏信息的纠缠态，发送者和接受者会因此而得知信息被人拦截了，最终密钥也会因被破坏而无法使用。目前还没有方法（甚至在原理上）破解用QKD建立的一次性量子密钥的加密信息，就算有更先进的经典计算机或者量子计算机出现，依旧不能破解这种加密信息。

量子密钥传输

BB84密钥能在12英里长的光纤中以每秒100万比特的速度、在60英里长的光纤中以每秒1万比特的速度进行交换。（典型的光纤通信速度要比这快上1 000~10 000倍。但是，只有密钥需要用更加安全的量子隐形传态的方式传送，其他信息可以使用密钥进行编码，然后用经典的传输方式发送。）最长的量子密钥已经成功在约100英里的光纤中实现传输。也是同一个欧洲团队，同样采用了BB84和E91两种协议，在高海拔空气中（加那利群岛中的两座岛之间）实现了在80英里的距离上远程传输QKD。在卫星的高度上，空气只会更稀薄，通过卫星作为中转进行长距离传输是可能实现的。

量子密钥分配网络

这类网络已在美国国防研究计划署（DARPA）、维也纳、瑞士和东京开始设立。

商业量子密钥分配

截至2015年12月，至少有4家公司在制造量子密码系统：波士顿的麦吉纽科技（MagiQ Technologies）、日内瓦的ID量子技术（ID Quantique）、堪培拉的昆艾森实验（QuintessenceLabs）和巴黎的塞纽网（SeQureNet）。[15]由于实用的量子计算机一旦出现，就能计算出大数的质因数（这使得传统的公钥加密不再安全），这些公司收到的量子加密的需求会大大增加。

量子计算机的优势

本章的要点是：第一，量子计算机在某些应用上能提供比经典计算机快几百倍的计算速度；第二，经典方法无法实现隐形传态；第三，隐形传态用量子方法理论上是可以实现的，但实际上，相比于传送单一的原子，传输实际物体（由很多原子分子组成）更困难，而传输人更是几乎不可能实现；第四，传送的对象是物体的性质，而不是物体本身；第五，量子计算机会对如今最好的加密方式造成威胁；第六，量子加密的信息不会被破译，甚至不能（在发送者和接受者都不知情的情况下）被篡改。

本章将信息理论应用于光子和量子尺度物质的加密和传输。在第三部分中，我们会了解黑洞蒸发中的信息丢失将如何威胁到量子力学理论。但这只是那一章中涉及的一小部分。第三部分还将涉及量子粒子的本性，以及量子在宇宙膨胀中的作用——从大爆炸到星系。

第三部分

从大爆炸到星系——相对论与量子力学

在本书的第四部分，我会讲述量子力学如何帮助我们理解对原子、化学和材料的量子性质，这些新认识是如何帮助我们创造出许多现代发明的，在第五部分我也会提到上述内容中的一大部分。

但是在我们转向这些理论的实际应用之前，我想先给大家展现这个世界奇妙的另一面——从最开始就存在的最小物质，到现在的星系及宇宙的整体结构。这是一个属于相对论和量子的世界——一个迷人的世界。

在解释这个世界时，为了提供更清晰的图像，以及让读者了解到我们呈现的事物是如何联系在一起的，我将使用类比的手法。在这次的宇宙时空旅行中，我将担任导游的角色。曾经我也作为访客拜访过这些迷人的地方——被当地导游引领（通过一些作者和他们的书）。有时候这些导游是领域中的权威，但有时候他们只是擅长将来自权威的信息用简单易懂的方式呈现给我。（这类作者可以类比为美术馆、建筑景点的导游，或者博物馆的讲解员。）

作为导游，我选择了其中一些有趣的话题，安排好你的行程路线，并有逻辑地将它们连成一个整体，按时间先后顺序游览。我们经停的部分景点（要介绍的主题）已经包含在这一部分的标题中。每个主题都有一套指南，这些指南往往对主题有不同的解释，它们可能会强调其中的不同方面。

尽管这里描述的大部分内容都有确凿的证据，并经过了检验和理论的证明，但在某些情况下，当地的导游和司机也会表达他们自己的猜想和观点。这时，我会指出来并且稍做说明。在大多数情况下，我会向读者介绍旅行指南和带路司机（通过我的参考文献），以便读者直接与他们做进一步探讨。我们会在很多个主题中稍做停留，在此之后奔向下一个主题。

虽然这部分名义上是特定主题的游览，但这些主题是相互联系在一起的，让你了解到现代物理学的两大支柱：大爆炸模型，揭示了宇宙的演化，以及量子力学，适用于标准模型，并描述了传递基本作用力及组成我们周围一切事物的原子基石的粒子。

欢迎你们进入这段美丽的发现之旅，其中的有些概念可能会挑战你对周围和内部世界的看法。

第 9 章　获取宇宙地图

空间、时间和相对论

现在我们要开始旅行中最困难的部分。在本部分中，我们将离开日常生活里熟悉的宇宙，前往另一个现实世界——隐藏在熟悉世界背后的量子力学和相对论。读者不必完全掌握这些知识，你只需要坚持下去，认真听即可。这是我们生活的宇宙，也是大爆炸所描绘的宇宙。我从这个方向出发，游客们就不会造成混淆。

狭义相对论

我会介绍一些相对论的知识。首先要注意，在进行空间和时间的测量时，彼此相对运动的观察者将获得不同的结果。这种差异已经被实验证实，详见下文。

向我们移动的物体，在我们看来，它们在运动方向上的长度会缩短，同时，与它们一起运动的时钟也走得更慢一些。通常我们不会注意到这些事情，因为在低速情况下，物体形状变化和时钟变慢的效应难以察觉。不过在高能物理的粒子加速器中，粒子速度接近光速，时钟变慢的效应就很明显了。而且，近年来，仪器的精度越来越高，即使在飞机上——比光速低得多的情况下，我们也可以测量到这些效应。

爱因斯坦的天才之处在于他从他的狭义相对论中认识到，对于每个观察者来说，物理定律都是相同的。我们可以利用在某个参考系下观察到的现象和相对论推测出其他参考系中观察者所观察到的现象。这个参考系是由时间和空间组成的四维时空（space-time），其中的三维是我们熟悉的三维空间：上下、前后、左右。问题在于，我们很难想象出四维的物体，更不用说第四维还是时间了。如果你希望能更多地了解时空，我推荐你去看巴里·帕克（Barry Parker）关于爱因斯坦和相对论的书。[1]

广义相对论

现在，我们知道了我们熟悉的牛顿经典物理学和爱因斯坦的狭义相对论都是广义相对论的特例。狭义相对论是引力场很微弱的情况下的近似，而牛顿经典物理学是狭义相对论的一个近似——在相对速度远小于光速、引力场也很小的情况下是精确的。广义相对论能够描述的事件就更广泛了，不管高速还是低速的物体，不管是在小引力场还是大引力场，它都能够描述。例如，广义相对论预测，不仅当时钟相对于观察者运动时，观察者看到的时钟会走得更慢，而且在时钟处在的引力场比观察者所在的引力场小的情况下，观察者看到的时钟会走得更快。以下是一些我们能够观察到的例子。

当我们越来越远离地球表面时，地球的引力会逐渐减弱。在离地球表面为一倍地球半径的地方（即离地心距离为地球半径的两倍），地球引力是地球表面的1/4。在离地球表面为两倍地球半径的地方（即离地心距离为地球半径的三倍），地球的重力是地球表面的1/9，以此类推。

我们的全球定位系统（GPS）使用31个全球定位卫星，轨道在我们地球上方12 500英里（离地心距离约为地球半径的4倍），可以测量从我们的手机和其他设备发出的信号的行进时间。通过这些测量，系统可以定位设备，误差在6英寸以内。如果不对引力的影响进行修正，则在一天的测量过程中，累积误差可能会达到6英里。

飞机上的时钟在高度为30 000英尺的地方运行时，与地球表面的时钟相比，会运行得更快（而不是更慢）。这是因为飞机所在的高空引力较低，引力让时钟变快的效应比飞机速度让时钟变慢的效应更明显，因此时钟会走得更快。

这些有趣的效应说明了相对论能精确预测并解释实际现象。但这些仅仅是部分例子，还有很多证据能够验证相对论。

重新认识引力

和量子力学一样，广义相对论成功描述了宇宙的几乎每一个方面，并得到了验证。并且，广义相对论在宇宙学中也扮演了十分深刻的角色。时空是宇宙的一部分，它和宇宙中的物质以及能量相互作用着。

正如物理学家兼作家博约瓦尔德（Bojowald）所说："时空的形式是由它所包含的物质决定的。时空并不是一个平直的四维超立方体结构，以不变的形式向各个方向无限扩展。它像一块旧的橡胶，在自己内部的张力下形成一个弯曲的结构。时空的内在结构是引力。”[2]（爱因斯坦认为，引力不是一种力，而是时空弯曲的表现。[3]这是一个真正违反直觉的概念，当它第一次出现时，许多物理学家也感到震惊。我们在后文中会详细介绍这段故事。在此之后，尽管物理学家和宇宙学家认识到了这一点，并且也用爱因斯坦的时空弯曲理论解释引力，但他们仍然喜欢将引力称作“力”。）

在提到爱因斯坦的成就时，博约瓦尔德写道：“（他）拓展了时空这一概念，原本时空仅仅是容纳物质变化的‘舞台’，但到相对论中，它变成了一种物理实体，这是一场革命。”他还写道：“空间–时间被视为一个物理对象，就如同在一本小说中，主角就是书本自己。”[4]（太精彩了！）

这就是我们所要探索的宇宙的相对论框架。宇宙的演化已经被相对论塑造（当然，也被量子塑造），因为这就是宇宙本来的样子。“理论”和“模型”只是为了理解我们所观察到的现象的工具。

爱因斯坦假设我们的宇宙在各个地方大致相同，这被称为宇宙学原理。他还认为宇宙没有中心，宇宙在大尺度结构上是均匀的，各个地方都非常相似，这也被称为哥白尼原理。

后一个原理以1543年哥白尼的观测和计算命名（他只敢在临终前发表），表明地球并不是宇宙的中心。当时，人们普遍认为地球是宇宙的中心，天主教会学校的教学也会特别强调这一点，因为这一观点符合《圣经》中的描述。被称为“科学之父”的伽利略利用自己制作的望远镜观测天空，他也支持哥

白尼的思想。1615年，伽利略受到罗马教会的调查和审判，被迫撤回了自己的学说，并在生命的最后9年被软禁。

运用这些假设，爱因斯坦的广义相对论预言：宇宙要么在膨胀，要么在收缩。只有在广义相对论中加入一个“宇宙学常数”，他才能得到一个静态的宇宙——既没有膨胀，也没有收缩。[5]

但是苏联数学家兼气象学家亚历山大·弗里德曼（Alexander Friedman）和比利时耶稣会牧师乔治·勒梅特（Georges Lemaître）用爱因斯坦的方程推导出：“宇宙一开始是一个密度极大的微小斑点……经过一段很长时间的膨胀，形成了可观测宇宙。”[6]据畅销书作家布赖恩·格林（Brian Greene，哥伦比亚大学物理与数学教授）说，爱因斯坦认为勒梅特犯了一个错误，勒梅特“盲目地追求数学上的结果而得出一个荒谬的结论，为‘可恶的物理学’添砖加瓦”。[7]几年之后，来自天文观测的证据解决了这个争论。

现在让我们乘坐公交车去天文馆吧。从现在开始，为了便于展现清晰的图像，避免迷失在各种概念里，我们将探讨熟悉的空间，而不是“时空”。

宇宙模型

首先我们来看一看恒星和星系，就像历史上天文学研究所做的一样。然后，我们来研究一下宇宙模型。

1929年，天文学家埃德温·哈勃（Edwin Hubble）发现了宇宙膨胀的强有力的证据——遥远星系发出的星光在光谱上发生了多普勒红移

（详见下一段），这距离哈勃第一次观察到清晰的近邻星系图像已经有5年了。在那之前人们使用更小的望远镜，只能看到模糊的星云。[8]哈勃使用的100英寸胡克望远镜坐落在威尔逊山。现今，利用射电望远镜、哈勃空间望远镜（以哈勃命名，但是在他去世之后很久才被发射到近地轨道）和许多其他类型的仪器，我们可以观测到宇宙中1 000亿个星系并得到宇宙膨胀的证据。虽然星系和星系之间的差异很大，但是平均而言其中的每个星系都包含了1 000多亿颗恒星。

移动中的物体发射出各种类型的波（比如声波或者光波），就会产生多普勒频移。超速司机或者棒球爱好者可能会知道，雷达枪就利用了多普勒效应。有些读者可能对天气预报员使用的多普勒雷达很熟悉，它被用来测量雨、雪或者冰雹的运动。

这些器件的工作原理是发出电磁波脉冲，并观察其反射波长的变化。我们看到的星体的光是它们发出的光，而不是反射光，但所有电磁波以及声波的多普勒效应原理都是一样的。

你可能注意到，当一辆赛车或警车向你驶来时，赛车发动机或警车报警器声音的音调（频率）会变高。在经过并远离你后，音调又逐渐降低。这种音调的变化就是多普勒效应。

同样，一个发光的物体朝向我们移动时，我们就会观察到它的光的频率增加了（即波长变短了），远离我们移动时，我们就会观察到它的光的频率下降了（即波长变长了）。因为红光处在可见光谱中长波长一侧，所以远离我们的物体发出的光在光谱上的移动，就称为红移。

当哈勃用他的望远镜观测各个方向的星系时，他发现望远镜上收集到的星系的光在光谱上都发生了红移，这表明星系正在远离我们。（这意味着图2–8和2–9所示的谱线将向右移动。）

他还发现，光源离我们越远（我们可以通过对比已知亮度的恒星——造父变星来测量星系的距离），红移就越大，这说明越远的星系远离我们的速度越快。尽管哈勃的观测仅仅建立在几个星系上，但是他的结论被后续越来越多的观测结果证实。

越远的星系远离我们的速度越快，这条定律如今被称为哈勃定律。在我们看到的各个方向上，遥远星系的分布看起来也很相似。哈勃的观测结果说明宇宙在不断地扩大膨胀。弗里德曼和勒梅特是正确的！

（我一直在用“遥远”的星系证明宇宙的膨胀。对于遥远的星系来说，宇宙膨胀占主导因素，让它们不断地远离我们。但是对于近邻星系，它们相互靠近的速度要比因膨胀而相互远离的速度要快，因此离我们最近的仙女座星系，在大约40亿年后会跟银河系碰撞。[9]）

现在，读者们已经了解了初步的背景知识，但是你们要知道，在宇宙膨胀的理论中，有许多由数学公式定义的，无法可视化的可能的“形状”。对于宇宙的时空而言，我们用不同的“曲率”来描述这些形状。[10]基于不同的形状和曲率，我们的宇宙会呈现出完全不同的图景。

托巴克教授在他的书《无须数学基础的宇宙大爆炸与黑洞导论》以及他的课程中描述了三个宇宙图景，这些图景都基于在宇宙中可以直接观测到的物质密度和能量密度。[11]当宇宙的密度达到了临界密度后，宇宙就不再膨胀，并会收缩成一个无穷小的点——他称之为“大收缩”（物质相互吸引导致收缩）。若宇宙密度没有达到临界密度，它就会持续膨胀下去。如果宇宙刚好处于临界密度，它会继续膨胀，但是膨胀的速度逐渐变慢。当然，我们观测到物质和能量的密度远远小于临界密度，因此我们预料宇宙会持续膨胀下去。

托巴克教授还描述了宇宙中其他两个成分，“暗物质”和“暗能量”（两者都不能直接探测到，我会在后面讲到）。当把暗物质和暗能量纳入宇宙图景时，物质密度和能量密度刚好100%达到临界密度（是不是很有趣！）。从20世纪90年代末对加速膨胀的观测结果来看，暗能量贡献了72%的密度。能量跟物质不同，它会产生斥力，从而促进膨胀。我们现在对宇宙的理解是，从宇宙诞生到约60亿年前的这段时间里，宇宙经历过一段非常短暂、极度快速的膨胀时期——我们称之为“暴胀”，然后膨胀的速率缓慢下降。但是在过去的60亿年里，由于暗能量的存在，宇宙的膨胀速率越来越快，我们称这段时期为“加速膨胀时期”。

但是我们已经达到了100%的临界密度，格林在他的畅销书《隐藏的现实》（*The Hidden Reality*）中提到，当密度达到临界密度时，宇宙的曲率为0。[12]曲率为0的宇宙称为“平坦”的宇宙（这种“平坦”并不是可视化的那种“平坦”的形状）。“平坦”的宇宙有两种可能：要么宇宙是无穷大的，要么宇宙以某种方式具有“边界”——就像游戏屏幕的边缘（想象“吃豆人”穿过屏幕的左边缘后会突然出现在右边缘上）。[13]格林认为，没有什么手段能够区别两者，但物理学家和宇宙学家倾向于认为宇宙是无穷大的（即不存在边界）。然后，他以这个例子说明，宇宙无边界可以得出存在由多个平行宇宙组成的“多宇宙”（multi-universe）（这个概念跟第6章提到的“多世界”理论不同），每个宇宙都跟我们所在的宇宙一模一样，其中的人一模一样，发生的事情也一模一样。多宇宙的概念超出了本书的范围，但是对于希望进一步探索的读者，我推荐阅读格林的《隐藏的现实：平行宇宙是什么》。

科学家利用以下类比，把宇宙膨胀发生的可能过程具象化。

假设我们正在烘烤无限大的葡萄干面包（无限大即上文提到的“没有边界”）。我们有一团非常大的面团（我们的宇宙空间），其中均匀地撒上了一些葡萄干（星系）。我们处在其中一个葡萄干（银河系）上。往各个方向看去，我们看到的都是其他葡萄干，并且在每个方向上看到的葡萄干分布情况大致相同。我们的视线被限制了，只能看到“可观测宇宙”球体范围内的葡萄干。我们认为坐在另一个葡萄干上的人将会得到非常相似的观测结果，以及他们自己的“可观测宇宙”。

面团（空间）不断膨胀，导致葡萄干（在一般情况下）彼此远离。距离最远的葡萄干相互远离的速度最快，即距离最远的那些星系正以观测到的最大速度远离我们。然而，葡萄干也可能会慢慢地在面团中向不同的方向移动。附近的葡萄干远离我们的速度非常慢，如果这些葡萄干自己移动的速度很快，那么它们和我们实际上可能正在相互靠近。

根据上文提供的信息和哈勃的发现，我们做出以下假设（参考葡萄干面包类比）：

1. 宇宙的空间（实际上是时空）正在加速、均匀地膨胀。由于宇宙膨胀，物质（或者星系）整体上正在相互远离。
2. 宇宙是无穷大的——没有边界。
3. 宇宙没有中心，也没有特殊的观测点。

4. 我们只能了解可以观测到的宇宙，即“可观测宇宙”，后文中我称之为“我们的宇宙”。

到了1964年，出现了两个激烈竞争的宇宙模型，它们都能够解释哈勃的观测结果。随着时间的推移，出现了越来越多的模型。下面我将简要介绍这两个模型，然后再详细介绍后一个。两者都符合广义相对论，也满足上文中列出的原理和观测证据。

根据彼得·科尔斯（Peter Coles，诺丁汉大学天体物理教授）的定义，理论（theory）是自洽的，并且没有自由参数，而模型（model）在这个意义上是不完整的。[14]如果模型的预测和我们观测到的内容相符合，我们就说这个模型的预测是成功的。

稳恒态宇宙模型

这是天文学家弗雷德·霍伊尔（Fred Hoyle）等人坚决捍卫的模型。[15]它超越了宇宙学原理，被称为“完美宇宙学原理”（perfect cosmological principle）。它认为，宇宙不仅在空间层面上没有中心，在时间层面上也没有中心，并且总是以相同的速率不断膨胀。这个过程被称为“物质持续创生”[16]，因为这个理论要求新物质以稳定的速度不断诞生，以抵消膨胀带来的物质稀释。[17]

大爆炸模型

大爆炸模型不同于稳恒态宇宙模型，在这个模型中，宇宙的膨胀速度随着时间推移而改变。然而，正如科尔斯指出：“由于大爆炸初期有很大的不确定性，我们难以做出严格的预测，要验证它也并不容易。”[18]

但是，由于一些我们之后会介绍的原因，大爆炸模型已经获得广泛的共识，我将用它来指导我们去游览宇宙，下面我将做详细介绍。据我了解，霍伊尔原本造出“大爆炸”的名字是想讽刺这个模型，但后来大爆炸模型被证明是正确的。

膨胀和冷却

我们并不知道最初的时空是什么样的，只能设想在大爆炸后很短一段时间内发生的事情，其中最简单的一个模型是设想宇宙最开始是个奇点（在数学上是一个密度无限大的点，并不是真实存在的）。

根据大爆炸模型，一开始时空里充满了温度极高、密度极大的能量和基本物质/反物质粒子（稍后介绍）。[19]宇宙在这138亿年间，从数万亿摄氏度的温度开始逐渐膨胀、冷却。在冷却的过程中还进行了许多复杂的过程，比如形成物质粒子，以及我们今天所见到的宇宙的其他组成成分。

> 托巴克定义道：“宇宙的演化主要由两个因素决定：第一，随着宇宙的膨胀，宇宙中粒子的能量下降；第二，粒子之间的相互作用在很大程度上取决于粒子的能量。”[20]

冷却表现为随着宇宙空间的膨胀，光（电磁辐射）的波长也增加。波长较长的光子能量比较低，说明宇宙更冷，同时也表明了正在进行相互作用的物质的温度（回想一下电磁波的经典图景，以及附录A中图A–1提供的波长定义）。图A–2中展示了不同波长的光，从左下角的高能量、短波长的伽马射线（能量基本上与右下角的大爆炸热时期一致）延伸到左上角的长波长、低能量的冷微波（正如我们今天所看到的宇宙，如右上角所示）。

图左侧的光波长看似改变不大，但不要被表象所蒙骗，这只是原理图。从伽马射线（波长为10^{-12}米）到微波（波长为10^{-2}米）意味着波长增长了100亿倍，这意味着我们的宇宙也膨胀了100亿倍！

波长的改变表现为温度的改变，在下一段中我会详细解释。

早期宇宙中的电磁辐射与物质粒子不断相互作用——以固定的能量值被粒子吸收，再被发射出去。这种“热平衡”状态的能量交换过程产生的辐射光谱具有特定的形状，揭示了与辐射相互作用的物质的温度。（如第2章所述，正是为了解释这类辐射光谱，普朗克才提出了光以“能量子”形式辐射的理论。）

因此，宇宙中物质的温度可以由特定波长周围的辐射光谱来表示。与物质粒子达到热平衡的电磁辐射就可以用来测量物质周围的温度。

物理学中通常用开尔文（Kelvin，K）来衡量温度，其起始点是绝对零度——一个不可能达到的最低温度。水的熔点和沸点分别是273开尔文和373开尔文。水在0摄氏度下结冰，这意味着绝对零度是–273摄氏度，或–459华氏度（美国更常用的温度单位）。如果没有另外规定，我们这里将使用摄氏度。

因此，大爆炸之后释放的高能短波长伽马射线光子揭示了当时密度极大、温度高达数万亿摄氏度的宇宙。我们如今看到的低能量、长波长的宇宙微波背景辐射表明了今天深空的极低温度——3开尔文附近，也就是绝对零度以上3度，约为–270摄氏度或–453华氏度。冷啊！（我们稍后会看到微波背景辐射是如何被发现，又如何被验证的。）

膨胀和事件概览

图9–1定性描述了宇宙大爆炸的膨胀历程。它展示了我们能够观察

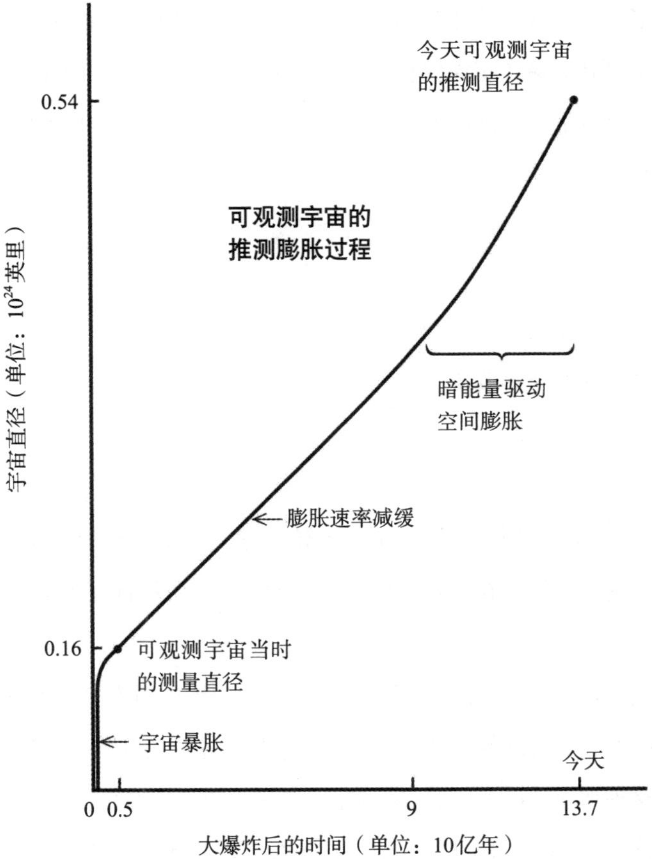

图9–1　可观测宇宙的膨胀推测示意图

到的可观测宇宙，从大爆炸后5亿年到未来的大小发生的变化[21]。图中左下角的点——0.16×10^{16}英里[22]的一半，就是我们现在观测到的大爆炸后5亿年宇宙的半径同时也是我们能观测到的最古老的星体和最遥远的星系到我们的距离。同时，我们还能通过测量这些遥远星系中恒星发出的光的红移，得知宇宙膨胀的速度。

我们现在之所以能看到这些古老的星系，是因为这些星系的光走了132亿年才到达地球。因此，曲线的其余部分——表明星系和我们的距离在增长——只是一个推测结果。大爆炸5亿年之后，相同星系发出的光还没有到达地球（正如你将要看到的，它永远不会到达地球）。因此，右上方的点也是我们观测到的当时的那个宇宙膨胀到如今的推测大小。[23]

大爆炸后，宇宙膨胀分为4个阶段：

1. 接近均匀；
2. 宇宙暴胀；
3. 膨胀速率减缓；
4. 加速膨胀。

（注意：第2和第4阶段的描述比较常见。描述第1和第3阶段的术语是我创造的。除了接近均匀的阶段之外，所有阶段都在图9–1中展示了出来。）

在过去60亿年的加速膨胀阶段，右上角曲线的斜率呈现上升趋势。我们可以看到，遥远的星系正在以不断增长的速度离开我们。科学家们认为，这种加速是由神秘的“暗能量”[24]驱动的，我将在后文中讨论。

膨胀速率减缓的阶段显示了宇宙以接近稳定但略微减缓的速度膨胀。

图左下角快速上升的曲线显示了宇宙暴胀阶段。图9–2展示了暴胀的更多信息，这个阶段发生在宇宙早期。

大爆炸模型能帮助我们根据现今观测到的宇宙大爆炸发生后5亿年（膨胀速率减缓的阶段）传来的光追溯到接近大爆炸的时刻。它告诉我们，宇宙暴胀始于大爆炸后10^{-36}秒，在10^{-32}秒后终止[25]（发生时间很早，还很快！）。在这么短的时间内，暴胀就让宇宙的大小膨胀到接近百万年后膨胀速率减缓阶段初始时的大小。

接近均匀的阶段发生在暴胀阶段之前，历时非常短，在图9–2的关系图上也显示出来了。我们马上就会开始讨论这一阶段，不过，我们首先需要做些功课。

为了方便地表示极短的时间，并把它们在坐标轴上标出来，我们将使用科学记数法。因为我们会常用到这样的小数字来描述时空中发生的事件，以后也会用到大数字来表示很长的时间或距离，所以这里我们再复习一下科学记数法。同时我会回顾科学公式表示法，这两种方法会经常用到，也方便读者阅读。

爱因斯坦的著名方程$E = Mc^2$揭示了一个物体的能量与质量之间的关系，c表示光速。这个方程表示物体的能量E等于质量M乘以光速c的平方。回想一下，c = 299 793 000米/秒，299 793 000是个数字，“米/秒”是这个速度的单位，也可以简写成m/s（米是国际标准单位制中的长度单位），上标2表示光速c乘以自身，即$c \times c$。

我们可以用科学记数法来简洁地表示光速c这样大的数字。其中我们会先通过四舍五入法，用小数的形式表示前几位数字（对于光速c来说，就是2.998），然后乘以10的几次幂，10的上标表示幂，代表几个10相乘。因此，光速可以写作$c = 2.998 \times 10^8$m/s。为了方便记忆，我们可以进一步将光速四舍五入写成$c = 3 \times 10^8$m/s。（这里的上标8代表8个10相乘，我们把它叫10的8次幂。每增加一个10相乘，我们就说增加了一个数量级。）

我们还可以用其他单位表示光速，比如c = 5.92万亿英里/年，表示光在一年时间里走过的英里数。科学家们常用“光年”的概念来表示很长的距离，即$c\times$一年 = 5.92万亿英里。比如，10光年等于10乘以5.92万亿英里。用光年作为单位更方便一些，但是因为我们更熟悉英里，所以在这里我用英里来表示。

科学记数法还能表示很小的数字。比如上文中10^{-32}秒，即宇宙经历暴胀的时间（注意小数部分在数字1之前有31个0）。这个数字表示1除以10的32次幂，即$1/10^{32}$，或者1×10^{-32}，更简便的写法是10^{-32}，因为1乘以任何数都得到这个数本身。注意，10^0等于1（任何非0数字的0次幂都等于1，0^0无意义）。

极小的空间尺度和时间尺度

图9–2展示了在大爆炸之后物质合成（下方那条从左到右将点连接起来的带箭头的折线）以及可观测宇宙直径估测值（上方的曲线）之间的关系。[26]

请注意，图9–2的坐标轴并不是你平常接触到的均匀坐标，而是对数坐标——以10的多少次方为刻度，这样我们就能够压缩时间和距离，让尺度很小或很大的时间或距离能够呈现在同一页面上。

为了让读者理解“压缩”的概念，我们可以看看图9–2的y轴（竖直轴，表示距离）最上方的3个数字，分别代表10^9英里、

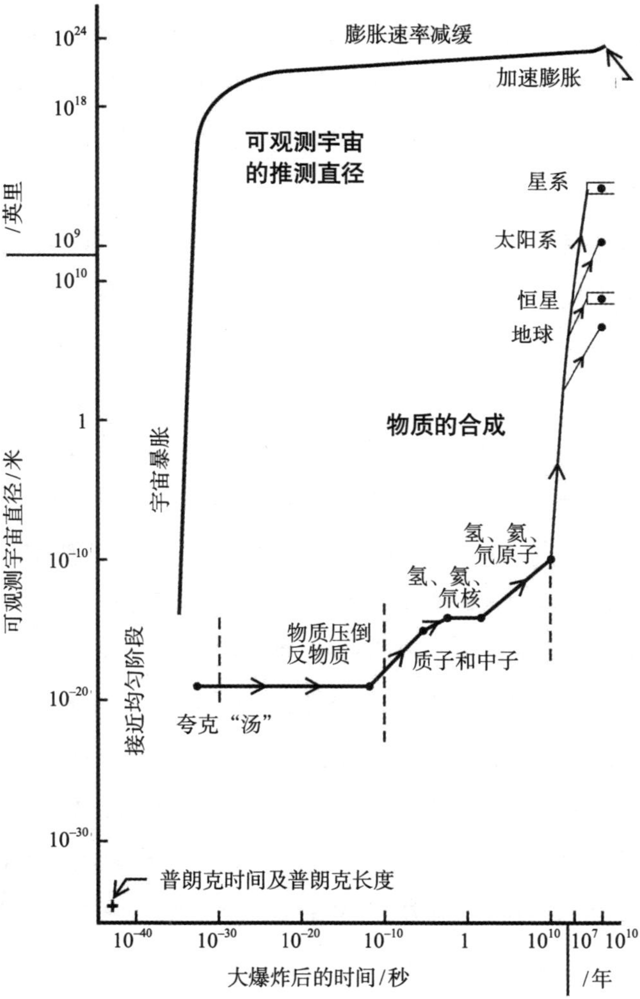

图9–2　膨胀宇宙中物质的合成

10^{18} 英里和 10^{24} 英里。同样，x 轴（水平轴，表示时间）最右端的两个数字分别代表 10^{7} 年以及 10^{10} 年。

纵轴上以米为单位的区域往下看，每个刻度都减小为原来的 10^{-10}。从英里/米分界线下方的 10^{10} 米开始，一直减小到 10^{-30} 米以下，包含了普朗克长度 1.6×10^{-35} 米——由左下角的加号表示。普朗克长度是理论上最小的空间增量。

同样，横坐标上的时间在以秒为单位的区域往左看，每个刻度也都减小为原来的 10^{-10}。从年/秒分界线上的 10^{10} 秒开始，一直到普朗克时间 5.4×10^{-44} 秒——由左下角同一个加号表示。普朗克时间是理论上的最小时间增量。空间与时间的普朗克常数在量子引力、弦论以及早期致密的热宇宙的研究中占据十分重要的地位，我们将在后文中讨论。

如图 9–2 左侧所示，宇宙暴胀时期，曲线陡峭上升；到了膨胀速率减缓时期，曲线变得非常平缓，甚至难以看出变化，这是因为图 9–2 的坐标对早期时间和大尺度距离都进行了压缩。

图 9–2 中宇宙暴胀的左侧是宇宙膨胀的第一阶段——接近均匀。在这里，物质在高温致密的环境中相互作用，达到接近均匀的分布以及热平衡（即温度处处相同）。在第二阶段，暴胀使得宇宙空间极速膨胀，各种成分之间的距离被显著拉远，但是宇宙依旧保持均匀的物质分布以及热平衡。如果在第一阶段宇宙没达到这样的近均匀性，那么在之后也不可能达到这种状态，因为随着宇宙空间的扩大，物质粒子和光子需要超光速的运动才能重新建立起热平衡——但这是不可能的。

接近均匀以及宇宙暴胀两个阶段似乎能够解释为什么我们今天看到物质和能量在宇宙中是均匀分布的（回想一下枣糕模型）。

现在我们有了地图，是时候开始观光了！

第10章　宇宙的演化

在观光汽车上游览宇宙

就像乘坐城市快速观光汽车游览，司机往往也是导游。他会提供一些背景资料，让我们更好地了解城市的总体布局。

粒子合成阶段

图9–2中的三条竖直虚线，不仅代表一些事件的发生（将在后文描述），也划分出了我们将要游览的3个地区。最右虚线的右边，即第4个区域包含了我们熟悉的东西——元素、地球、恒星和星系，以及本书前7章和第四部分讲到的原子。最右虚线和中间虚线之间是核物理以及粒子物理的领域。我们通过“原子粉碎机”（即粒子加速器）的实验首次揭开了这个领域神秘的面纱，再后来用更大、更复杂的粒子加速器来破坏原子和原子核，从而研究它们的构成。

中间虚线的左侧代表粒子加速器产生的碰撞能量的领域，它能模拟越来越热的宇宙，即越来越接近宇宙大爆炸的时刻。这些实验在已有理论的指导下为新理论提供了基础，也为我们揭示了基本粒子的样貌。

物理学家们据此建立起一套非常成功的理论——标准模型（Standard Model），其中包含所有基本粒子以及对它们的描述（我会在后文介绍这些粒子、加速器和标准模型）。最左虚线的左侧，尤其是超出夸克“汤”的地方，是一个难以捉摸的领域。

现在，每经过一个景点，观光车司机都会逐一介绍。

从接近大爆炸的起点开始，沿着宇宙膨胀并冷却的路径，我们来追踪物质是怎样合成的，下面就从夸克“汤”开始。

夸克“汤”

夸克“汤”里包含了构成物质的基本组分，可能在大爆炸 10^{-35} 秒后形成，接近均匀分布。[1]它由极高的能量、电磁辐射、物质与反物质的基本粒子组成——这些基本粒子随后会形成原子、物质、恒星以及星系。（汤里的大部分粒子并不会组成我们今天看到的物质，比如直到今天可能还在宇宙空间中散发的大量第二代、第三代夸克和轻子，也许还有一些中微子以及暗物质。途中我们会暂时停下车来看看这些基本粒子。）根据迈克尔·特纳（Michael S. Turner，我们随后会介绍他的观点）所述，夸克“汤”是暗物质诞生的场所[2]，我将在后文做具体介绍。

反物质

每个物质粒子都存在与之对应的反物质粒子。当物质和反物质相遇时，它们会产生十分危险的爆炸。比如，当带有负电荷的电子和带有正电荷的正电子（电子对应的反物质粒子）相撞时，它们相互湮灭，同时产生大量的能量（根据质能方程，$E = Mc^2$，光速 c 是一个巨大的数字，

等于 3×10^8 m/s)。

诺贝尔奖得主理查德·费曼（Richard Feynman）在 1961—1962 年加州理工学院的费曼物理学讲座上打趣地做了一番推论，他指出，反质子和反中子也一样存在，它们和反电子一起组成反原子。原子中的电子自旋方向是右手性的，相反，反原子中的反电子则是左手性的。如果反原子遇到原子，它们的湮灭将产生更大的能量，是电子–反电子对湮灭的上万倍！因为原子拥有更大的质量，质量可以转换成能量。

费曼继续说，如果反原子存在，那反物质甚至反人类也可能存在。如果有外星人，比如火星人，是由反物质组成的："经过双方无数次的交流，我们互相借鉴学习，制造了宇宙飞船，并且在空旷的宇宙中相遇，会发生什么事情？我们相互介绍自己的文化传统，然后双方各出一位代表走出来相互握手，如果这个时候你看到火星人伸出了左手，就要小心了！"[3]

如今的理论认为，大爆炸之后宇宙合成的物质和反物质的量几乎相等，但是物质稍微多出了一点儿；这意味着，对应着每 10 亿个反夸克，就多出一个夸克（下文我会介绍夸克和反夸克）。因此，在大爆炸后的 10^{-11} 秒，随着宇宙冷却下来，大部分物质和所有反物质在相互作用后湮灭，并转化成能量。多出的那一小部分物质幸存下来，形成了我们今天看到的宇宙。

质子、中子和原子

这里，我们紧跟芝加哥大学著名宇宙学教授迈克尔·特纳的脚步

（“暗能量”的概念就是他提出来的）。他在《宇宙的起源》[4]一文中提到，大爆炸后10^{-6}秒，宇宙冷却到一万亿摄氏度，上夸克和下夸克结合形成质子和中子。这些质子和中子在0.01~300秒内结合形成了一些轻元素的原子核，包括氢（H）、氦（He）以及氢的同位素氘（D）。氘原子核包含一个质子和一个中子。大爆炸后约350 000年，这些原子核和当时仍自由存在的电子结合形成电中性的轻元素原子（电中性原子和离子不同，离子是失去了电子或者得到电子后带电的原子），这个时期被称为复合时期（recombination）。原子核俘获了会散射光的自由电子（图9–2中第三条虚线左边的区域）。由于自由电子被俘获，光就可以在宇宙中自由行走，不必担心被自由电子散射。随着宇宙的膨胀，电磁辐射（即光）的波长也在变长，最后形成我们今天观测到的宇宙微波背景辐射（CMB）。我将在下文介绍CMB和它的重要性。

在引力的作用下，暗物质和轻元素原子凝聚在一起形成星系、恒星和行星，这其中包含了许多复杂的过程，我也将在下文中详细介绍它们。

能量和物质

目前为止我主要介绍了“普通物质”，但它们只占宇宙总物质和总能量的4.5%。其中，恒星和行星中的物质仅占0.5%，另外4%是广泛分布在宇宙中的气体分子。[5]尽管普通物质主要由氢元素和氦元素组成，但也包括了少量其他的物质元素，如碳、氧、氮、铁、金等。组成这些元素的粒子大部分来自标准模型，我将在下文具体介绍标准模型。除了普通物质，宇宙中还含有23%的暗物质[6]，我也会在下文做介绍。暗物质在星系周围形成看不见的“晕”——暗物质晕。科学家们相信，是暗物质晕把星系汇聚在一起，暗物质还维持了旋涡星系边缘恒星的高速运动。宇宙剩下的72%是神秘的"暗能量"，被认为是促进宇宙加速膨胀的原因，如图9–1右上方所示。

现在，观光车司机在第一站停下车，这里有一系列有趣的景点，其中有些景点已经出现在标题中。下车以后，带领我们游览的任务就交给当地导游了。

星系、恒星和太阳系的形成

星系和恒星的种子

戴维·托巴克教授[7]（前文提到过）用了一个有趣的比喻来解释原子凝聚形成我们今天看到的星系以及恒星。他这样描述：根据爱因斯坦的广义相对论，引力是时空的扭曲，任何大小的普通物质的质量都会在四维时空宇宙中产生"凹陷"，即使只是一个原子。[8]我们可以想象一下空间出现凹陷的样子。

> 初始时期，大量物质聚合在一起形成星系，这个过程我们可以想象成一群小孩在蹦床上跳跃……孩子代表物质（比如原子），蹦床则代表时空。孩子们在蹦床上跳跃时形成一个个凹陷，如果两个小孩撞到一起，他们落到蹦床上就会产生更大的凹陷，让其他孩子更容易落到这个凹陷里。当越来越多的孩子落入这个凹陷中，凹陷就会变得越来越大，直到所有孩子都落入一个巨大的凹陷中。
>
> 物质也是如此。本质上，一旦时空中出现一个巨大的凹陷，周围物质就会落入其中。这个凹陷就是星系形成的地方。

如果宇宙是绝对均匀的，恒星和星系的形成时间就要长得多，远比宇宙的年龄138亿年长。[9]但是观测结果表明，恒星和星系的形成只用了50亿年，这是一段相对较短的时间。这说明在大爆炸后的第一阶段里，尽管物质和能量接近均匀分布，但依旧存在很小的局部不均匀性。这种不均匀性随着宇宙膨胀而扩大，加速了原子和暗物质的聚集，并形成恒星和星系。

科学家认为，初始的不均匀性是量子涨落造成的（在讨论黑洞蒸发时我将具体介绍量子涨落）。不过，根据计算，这些涨落在很小的距离上才会发生，这也表明接近均匀阶段的宇宙非常致密而拥挤。现在我们可以通过宇宙微波背景辐射中普遍存在的微小的不均匀性找到量子涨落的证据。

星系和恒星形成

恒星和星系的形成开始于同一时期。初始能量和质量稍微大一点儿的区域随着宇宙膨胀，通过引力吸引到越来越多的物质，包括普通物质（原子）和暗物质，并开始形成星系团。在这些星系团内，范围更小却仍具有相当规模的不均匀区域更容易吸引原子聚集，形成星系以及星系里的恒星。

星系

不同的环境会产生不同类型的星系。大部分星系都包含恒星（产生光）、气体（只包含原子）以及暗物质。[10]在这里我们讨论两种类型的星系：旋涡星系和椭圆星系。

在像银河系这样的旋涡星系（如图10–1所示）中，普通物质（如气体）向星系中心运动并发生碰撞，在星系中心附近形成相对密集的恒星区域。其他物质则大致均匀地围绕中心旋转，同时在“赤道平面”上分布，并形成旋涡样的图案。星系的旋臂只是视觉上的东西，旋臂区域只是发出更亮的光，并不是说这个区域里含有更多的恒星——因为旋臂中的恒星更年轻，而年轻的恒星能发出更亮的光。暗物质几乎不与普通物质相互作用，它围绕在星系周围，形成更大的、看不见的“晕”。

椭圆星系通常由几个小型星系的相互碰撞合并而成。原本位于小型星系中的恒星和椭圆星系中心的恒星的轨道和运行方向均不同。图10–2展现了一个椭圆星系。

恒星

当越来越多的原子（主要是氢原子的同位素）聚集在一起时，因为引力的作用，原子之间的距离会越来越小，局部区域的密度越来越大，温度也越来越高，最后形成新的恒星。首先，这种加热引起的扰动会让电子脱离原子核，产生由带正电的离子和带负电的电子组成的“等离子体”。然后，倘若恒星的质量足够大，当它达到足够高的压力和温度时，在恒星致密且高温的中心，原子核发生熔合（核聚变），产生更重的原子，第一步就是氢原子聚变后产生氦原子。如果恒星的质量更大，那么核聚变就会继续下去，在恒星中心以不同的速率产生更重的元素，比如锂、铍、硼、碳、氮、氧……依此类推，直到铁（铁原子核中有26个质子和30个中子）。[11]

对于每一个核聚变反应，反应前原子核加起来的总质量都要比反应后生成的原子核质量大，这其中失去的质量ΔM以大量能量的形式释放了，释放的能量和损失的质量之间的关系由爱因斯坦质能方程决定：$E = \Delta Mc^2$。因此，恒星产生的总热量远远比仅在引力压缩下产生的热量多。

根据原子核量子力学理论，核聚变到形成铁原子就结束了，因为再往铁原子核中加入新原子核是一件很困难的事。实际上，如果要通过往铁原子核里增加原子核来生成更重的元素，产生的新原子核的质量要大于反应前原子核的总质量，这个过程需要吸收能量而不是释放能量，换言之，要形成比铁重的元素就需要注入能量。只有质量更大的恒星能够提供更多的能量来产生元素周期表中其余的元素，我们将在后文中进一步讨论。

科学家正在努力在地球上建造小“恒星”——核聚变反应堆，利用氢的同位素聚变释放的能量来驱动涡轮机发电。尽管原理上与氢弹相同，但这种利用核聚变的方式非常安全。淡水或海水中的氢同位素可以提供廉价且源源不断的燃料。

现在，我们已经在利用核裂变的反应堆建造发电站了，核裂变的原理与核聚变相反，通过将铀等较重元素的原子核分裂成较小的原子核和粒子（裂变过程），利用释放出来的能量发电。

压缩产生的压力和聚变释放出的热量抵消了星体在自身引力下坍塌的趋势。根据这种平衡在不同质量的恒星下的表现，以及原子核被核聚变所消耗的情况，会产生稳定或不稳定的恒星和恒星遗骸。我们可以追踪三种质量范围不同的恒星，看看它们的演化轨迹。首先从中等质量的恒星开始，它们的行为跟太阳十分类似。

质量介于8%的太阳质量到8个太阳质量之间的恒星都遵循相似的演化方式。[12]它们在引力的作用下收缩，直到中心温度到达1 000万摄氏度，核聚变就开始了。氢原子核聚变成氦原子核的过程在核心产生了更多的热量，增大了压强并减缓了恒星坍缩的速率。最终，核聚变的温度和恒星的大小达成平衡，这两者的数值取决于恒星的质量。太阳内部的温度大约是1 500万摄氏度，表面温度约为10 000摄氏度，直径约为87.2万英里，接近地球直径的100倍。

恒星会一直处在这种平衡态，直到核心中的氢几乎被消耗殆尽，核聚变产生的热量减少，此时核心因自身引力的作用率先坍塌。相对快速的坍塌过程将核心中的氦压缩至1亿摄氏度，氦原子核聚变形成铍原子核，最终再进一步形成更稳定的碳原子核（甚至使恒星中的氧的质量超过太阳质量的两倍）。

根据格里宾的观点，搞清楚这一切是怎么发生的，是“天体物理学（甚至是整个科学界）最重要的发现之一”。[13]格里宾在他的书《13.8：追寻宇宙真实年龄和万物理论》（*13.8: The Quest to Find the True Age of the Universe and the Theory of Everything*）中写道：

> 问题在于，铍的同位素铍–8是不稳定的，它会迅速裂变，释放出两个氦–4的原子核（α粒子）。裂变之前铍–8会短暂存在一段时间，这期间它可能会被另一个α粒子撞击；但是铍–8太不稳定了，被撞击后会分裂，而不是跟α粒子聚变成碳–12。假设铍–8是稳定的，计算表明，恒星会迅速形成大量碳–12以致爆炸！在两难抉择的困境，霍伊尔在无碳和碳过多中间找到了一个平衡：碳–12存在一种共振状态，对应的能量为765万电子伏特……
>
> 霍伊尔说服自己，虽然现在还没有实验证据证明碳–12的这种激发态存在，但是它一定存在。[14]

他又进一步说服加州理工学院的实验物理学家威利 · 福勒（Willy Fowler）的团队帮他检验这个理论，福勒的团队也做到了。

> 这是个非常轰动的发现，其重要性不容小觑。从碳–12共振态存在的事实——也就是我们存在的事实中，霍伊尔预言到了其中的关键点是什么，并为让我们彻底理解元素如何在恒星内部形成开辟了新道路。[15]

福勒在1983年获得了诺贝尔物理学奖，“表彰他关于形成宇宙中化学元素的核反应的实验及理论方面的重要研究。”

恒星的核心进一步发生核聚变反应，释放出热量并加热周围的氢壳层，使它们也发生聚变反应，从而进一步加热剩余的氢，使得氢向外膨胀，恒星的体积也扩张到原来的100倍。外层的氢在扩张后冷却下来，向外辐射出温度较低、波长较长、颜色偏红的光。[16]因此，天文学家用“红巨星”来描述这个阶段的恒星。红巨星阶段大约会维持5亿~10亿年左右。当核心的核聚变将氦也消耗完时，就只剩下碳尘埃了（如果是更大质量的恒星，则还有氧），核心会经历第二次坍缩并释放热量，吹跑周围所有的氢，最后只剩下核心——极高密度、白热，但又在慢慢冷却的白矮星[17]，它的直径是原始恒星的1%，质量是原始质量的一半以上；白矮星的密度非常高，糖块大小的白矮星就有几吨之重。最终，白矮星逐渐冷却下来，直到它再也无法向外辐射可见光，这时它就演化成了黑矮星。然而，冷却阶段会持续很长的时间，以至于目前还没有白矮星进入这个阶段，我们也还没有在宇宙中探测到黑矮星的存在。

我们的太阳已经有45亿年的历史了，再过50亿年，它将会转变成一颗红巨星，再演化成一颗白矮星（因此我们还有些时间为未来做准备）。总的来说，恒星的质量越大，其寿命就越短。

质量小于8%的太阳质量的恒星是不足以坍缩到进行核聚变的温度的，这些恒星被称作褐矮星，严格来说它们不能算是恒星，因为它们不会进行核聚变。

大于8倍太阳质量的恒星一开始的演化跟中等质量的恒星一样，但是他们的寿命更短，在演化末期会经历更加剧烈的转变。这些恒星在引力的作用下收缩产生更高的温度，在核心区域，氢聚变成氦，然后再进一步聚变成铍、氧、碳……直到合成铁。最终，核心区域的所有物质都转化成了铁，作为剩余的“灰烬”。[18]

在这个阶段，中等质量的恒星也会经历引力坍缩，但是更大质量恒星的坍缩不会因为电子的相互排斥而停止，核心区域的压强变得很高，以至于电子和质子压缩到了一起，合成中子，最后整个核心只剩下中子，同时产生中微子。中子核强大的引力将核心外的物质都吸引进来，再结合中微子的能量，恒星发生超新星爆炸，将中子核外的所有物质都吹走。在这个过程中，其他重元素，比如金、铂、铀被合成出来。这些被吹走的元素积累起来，形成行星，就像我们的地球[19]（地球上最古老的岩石表明地球约在46亿年前形成，和太阳的年龄相仿）。

超新星爆炸产生的亮光甚至能和一些小型星系的亮度媲美，并持续数星期或数月。爆炸后留下的极高密度的核被称作中子星。[20]中子星的密度之大让人惊讶，一个糖块大小的中子星物质就有一个地球的质量。如果中子星超过了3个太阳质量，引力的作用就会克服中子之间的排斥力，中子星则继续坍缩成密度更大的天体——黑洞。倘若原始恒星的质量足够大，它在经历超新星爆炸后会直接变成黑洞，跳过中子星的阶段。托巴克将超新星比作蒲公英：“当一颗巨星的生命结束时，它就像一朵蒲公英，从黄色变成白色，最后把它的种子送出去创造下一代。”[21]

我们该进入下一站了。

黑洞、黑洞蒸发和引力波

黑洞和视界

黑洞的“发现”始于理论研究。为了探究巨大质量的恒星在它们自身引力的作用下会发生什么，1916年，德国天文学家卡尔·施瓦西（Karl Schwarzschild）利用爱因斯坦的广义相对论计算出，足够大质量的物体在自身引力下会无限收缩，其尺寸越来越小，密度越来越大，最后在时空中形成一个奇点。[22]奇点是数学上的一个点，拥有无穷大的密度和无穷小的体积。不管是大爆炸的奇点还是黑洞的奇点，都找不到与之对应的物理实体。这个问题对于物理学家来说是个挑战——如何准确描述在奇点处发生的事情？其尺寸之小，应该考虑量子力学效应；其密度之大，应该考虑广义相对论效应。不幸的是，目前这两个理论看似不相容。我们会在后面具体讨论这个问题。学术界普遍认为黑洞的预测真正始于1931年苏布拉马尼扬·钱德拉塞卡（Subrahmanyan Chandrasekhar）的工作。[23]他在1983年获得诺贝尔物理学奖，“表彰他在恒星结构和演化的物理过程方面做出的重要理论贡献”。

“黑洞”这个术语是约翰·惠勒（John Wheeler）在1968年的一次演讲中创造出来的[24]。根据广义相对论的预言，任何物质，包括光，都无法在黑洞强大的引力下逃脱。霍金这样描述黑洞：

> 如果连光线都无法逃脱，那么其他事物就更不可能了；所有事物都会被引力场拽走。在时空中某个区域发生了一系列的事件，但这些事件都无法逃逸出去并传达到远处的观测者那里。这个区域就是黑洞，它的边界被称作事件视界（event horizon）——在这里，光线恰好无法逃逸出来。[25]

图10–1　银河系的俯视图和侧视图（由两种视角的图片叠加而成）。银河系是一个旋涡星系，恒星围绕着中间类似椭圆星系的核球运动。银河系中心有一个超大质量黑洞。银河系中还存在暗物质，只是我们目前无法看见它们。整个银河系就像一个薄盘，约1 000亿英里厚，直径是厚度的50倍（图片来源：NASA/JPL-Caltech）

图10–2　图中最亮的部分是一个典型的椭圆星系——NGC 1132。恒星以各种方向的椭圆轨道绕着星系中心运动［图片来源：NASA, ESA and the Hubble Heritage (STSel/AURA)-ESA/Hubble Collaboration; acknowledgement: M. West (ESO, Chile)］

图 10–3　恒星级黑洞（左边）吸收蓝色恒星（右边）的原子。在物质被吸收进黑洞的同时，黑洞在垂直方向上喷射光子（图片来源：NASA/CXC/M. Weiss; Digitized Sky Survey）

图 11–2 （a）地球的二维图像（来自 NASA/WMAP 科学团队）

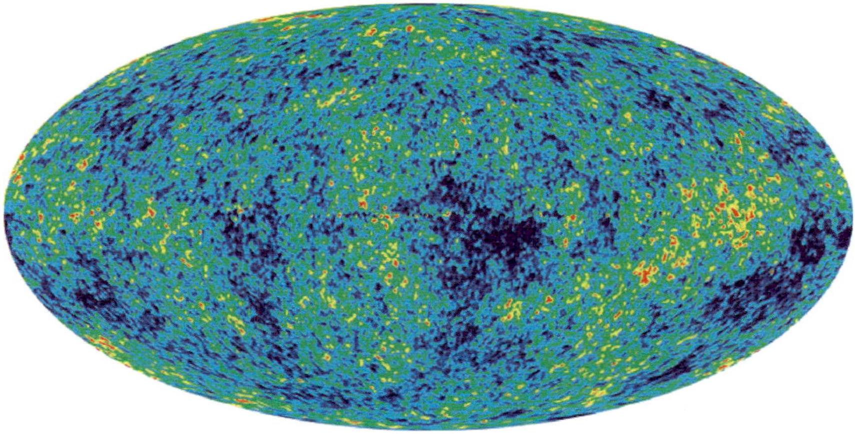

图11–2 （b）表示来自太空的宇宙微波背景辐射的温度分布的精确二维全天图。这是宇宙中最古老的光线的快照，来自大爆炸后380 000年。黄色表示温度较高，红色表示温度最高，最高温度比平均温度高0.000 2开尔文；深蓝色代表温度最低，最低温度比平均温度低0.000 2开尔文。平均温度为2.725 5开尔文（比绝对零度高2.725 5开尔文）（图片来源：NASA/WMAP）

表D–1　一些元素的最外层电子能量（测得电离能的负值）、相对半径大小和价子壳层填满电子的离子。原子和离子分别由阴影球和虚线表示，未按实际大小比例绘制（引用已获得作者同意）

	族：ⅠA	ⅡA	副族	ⅢA	ⅣA	ⅤA	ⅥA	ⅦA	ⅧA	行
原子/离子半径 最外层电子能量（eV）	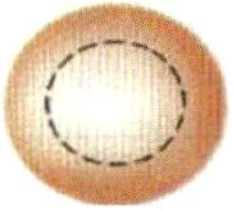 Cs/Cs^+ 2.35/1.67 –3.89								Rn/ –10.75	6
原子/离子半径 最外层电子能量（eV）	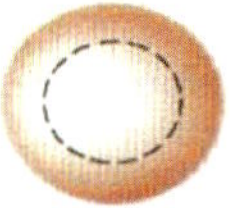 Rb/Rb^+ 2.11/1.48 –4.18							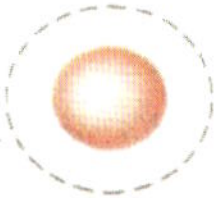 I/I^- 1.33/2.16	Xe/ –12.13	5

最外层电子能量以绿色字母表示，以eV为单位，它代表中性原子中被占据的最高能级的电子态的能量。原子/离子半径的单位为Å（1 Å = 10^{-10}米）。

第4行过渡金属

族	ⅢB	ⅣB	ⅤB	ⅥB	ⅦB	ⅧA			ⅠB	ⅡB
原子/离子半径	Sc/ 1.4	Ti/ 1.3	V/ 1.2	Cr/ 1.2	Mn/ 1.2	Fe/ 1.1	Co/ 1.1	Ni/ 1.1	Cu/ 1.2	Zn/ 1.2
最外层电子能量（eV）	–6.5	–6.8	–6.7	–6.8	–7.4	–7.9	–7.9	–7.6	–7.7	–9.4

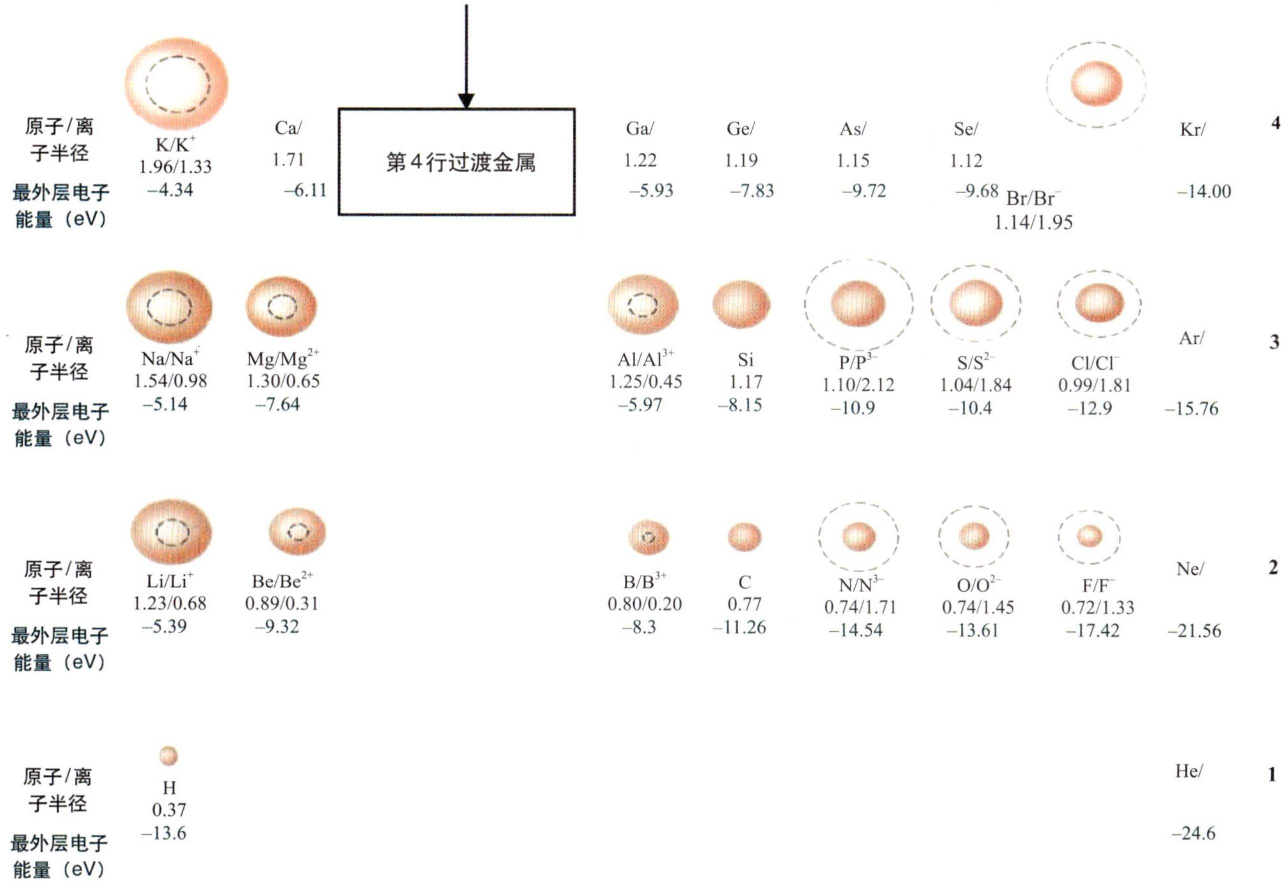
原子/离子半径
最外层电子能量（eV）
K/K+
1.96/1.33
–4.34
Ca/
1.71
–6.11
第4行过渡金属
Ga/
1.22
–5.93
Ge/
1.19
–7.83
As/
1.15
–9.72
Se/
1.12
–9.68
Br/Br–
1.14/1.95
Kr/
–14.00
4
原子/离子半径
最外层电子能量（eV）
Na/Na+
1.54/0.98
–5.14
Mg/Mg2+
1.30/0.65
–7.64
Al/Al3+
1.25/0.45
–5.97
Si
1.17
–8.15
P/P3–
1.10/2.12
–10.9
S/S2–
1.04/1.84
–10.4
Cl/Cl–
0.99/1.81
–12.9
Ar/
–15.76
3
原子/离子半径
最外层电子能量（eV）
Li/Li+
1.23/0.68
–5.39
Be/Be2+
0.89/0.31
–9.32
B/B3+
0.80/0.20
–8.3
C
0.77
–11.26
N/N3–
0.74/1.71
–14.54
O/O2–
0.74/1.45
–13.61
F/F–
0.72/1.33
–17.42
Ne/
–21.56
2
原子/离子半径
最外层电子能量（eV）
H
0.37
–13.6
He/
–24.6
1

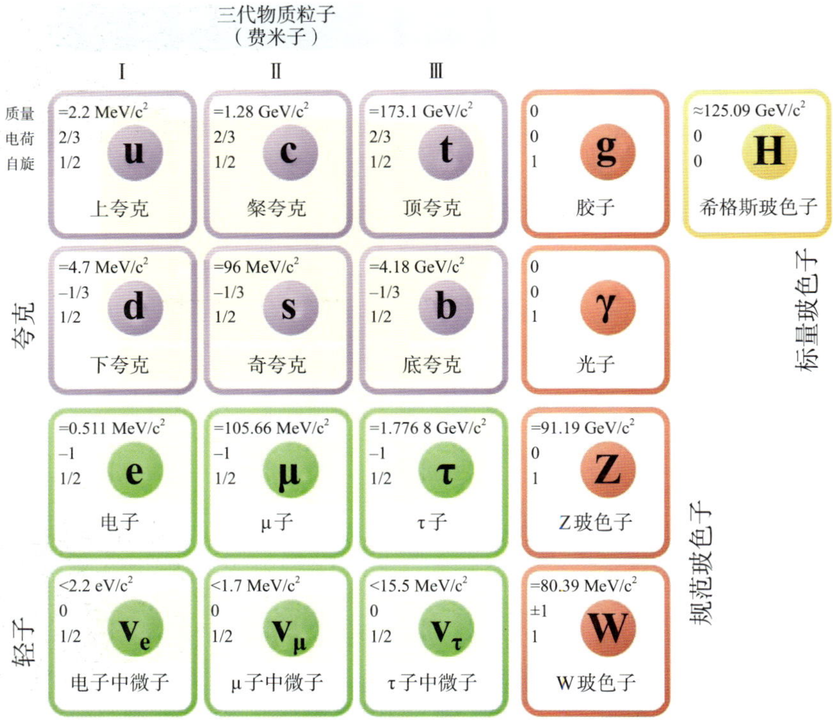

图12–1　基本粒子的标准模型

托巴克用另一种方式解释视界："黑洞的视界是一个到黑洞中心的特殊距离，在这个距离上物质想要逃逸所需要的速度恰好是光速。"[26]

根据广义相对论，在引力场中，光的路径会被弯曲。在视界内，引力非常强，光的路径被扭曲得如此严重，以至于根本无法逃逸出来。任何从外界撞进视界的物质都被吸入黑洞中，从此再也无法见到。因为任何物质都无法逃逸，尤其是光，视界里面的区域看起来就是黑色的。视界的大小以及黑洞的其他性质都可以由黑洞的质量、旋转和净电荷推导出来。

> 很多科幻小说及电影都会勾画出在黑洞视界处会发生什么。一个宇航员经过视界的时候，他的身体最终会被拉长，然后被撕裂，这个过程被称为"意大利面化"。我们可以看到如下场景：如果宇航员脚朝黑洞中心向黑洞坠落，他脚上受到的引力会远远大于头部受到的引力，这种引力差非常大，会把宇航员的脚从他的身体上撕开。

反向的"小爆炸"？

最近，研究黑洞变得越来越重要，因为研究它能让我们对大爆炸之后宇宙早期经历的极热、极致密的环境有更多的了解。你甚至可以把大质量的物体坍缩成时空中一个奇点当作大爆炸模型的反向缩小版[27]：大爆炸是宇宙从一个极热、充满能量的时空奇点开始膨胀，在不断扩大体积后开始冷却，并凝聚形成物质的过程。

天文学家们已经找到了类似黑洞的物体，但只能从它们和周围环境的相互作用中推断出来。黑洞是"黑"的（比如，它不会反射光，也不会辐射出物质），因此无法直接探测到。根据黑洞的能量、含有的物质以及它们影响周围环境的方式，我们可以对黑洞进行分类。这里我举例介绍两种类型的黑洞。

恒星级黑洞，正如上文提到过的，是恒星坍缩后形成的。我们可以通过双星系统对其进行定位——其中一颗是恒星，另一颗就是看不见的黑洞。（双星系统中的两个物体就像两个手拉着手，围绕某个点旋转的舞者，但连接着双星的不是手，而是引力。旋转产生的离心力和向内的引力相互抵消。）恒星级黑洞的质量通常几倍于太阳质量。

超大质量黑洞可重达数十万到数十亿个太阳质量[28]，它们通常位于旋涡星系的中心，为星系提供吸引力。

也许黑洞最具视觉震撼力的证据来自它周围吸积盘发出的光——这是从周围恒星偷来的物质，它们被吞入或吸积到黑洞周围的轨道上，正如图10–3所示。

引力波

最近一次发现的引力波是两个黑洞的并合事件发出的，它打开了天文学研究新领域的大门。[29]爱因斯坦在广义相对论中预言了空间的弹性，因此引力波在理论上是可能存在的。宇宙暴胀、超新星、中子星双星和黑洞双星都会产生引力波。两个黑洞在并合之前，可能会相互绕转，这个过程会在时空中产生涟漪，使引力波像水波一样向外传播。

2015年9月，两个相隔甚远、灵敏度极高的巨大装置探测到了这些涟漪，这是人类历史上第一次探测到引力波，显然也是第一次探测到双黑洞并合。两个装置同时记录到几乎相同频率的扰动——只有在引力波存在的情况下才会出现。

这次探测不仅为观测宇宙打开了一个全新的窗口，还再次验证了广义相对论，并且揭示了两个黑洞的质量分别是29个太阳质量和36个太阳质量，比典型恒星级黑洞（约几个太阳质量）大好多。[30]

虽然这是第一次直接探测到引力波，但是很早以前引力波存在的间接证据就被发现了。1974年，在读博士生拉塞尔·赫尔斯（Russell Hulse）和他的导师约瑟夫·泰勒（Joseph Taylor）在波多黎各的阿雷西沃天文台工作。他们发现了一个高速旋转的脉冲星，它与一个黑色伴星组成了一个双星系统，系统不断地有能量损失，损失的能量跟发出的引力波的能量一致。1993年他们获得了诺贝尔物理学奖，“表彰他们发现了新类型的脉冲星，为研究引力提供了新的可能性”。

黑洞蒸发

然而，黑洞是有可能发光的，当黑洞蒸发时，就会辐射出光。1973年，31岁的霍金做出的一个计算震惊了物理学界。他证明，黑洞视界外的量子涨落会导致黑洞蒸发。他在自己的畅销书《时间简史》（*A Brief History of Time*）中提到，量子涨落每时每刻都在真空中发生。[31]根据量子力学理论，即使是在真空中，电场或者引力场的值也不可能真正为0。（如果电场和引力场的值为0并保持不变，它们的变化率也为0，这种确定性就违反了量子力学中的海森堡不确定性原理。）我们世界的量子性质要求场及其变化率具有不确定性。

因此，场的值围绕在0附近涨落。后文关于自然界中的力的内容会提到，场是粒子的一种表现形式。因此，场的涨落会产生寿命短暂的“虚粒子对”，具体来讲，电磁场中就产生了光子对。其中的一个粒子带正能量，另一个粒子带等量的负能量，因此没有净能量产生。[32]通常，这些粒子会很快重新结合，让空间恢复到原来的状态。但是，在视界附近产生的虚粒子对，其中带负能量的粒子会被吸入黑洞（它没有足够的能量逃逸），以此减小黑洞的总能量和总质量，而它另一个带正能量的同伴则携带着能量逃逸到空间中（记住质量和能量的关系$E = Mc^2$）。

因此，理论上讲，上亿个带负能量的粒子被俘获，对应的带正能量的粒子逃逸到周围的空间中，形成的辐射就被称为“霍金辐射”。黑洞在这个过程中不断损失质量，体积以某一个速度（霍金计算出了这个速度）减小，因此黑洞变得越来越小。霍金认为，到了最后，黑洞的残余物将会随着一场“能量等同于数百万吨氢弹爆炸的最后的辐射暴”消失。[33]如果虚粒子是光子，那么逃逸出来的虚光子看起来就好像黑洞中有光逃逸出来一样。但事实上，这些虚光子不是从黑洞视界内逃出来的，而是来自视界以外，所以这不违背“任何物质都不能从黑洞视界内逃逸出来”的理论。

其他理论物理学家也得出了跟霍金一样的结论，因此该理论根底扎实，但是黑洞蒸发很难被找到，也没有人对其进行实际上的观测和检验。这是因为霍金辐射的温度非常低：质量与太阳质量相当的黑洞辐射出的能量，其温度大约为10^{-7}开尔文。宇宙微波背景辐射都有2.7开尔文，比这“热”得多，它带给黑洞的能量（等同于质量）都比霍金辐射带走的能量要多。一个汽车质量大小的黑洞能发出比太阳亮度高出200倍的光，但是它会在一纳秒（10^{-9}秒）量级的时间内蒸发，所以你需要在正确的时间和正确地点去观测它。关于这方面的探索已经开始了：美国航空航天局在2008年发射的费米伽马射线望远镜就在致力于寻找这种“闪光”，即伽马射线暴（GRB）。[34]

即使没有实验证据，这个理论也很坚实，许多物理学家把黑洞蒸发当作既定事实。但是这导致了严重的问题——它威胁到了量子理论的基础。

信息被摧毁？量子力学受到威胁？

我们在第8章讨论过，所有的物理事物都是信息，黑洞包含的所有内容也都是信息。既然如此，黑洞的存在似乎同时威胁到了量子力学和信息论。下面我来解释为什么。

斯坦福大学的理论物理学教授伦纳德·萨斯坎德（Leonard Susskind）在他的畅销书《黑洞战争》（*The Black Hole War*）[35]中说：霍金在1981年的一个小型会议上给物理学界丢下一个"无声的惊雷"[36]：那个从黑洞逃逸出来的虚粒子不会携带任何关于这个黑洞的信息（它本来也是来自外界的）。当黑洞蒸发完并消失之后，黑洞的信息也跟着一起消失不见。这样就违背了量子力学和信息论中的幺正性（unitarity）：量子力学在时间上既可以向后演化，也可以向前演化（量子逻辑的本质）。信息，比如能量，是守恒的，永远不会丢失。[37]（相对论就没有这样的幺正性，所以黑洞的相对论描述不受影响。）这个理论甚至比早年爱因斯坦和薛定谔提出的理论更能显示量子力学的不完备性！

萨斯坎德和他的同事花了16年左右的时间，给出了对这个问题的解答（这个内容超出了本书的范围）：弦论和全息原理。[38]霍金又花了10年的时间论证了萨斯坎德和他的同事们的理论是对的。霍金显然坚信，黑洞中的信息可以保留下来。2016年他还和哈佛大学的安德鲁·施特罗明格（Andrew Strominger）以及剑桥大学的马尔科姆·佩里（Malcolm Perry）一起发表了支持这个想法的两篇论文。[39]

我们旅程的最后一站又回到天文馆。在那里，我们将进一步验证大爆炸模型。

第 11 章　大爆炸模型

空间的膨胀

现在你已经知道，大爆炸模型是建立在空间膨胀的概念上的。在这里，我们将描述关于宇宙微波背景辐射的预言和发现，它是空间膨胀的关键证据。诺丁汉大学天体物理学教授彼得·科尔斯（Peter Coles）在他的《宇宙学简介》（*Cosmology, A Short Introduction*）一书中这样描述宇宙微波背景辐射：在大爆炸模型与稳恒态宇宙模型竞争的时候，这成为“支持大爆炸模型的确凿证据”。[1]用科尔斯的话说：“这种辐射特征性的黑体光谱无可置疑地证明了它是在宇宙火球早期阶段的热平衡中产生的。”[2]稳恒态宇宙模型无法解释这种冷却现象（宇宙随时间变化），也不能解释后文提到的其他证据。宇宙微波背景辐射的发现不仅是一个关键性的检验，也是一个关于科学家和探测仪器的迷人故事，展现了物理理论和实验的完美协作。

理论

20世纪40年代，科学家乔治·伽莫夫（George Gamow）和拉尔夫·阿尔弗（Ralph Alpher）发现，如果只考虑恒星中的物理过程，现有理论就很难解释宇宙中相对较高的氦含量。[3]1948年，当时在约翰斯·霍普金斯大学应用物理实验室的阿尔弗和罗伯特·赫尔曼（Robert Herman）认为，原子核形成时早期宇宙中的辐射可能对氦的形成有影响，这种辐射在宇宙膨胀后形成了“宇宙微波背景辐射”，它是可以被探测到的。

这篇论文也展现了科学家的幽默，他们将论文的作者阿尔弗（Alpher）、汉斯·贝特（Hans Bethe）和伽莫夫（Gamow）分别用希腊字母阿尔法（α）、贝塔（β）和伽马（γ）代表，伽莫夫把贝特（读音听起来像“贝塔”）的名字加进了这篇他和学生一起写的论文中。

实际上，现在我们知道微波背景辐射并不是来自氦的形成，而是来自一个更晚的阶段——复合。[4]

在极热的早期宇宙中，自由电子会散射电磁辐射。然而，大爆炸38万年后，宇宙从数万亿摄氏度降温到3 000摄氏度左右，这些电子几乎完全被捕获并形成原子。在这个温度下，处于可见光波长范围的电磁波可以存在相当长的时候，并自由地在宇宙中行走。如果现在看到的是来自那个阶段的可见光，它的波长应该还是处于短波可见光范围内，也许红移会使它们的波长变长，但不会改变太多。但如果这些电磁波占据的空间大幅膨胀，它们的波长也会随之以10万倍的量级增长，直到形成我们今天发现的图A–2中第一列增长的波长。请注意，从最后一列中的大爆炸到第一列的波长的时间并不是按照均匀比例分布的。

阿尔弗和赫尔曼预测，从那个时候到如今，空间膨胀会将典型的在10 000开尔文的电磁波波长拉长到现在在5开尔文左右的电磁辐射——充满了空间的微波背景辐射。（前文说过，电磁波波长可以反映它周围的温度。）

当伽莫夫等人提出膨胀理论的时候，天文学界对膨胀理论并不感兴趣。约15年后，天文学家的态度发生了转变，他们开始搭建仪器来检验这个理论。同时，在新泽西州霍姆德尔的贝尔实验室工作的阿尔诺·彭齐亚斯（Arno Penzias）和罗伯特·威尔逊（Robert Wilson）偶然发现了微波背景。[5] 1964年5月20日，他们做了一系列测量，确定这种充满空间的背景辐射的温度大约为4.2开尔文，基本上跟阿尔弗和赫尔曼预测的一致。最近，更精确的测量给出的这个温度是2.75开尔文。

彭齐亚斯和威尔逊两人为射电天文学研制了一种精度较高的仪器，正在测试它。他们完全不知道自己接收到了宇宙微波背景辐射，还以为那是来自通信系统外的电子噪声。他们还想过这是装置外的鸟粪造成的。当他们把测量到的结果发给普林斯顿大学著名物理学家罗伯特·迪克（Robert Dicke）时，他们才意识到自己测量到的是什么。当时，迪克正在为测量宇宙微波背景辐射搭建一个新装置。最后，三人一起发了篇论文来解释他们测量到的结果。

图11–1展示了站在微波天线前的威尔逊和彭齐亚斯，他们就是用这个装置探测到宇宙微波背景辐射的。不管他们把装置指向什么方向，

图11–1　1965年8月，新泽西州克劳福德山，罗伯特·威尔逊（左）和阿尔诺·彭齐亚斯（右）站在他们的微波天线前。（图片来源：AIP Emilio Segre Visual Archives, *Physics Today* Collection）

测量到的结果都是一样的。早期的观测结果显示，观测到的空间在各个方向上是均匀的。因为测得的微波频谱类似于理论计算出的宇宙起初产生的辐射，只不过波长被拉长到微波范围了，因此这个测量结果支持了大爆炸理论，而非其他的膨胀理论。1978年，彭齐亚斯和威尔逊共享了诺贝尔物理学奖，“表彰他们发现了宇宙微波背景辐射”。

量子涨落加速恒星和星系的形成

通过9年时间的数据收集（直到2012年），更精确的宇宙微波背景辐射测量值显示，在背景中存在着极小的不均匀性，幅度约为正负 2×10^{-4} 开尔文。如果把这种温度的不均匀性用颜色表示出来，我们就能看到整个宇宙的温度变化图像，图 11–2（b）中明暗变化的“天空地图”。天空地图的结构跟图 11–2（a）的地球地图很类似，但天空地图是从地球上向外观测得到的，而地球地图是从太空外向地球看的视角。

这幅温度图是我们世界的量子本质、量子涨落存在的证据，甚至能追溯到宇宙暴胀之前的时间。上面较亮和较暗区域的分布也跟我们今天看到的星系团的分布一致，这个证据支持了这样的观点：恒星以及星系的加速形成从根本上是由量子涨落导致的。宇宙微波背景辐射图还能更直观地表现出复合时期能量和粒子的不均匀分布，这些辐射就是复合时期发出的，只是随着宇宙膨胀，波长显著变长了。由于宇宙暴胀的迅速和大幅度，从宇宙初始接近均匀分布的阶段到暴胀之后，这种相对的不均匀性不会发生显著的变化。而观察到的不均匀性与当时那个致密的小宇宙中因量子涨落而可能产生的不均匀性是一致的。

星系团组成的网络结构，与最早的恒星及星系的形成时间也与上述微波背景的不均匀性分布相一致。它们远离我们的运动与大爆炸中描述的宇宙膨胀也是一致的。

暗物质和暗能量

前文解释过，宇宙的曲率和膨胀是由物质和能量密度相对于临界密度的比值决定的。[6]托巴克认为，综合了几种不同的测量方法后，“我们最好的估计是临界密度的5%是已知物质（原子占据了其中的大部分），临界密度的23%是暗物质，剩余的72%是暗能量”。[7]暗能量被认为是宇宙膨胀的原因。

暗物质

暗物质可能形成于宇宙大爆炸之后的夸克“汤”时期。[8]它的存在可以解释把星系结合在一起的引力，还能解释星系的其他性质。暗物质是不可见的，因为它不会产生或反射任何我们可以探测到的辐射。[9]

暗物质或类似的物质存在的必要性在于，它能够解释可见物质之间的引力效应，比如，旋涡星系外边缘区域的恒星和分子云保持着怪异且意想不到的、绕着星系中心的高速运动。[10]它们的高速运动说明有一种看不见的物质分布在旋转区域。还有一个例子就是“引力透镜”，[11]它分别在1924年被奥雷斯特·赫沃尔松（Orest Khvolson）[12]、在1936年被弗朗齐歇克·林克（Frantisek Link）和爱因斯坦发现。[13]光线经过大质量的星体时会弯折，就像光线经过光学透镜时会弯折一样。遥远星体发出的光线在经过大质量的星系团时，因为星系团的透镜效应而发生弯折，我们通过这种透镜效应可以估算出星系团的质量，结果是我们发现这个质量远远大于可见物质的质量，这也是暗物质存在的证据之一。

通过这些例子以及其他一些效应，天文学家推断出了暗物质的分布——以星系中心为球心，呈球状分布在星系周围，离星系中心越远处密度越小。暗物质组成的看不见的球状“晕”，半径远远大于可见物质发出的光晕。这表明，在星系形成的过程中，普通物质与暗物质的凝聚速率、凝聚起来的机制都不一样。[14]

托巴克提到，暗物质可能是超对称模型预言的一种全新的基本粒子。我们会在后文介绍关于它的更多内容。[15]

暗能量和加速膨胀

暗能量被认为是宇宙在过去60亿年间加速膨胀的原因。[16]我们说暗能量的“暗”是因为我们看不见它，说它是“能量”是因为只有能量

（而非物质）能导致宇宙膨胀。[17]

宇宙膨胀的加速度是通过远距离Ia型超新星爆炸发出的光线的红移计算的，相关测量完成于1998年之前的超新星宇宙学项目。[18]这个项目的领头人索尔·珀尔马特（Saul Perlmutter）、布赖恩·P. 施密特（Brian P. Schmidt）和亚当·G. 里斯（Adam G. Riess）于2011年获得诺贝尔物理学奖，“表彰他们通过对远距离的超新星的观测发现宇宙加速膨胀”。

第 12 章　走进大爆炸

我们将通过了解大爆炸后的热夸克“汤”[1]，探索组成自然界的“砖块”——参与和传递作用力的粒子。下面我们将见证实验观察、分析以及对数学概念进行的综合研究之间令人惊叹的相互作用，它们展现了让人满意且自洽的关于我们世界的本质的图景——标准模型。人类一直致力于追寻这种对自然界的理解，科学家们更是对它有特别的需求。在这里你可以体会到现代物理学成就的深度和广度，也会了解到一些仍然存在的问题。

寻找最基本的粒子

多年以来，我们一直寄希望于通过破坏原子及其组分的结构来找到最基本的粒子，也因此建造出了越来越大、能量越来越高的对撞机和粒子加速器。但是，利用纯能量来制造尚未发现的、接近大爆炸后早期宇宙产生的粒子，需要建造更大、结构更复杂的加速器，也需要更多的电力。

比如，在巴尼特（Barnett）等人所著的《奇异夸克的魅力》（*The Charm of Strange Quarks*）一书中作者写道："只要有足够的能量提供需要的质–能，就能在任一时刻产生任何一对粒子和反粒子。"他们提到了一个证据，就是在气泡室照片上记录到了由一个高能光子产生的电子/正电子对的运动轨迹。

我们要再次运用爱因斯坦的质能方程：$E = Mc^2$。方程两边同时除以c^2，得到$E/c^2 = M$，也就是说质量$M = E/c^2$，这里的质量就是电子和它的反粒子——正电子的总质量。

对撞机产生的初始粒子束以接近光速的速度向相反方向运动。[2]它们高速碰撞在一起后会产生更奇特的新粒子，等待科学家去检测。其中就包括了自然界的基本组分——参与和传递作用力的粒子。

在下文中我将会讨论已经被发现的粒子和另一些预言中的粒子。首先，我们将一起研究如何找到这些粒子，如何利用对撞机产生如大爆炸后那般高热、高能的环境。在这里，我们会感受到建造这些庞大精密的粒子物理仪器是多么伟大的工程成就。利用这些仪器取得的发现让人惊叹，并且它们几乎从一开始就在检验量子力学的正确性。

汽车停了下来，我们参观了一个庞大而复杂的设备，之后我们会看到硬件！但首先对于这些仪器，司机会做一个大概的介绍。

世界上最大的单个仪器——对撞机和粒子探测器

对撞机的建立是为了最大限度地集中能量，以此来产生新粒子。因为在任何碰撞中，系统都遵循动量守恒，碰撞后的产物保留了粒子束的净动量，留下的动量都有对应的能量，而这部分能量不会促成新粒子的产生。但是如果两个粒子（理想情况下）以大小相等但方向相反的动量值碰撞，两个粒子组成的系统的净动量就会被抵消，碰撞后没有净动量，也没有对应的能量留下。[3]在这种特殊情况下，碰撞粒子的所有能量都用来产生新的粒子。尽管极少的粒子会真正完全正面碰撞，但是只要发生多次近似正面的碰撞，大部分能量就可以用来产生新粒子。

如图2–5所示，带负电荷的粒子被正电压吸引，受电场的作用加速，原理与汤姆孙发现电子时的装置的大致原理相同。在这个装置里，电子从负电压的阴极射线管射出并加速运动到带正电压的环，然后进入A与B的缝隙中。对于正电荷的粒子，比如质子，电场则反转，粒子被吸引到负电压处，在环形加速器的众多分离且连续的环中被加速多次。

但是这个过程需要数亿的碰撞粒子。对撞机里粒子的碰撞与其他类型的加速器（比如原子密集的固体靶）不同，粒子束–粒子束的相遇在对撞机里产生的碰撞次数相对较少。粒子都很小，因此它们撞击到彼此的概率也很小。（想象一下，对撞机就像一团薄雾和另一团薄雾相互穿过，而固定的固体靶加速器如同一团薄雾撞上一堵墙。）通常情况下，粒子都是以“一束束”的形式产生和被加速的。[4]

巴尼特等人所著的书中描述了在历史上，创造出足够多的粒子来寻找传递“弱力”的“W玻色子”是有多困难。（后面将具体介绍弱力和W玻色子。）高能物理中的许多成果都是通过制造满足相关需求的加速器来实现的。如果想得到10个W玻色子，我们需要10亿对质子–反质子的碰撞。

粒子物理学家兼发明家卡洛·鲁比亚（Carlo Rubbia）和技术

物理学家西蒙·范德梅尔（Simon van der Meer）在位于日内瓦的欧洲核子研究中心（CERN）的团队中设计了超级质子同步加速器（SPS），不仅能将质子和反质子加速到创造玻色子所需的能量，还提供了大量的W玻色子用于检测和研究。1984年，他们被授予诺贝尔物理学奖，“表彰他们对大项目的决定性贡献，发现了场粒子W和Z——弱相互作用的传递者”。

现在，SPS被用作注入器，一种给予粒子初速度的加速器，以便粒子在一段时间内达到一定的速度，然后用于更大和更高能量的大型强子对撞机（LHC）。

对撞机利用了自然界的一个基本性质来控制粒子和粒子束的轨迹：带电粒子在磁场中运动时会向一旁偏转。如果磁场的面积足够大，粒子的轨迹可以不断弯曲，形成弧，乃至于闭合的圆。所以，带电粒子能够进行圆周运动。在同样的磁场中，带有相反电荷的粒子（比如+和–）能够形成同样的圆周轨迹，而以相反的方向运动。随着粒子的速度增加，特别是在接近光速的相对论高速范围内，要维持粒子的圆周轨迹，磁场强度也必须增强。提供这种垂直磁场的磁体被称为“偶极”磁体。粒子束中的粒子因为带有同种电荷而相互排斥，因此需要提供内向磁力让它们聚集在一起，提供这种内向磁力的磁体被称作“四极”磁体。它们以一定的规律排列，与加速器环周围周期性放置的偶极磁体成一列。

现在我们假设用某种方法产生一组同类型、同电荷的粒子，以本地组的形式注入对撞机，并且在逐渐增强的磁场中不断加速，在同一个方向上做圆周运动。再假设对撞机中有两个这样的粒子束，它们带有相反的电荷，以相反的方向做加速圆周运动。两个粒子束被加速的方式相同，加速的情况也相同，在逐渐加强的磁场中做圆周运动。最后，两个粒子束相聚在一起，它们的高速粒子在适当的位置相撞，用检测器记录发生了什么。（大型强子对撞机产生两束带同种电荷的粒子束，这些电荷在同一条圆周轨道中以相反的方向加速，轨道由各自的一组磁铁控制。）

那么，对撞机是如何建成的？从这里开始就属于工程的范畴了。在实践中，粒子束的圆周轨迹直径已达数英里。严格来说，它们不是完美的圆周，而是一系列非常短的直线加速器连接起来的圆弧。粒子束被封闭在真空管中，因此不会有其他粒子干扰它们的轨道。这些真空管被封闭在首尾连成圆周的强大电磁铁中，管里充满了电磁场。随着这些粒子束被加速到越来越高的速度，磁体也产生越来越强的磁场来引导粒子束的轨道。为了控制磁场的峰值强度，同时为了降低驱动磁体达到所需磁场强度的功率，所有电磁体都被超导线缠绕。（你将在下文中了解更多有关超导体的内容。）为了让这些超导体在超导状态（即零电阻）下工作，磁体需要保持在非常低的温度——只比绝对零度高几摄氏度。工程上通常将它们封装在“保温瓶”或者液氮中保持恒温。

“强子”（hadron）来源于希腊语单词hadrós，意思是“粗壮”或“厚实”。它描述了一类由“强力”将夸克组装起来的复合粒子，这点将在后面讨论。

粒子束从真空管中通过，偶极磁体两侧缠绕着超导体。（为了加速两束运动方向相反的质子，一侧的磁场是向上的，而另一侧是向下的。）超导体实际上是超导电线构成的小型矩形电缆，每个都以垂直纸面向里的方向缠绕在其中一个褐色的“虹膜”上。一个扇区里的是45英尺长的磁铁，从右侧环到左侧，并且以这种方式一次又一次地绕着该回路。为了防止磁力把缠绕的导线散开，它们被封闭在非磁性绝缘套圈中，并由铁板“夹持”。该组件封闭在保温瓶内部结构的内衬中。整个组件被超流态液氦冷却，温度只在绝对零度以上1.9摄氏度。（超流态液氦传导热量时没有阻力，就像超导体传导电流时没有电阻）。内部结构的其余部分还包含一个超绝热体（会反射来自外部的热辐射），位于保温瓶结构的内圆筒和外圆筒之间。冷却元件的设计属于低温工程领域——液氦、液氢和液氮等物质都可以作为低温制冷剂。

因为带电粒子束在向前加速，同时还在做圆周运动（即有朝向圆心的加速度），所以它们会产生许多辐射。图2–6中展示了这种加速，并在相关章节中讨论了带电粒子加速产生辐射的情况。玻尔的模型的缺陷就在于它不能解释原子中带电粒子的加速和辐射。因此，为了保障生命和其他设施的安全，整个环形管、磁体和低温外壳都放置在地下的圆形隧道中，并创造一个适当封闭的环境来做保护。

下表列出了如今正在运行以及计划中[5]将要建立的五代最强大的对撞机[6]，本章会一一介绍它们。超导超级对撞机（SSC）没有显示在列表上，如果建设成功，这座超级对撞机会比大型强子对撞机大得多，功能也更强大。原本这一超级对撞机的建造工作已经在得克萨斯州开始了，但该项目在里根政府时期被取消了，因为它被认为太贵了。

Tevatron以及早期或现今上表中未列出的其他对撞机和加速器发现了标准模型中预言的许多粒子。芝加哥费米实验室建造的Tevatron是1987—2011年期间最强大的加速器，它能产生1万亿电子伏特（TeV）的能量。1983年，Tevatron的主环建设加上1993年的升级耗资总计超过4亿美元。

对撞机	地点	运行时间	加速粒子	最高能量（万亿电子伏特）	直径（英里）
Tevatron	USA	1987—2011	质子和反质子	1	4.3
RHIC	USA	2000—	质子和质子，金离子和金离子，铜离子	0.5	0.8
LHC	Switz.	2008—	质子和质子，质子和铅离子，铅离子和铅离子	6.5	5.3
?[7]	China	2028—	?	?	10
VLHC[8]	?	?	?	?	20

“Tevatron”的名字来自这个对撞机中的粒子束能量，每个粒子在碰撞前都能加速到1 TeV左右。后文将会进一步讨论，电子伏特（eV）是电子、原子和粒子物理学中常用的能量单位，TeV表示万亿电子伏特。氢原子（如图2–9所示）中的电子从$n = 5$跃迁到$n = 2$，辐射出的紫色光子的能量约为3 eV。这个能量值的5倍，即15 eV，可以让电子轻易地摆脱原子，Tevatron创造的粒子能量超过了这个能量值的600亿倍，超过了分裂原子所需的能量，超过了分裂原子核所需的能量，超过了质子和中子分解成夸克所需的能量，最后达到了发现如图12–1所示的顶夸克（最重的夸克）所需的能量，顶夸克也是最后被发现的基本费米子。

上表列出的粒子对撞机中，最新建造的就是目前正在运行的LHC。1998年，欧洲核子研究中心开始在日内瓦附近建造LHC。这是迄今为止人类建造的最复杂的实验设备，耗资44亿美元，也是世界上最大的单个设备。LHC于2010年开始运行，在地表以下深达574英尺的隧道中加速质子束，穿过法国—瑞士边界，然后在直径超过5英里的圆形轨道中运动后又回到原处。两束运行方向相反的粒子束发生碰撞，创造出类似大爆炸后一秒内的高能环境。

LHC总共有1 232个超导偶极磁体（每个长约45英尺，重约40吨）首尾相连，在5.3英里直径的加速器环中弯曲质子束的轨道，使其做圆周运动。它可以加速多达2 800个质子束，每个质子束有1 180亿个质子，每个质子高达6.5 TeV，每对粒子的碰撞能量高达13 TeV。在峰值能量下，质子束运动的速度只比光速慢每小时7英里[9]（光速3×10^8米/秒$=3\times10^5$千米/秒，约为2×10^5英里/秒，即7亿英里/小时）。

2012年，物理学家利用LHC首次发现了希格斯玻色子（Higgs boson）存在的证据。直到那时，LHC已经分析了6×10^{15}个质子–质子碰撞，之后，物理学家又进一步分析了希格斯玻色子的其他行为，发现它跟标准模型的预测一样，包括零自旋。

虽然建造LHC的一个目的是找到希格斯玻色子——希格斯场预测的一种粒子，它会给予其他粒子质量并完成标准模型最后的一块拼图，但是LHC能够达到的最大能量远远超过找到希格斯粒子必需的能量。额外的能量可能为这个任务提供缓冲，不过LHC如今也打开了新粒子和新物理学的大门，让我们进一步理解大爆炸。

碰撞出新粒子是一回事，探测到它们是另一回事。粒子探测器种类繁多，可根据待探测粒子的种类进行选择，也可以专门为特定的实验建造。

一类探测器利用了这样的原理：加速器中产生的高能粒子在通过气体时，会将气体中的电子从原子中剥离，留下一条带电离子和电子组成的尾迹。气体被封装在一个有磁场的密闭空间中，被称为“云室”，磁场能够让任何带电荷的粒子沿弯曲轨迹运动。我们可以从粒子的轨迹得到它们的动量和电荷。

在下文中，我将引用巴尼特等人所著的书中的一段话来概括一种常用探测器。

> 漂移室有许多阳极丝（连接着正电压的金属丝），每条线周围有阴极丝（连接着负电压的金属丝）组成的网格。每条阳极丝都会收集它和最近的阴极丝之间的离子。[10]离子从自己的位置移动到阳极丝所用的时间，即“漂移时间”，和轨道与阳极丝之间的最小距离成正比。[11]所以，我们可以大概地说：通过测量粒子轨道上产生的离子的漂移时间，我们可以确定每个离子开始漂移的位置，然后我们可以得到粒子的轨道。

有时粒子不能被直接探测到，但它可能有一个“签名”，例如，以特定的方式衰减成另一种能被探测到的粒子。《最后的希格斯》（The Higgs at Last）一文详细描述了粒子探测的复杂性。[12]

我在这里就不继续介绍了。你已经了解了——粒子物理涉及很复杂的实验，这些实验需要大量的工程（除了科学家，还需要复杂的数学工具和计算机自动化工具来分析海量数据）。但是，我们从这些实验中学到的东西真的很棒，你接下来就会发现其中的妙处。

标准模型的粒子

下面，我将用很短的文字来描述一段很长的历史。人类一直致力于回答“宇宙的物质是由什么构成的”这个问题。“原子”（atom）一词源自希腊语，被用来描述最小的物质，这种物质理论上不能再被分割成更小的物质。从1930年开始，多种亚原子粒子先后被发现。今天，我们不仅知道原子是由质子和中子组成的原子核以及周围的电子云组成，还知道中子和质子是由更小的粒子——夸克组合形成的。就我们今天所知（尽管也有相反的猜测），夸克和电子不能再分解成更小的粒子了，所以它们被认为是基本粒子。[13]下文还会介绍到更多的基本粒子。而到了1970年，大部分的基本粒子都能被一种理论解释，即所谓的标准模型。

宇宙中的粒子都可以归为两种类型。

费米子[14]：一种自旋量子数为半奇数的粒子（比如，自旋量子数为 ±1/2、±3/2、±5/2 等）。在自然界中没有两个费米子能占据同样的状态。（前面提到电子的自旋量子数为1/2，以及泡利不相容原理。）因为它们的这种特性，这些粒子用费米统计来描述（以物理学家费米的名字命名）。

玻色子[15]由狄拉克以印度物理学家萨蒂延德拉·玻色（Satyendra Bose）之名命名[16]，表示一种自旋量子数为整数的粒子（比如0或 ±1、±2、±3 等）。在自然界中任何数量的玻色子都能占据相同的状态，物理上用玻色统计来描述这些粒子。

基本粒子和标准模型

因为这种分类，标准模型有两组“基本粒子”。第一组是“基本费米子”，共有12个，自旋都是1/2。自然界的其他粒子都是由基本费米子中的一种或多种组成。第二组是“基本玻色子”，共有5个。其中4个负责传递费米子之间相互作用力的场，即“介导费米子之间的相互作用”[17]。这4个玻色子被称为规范玻色子。第5个基本玻色子是希格斯玻色子。

基本费米子和基本玻色子都是在自然界发现的或者是在实验室里创造出来的。图12–1列出了这些基本粒子[18]，但没有包括一种可能是第5

个规范玻色子的粒子，即“引力子”，它能够传递引力。但引力子还没有被发现，也没有一种完善的理论来描述它。

> 目前，基本费米子和基本玻色子都是已知的基本粒子。但是有人提出，存在一种“超对称性”，每一个基本费米子都有一个相关联的基本玻色子。这将改变我们对“基本”的看法，而且也可能存在一些尚未被发现的新粒子。LHC及其后继者或许能提供发现新粒子的能量。也许这些粒子中就有我们所说的暗物质。我们需要观望，或许还需要发展新的理论。无论如何，我在这里只介绍大多数科学家关于基本粒子和标准模型已经达成共识的理论。

接下来我将先介绍基本费米子和它们的一些性质，然后简要介绍费米子和玻色子被发现的历史。在这之后，我将逐个介绍所有基本粒子。最后，我们将研究构成标准模型的理论集合，这些理论解释了基本费米子和基本玻色子，以及它们的相互作用。

这两组基本粒子（据我们目前所知）囊括了宇宙中所有的基本粒子，它们也一起组成了标准模型中的所有粒子。标准模型还给出了对于它们的描述。也还存在其他类型的费米子和玻色子，它们都是由基本粒子组成的，在此不做讨论。图 12–1 列出了标准模型中的基本费米子和基本玻色子。

图 12–1 中每种基本粒子左上角标出了它们的质量和所带的电荷。质量的单位为 MeV/c^2，如果你想直观感受每个粒子的质量，只要记住电子质量大约是半个 MeV/c^2 就可以了。

图 12–1 的前三列是费米子。从左往右的每一列代表着质量逐渐增加的“世代”。费米子跟它们的反物质一起组成了宇宙中的“普通物质”。[19]

玻色子被列在最后一列。前4个传递自然“力”。第5个玻色子，即希格斯玻色子是不同的，后文也会介绍。

费米子还可以被分为两类：第一类由夸克组成（以紫色显示）：第一行夸克的电荷量为+2/3，第二行夸克的电荷量为–1/3。第二类由轻子组成（以绿色显示）：第三行的轻子电荷量为–1，包括最左边我们熟悉的电子，最后一行的轻子电荷量为0。

现今在自然界中发现的所有普通物质都是由夸克或轻子构成的，或者是由二者组合而成。质子由两个带+2/3电荷的“上”夸克和一个带–1/3电荷的“下”夸克组成，因此我们看到质子的电荷为+1。中子由一个带+2/3电荷的“上”夸克和两个带–1/3电荷的“下”夸克组成，因此中子的电荷为0。质子和中子形成原子核，质子的电荷就是原子核的电荷。与质子数量相同的带有–1电荷的电子围绕着原子核，它们共同组成电中性的原子。若有电子移出或移进原子，原子会变成带正电或带负电的离子。每种元素的原子的性质与质子和电子的数量、电子的排列方式有关，我将在第四部分介绍这些迷人的化学内容。

原子核是如何让各个带正电的质子（以及不带电的中子）紧密结合在一起的呢？毕竟，同种电荷相互排斥，质子之间会互相推开。答案就是原子核受到强相互作用的束缚，其强度大于电荷之间的排斥力。日本物理学家汤川秀树在1935年提出了强相互作用。根据汤川的说法，中子和质子相互交换亚原子粒子而产生了强相互作用，那时候还没有发现这种亚原子粒子。1949年，汤川成为第一个获得诺贝尔物理学奖的日本人，“表彰他在关于原子核力的理论工作中对于‘介子’存在的预言”，但这是一个中间结果。我们现在知道，介子、质子和中子都是由夸克组成的，它们通过交换胶子产生强相互作用力。

在整个20世纪60年代，科学家们都在研究各种亚原子粒子，把它们按照各自的性质分门别类，这类研究在1970年达到高潮。就好像门捷列夫发现周期表，从而加深了人们对电子和原子的量子力学的理解一样，默里·盖尔曼（Murray Gell-Mann）通过假设一组完整的基本费米子和交换力的玻色子，解释了粒子性质的三重对称性。[20]为了区分这些粒子，他发明了一组富有想象力的新名称。

他把这些费米子称为夸克，来源于爱尔兰小说家詹姆斯·乔伊斯（James Joyce）的《芬尼根的守灵夜》（*Finnegans Wake*）中的一句话："向麦克老人三呼夸克。"[21]同时，他将这些玻色子命名为"胶子"（恰如其分）。6个夸克占据了图12–1所示标准模型粒子左上方（紫色）。

"夸克、中微子、介子，这些该死的看不见的粒子都快把我逼疯了，所以我才来喝酒。不过，喝了酒以后，我好像能看见它们了。"

被发现的前三个被命名为“上夸克”、“下夸克”和“奇夸克”。胶子排在红色玻色子一列中的第一个，第二个就是与电磁辐射相关的玻色子——光子。胶子和光子一样，也没有质量。

1930年，泡利提出“β衰变”（观察到的中子衰变成质子和电子的现象）一定会伴随着发射一个自旋为1/2的电中性粒子，它拥有极小的质量或者没有质量。[22]1933年，费米进一步发展了β衰变理论，用他的母语意大利语表述这个看不见的粒子为“微小的电中性粒子”——中微子[23]，也是我们得知的第一代“电子中微子”，属于费米子中的轻子。直到1956年，中微子才真正被探测到，它们在一个核反应堆内部产生了大量可能会衰变的自由中子。[24]

到1970年，理论物理学家谢尔登·格拉肖（Sheldon Glashow）、阿布杜斯·萨拉姆（Abdus Salam）和史蒂文·温伯格（Steven Weinberg，后来他们三人因此分享诺贝尔奖）把弱相互作用与电磁力相结合，提出了电弱统一理论，其中包括传递这种力的W玻色子和Z玻色子，并预言了第4种夸克，即“粲夸克”[25]。图12–1的最后一列玻色子中，W和Z玻色子分别是第4个和第3个。

1964年，三个理论研究组分别独立提出了一个类似的理论，他们预言存在一个不寻常的场，它几乎在任何地方都是恒定的，这种场让粒子获得质量。这种场最终以其中一位研究人员的名字被命名为“希格斯场”，可能因为他的理论不仅描述了场，还描述了相关粒子。他们的工作最初未被重视，但随着20世纪70年代越来越多的粒子被发现，他们的理论逐渐获得认可，成为标准模型的理论之一。

尽管希格斯玻色子跟其他玻色子不同，它并不是力的载体，但它仍然被标准模型列为一种玻色子，是图12–1红色规范玻色子列右边的最后一个粒子（黄色）。

再次注意，图12–1中每个粒子圆形图标的左上方都标注着该粒子的质量，单位为MeV/c^2，因为质量和能量是等价的——$E = Mc^2$。之前提过，电子的质量大约是0.5 MeV/c^2，记住这个数字能够让你知道其他粒子跟电子相比有多重。

这种将质量用能量表示的方法在前文已经讨论过了。值得注意的是，0.511 MeV大约是电子从氢原子中脱离出来所需能量15 eV的3万倍。后者是化学反应中涉及的能量，前者是粒子物理中涉及的能量。

如前所述，纯能量可以制造质量。顶夸克和希格斯玻色子的质量大约是电子质量的30万倍。制造这些较重的粒子需要大量的能量，因此顶夸克是在Tevatron中最后被发现的夸克，而希格斯玻色子直到后来才被发现。碰撞中传递的能量的一部分来自原始粒子的质量，但是创造新粒子的大部分能量来自碰撞粒子的动能。随着LHC中质子碰撞的速度越来越接近光速，也就是每小时约7亿英里，其中有巨大的动能可供利用。

质子和中子属于“重子”家族的一部分，重子的定义是“三个夸克形成的强子”[26]，反映了上述强相互作用力的三重对称性。夸克从来没被发现单独存在过。盖尔曼假设夸克还有一个属性，他称之为“色荷”，或者简称为“色”（别跟电荷或者颜色混淆了！）：有“红色”、“蓝色”和“绿色”3种（用了光的三原色来命名）。3个色荷组成的夸克会产生（非常强的）强相互作用。物理学家、科学作家兼评论家弗雷德·博茨（Fred Bortz）这样形容这种力：“它跟引力和电磁力不一样，后两者随着粒子的距离增大而减小，色力更像弹簧，分开粒子会增大这种力的强度。这就是夸克被束缚而无法分开的原因。”[27]盖尔曼选择光的三原色作为三种色荷的好处在于，夸克结合在一起的唯一方式就是它们的“色”混成白色（蓝光、红光和绿光混合在一起形成白色光）。强子还包括其他的夸克/反夸克对[28]，它们也能结合在一起。一种色荷和它的反色荷结合也会产生白色。介子由一个或多个夸克/反夸克对组成。[29]

例如，每一个费米子都有一个“镜像”伙伴，它们也是费米子（如前文介绍黑洞蒸发时的讨论以及费曼在物理课堂上的幽默描述）。狄拉克的理论工作第一次暗示这种镜像粒子存在。1930年，他仅从电子的质量和电荷出发，就用量子力学和相对论推导出了单个电子的其他性质。他的计算也表明正电子（带正电荷的反电子）的存在。

一年后，卡尔·安德森（Carl Anderson）在宇宙射线的云室照片中发现了这个粒子。狄拉克于1933年分享了诺贝尔物理学奖，“表彰他发现原子理论的新形式”。1936年，安德森因发现正电子而获奖。狄拉克的分析被推广到其他粒子，它们也同样有反粒子，而且这些粒子也相继在加速器中被创造出来并发现。

在图12–1中，标准模型里的每个粒子都有对应的反粒子，因此基本粒子的个数为34个。

标准模型的理论

虽然大爆炸的理论核心是广义相对论，但大自然的基本粒子（不管是现在还是靠近大爆炸的宇宙早期）的理论核心就是场和相互作用力的量子描述了。4个基本场都通过与其相关的规范玻色子跟物质相互作用，即图12–1中红色玻色子一列的前4个。希格斯场则不同，它的玻色子既不传递力，也不属于规范玻色子。

量子力学可以应用到每个基本场，下文将按照历史发展顺序进行介绍。首先是量子力学在电磁场上的应用，我会对这部分讲述得更详细一些，让读者更熟悉实验和理论结合的方式。

（请记住：标准模型中的所有基本粒子和场都是在自然界或粒子加速器中发现的，它们表现为量子实体。我们的世界是一个量子世界，理论只是解释了这是怎么发生的。）

前文提到，玻尔和薛定谔提出并发展了他们的氢原子模型，认识到带负电的电子会被由质子构成的带正电的原子核吸引。经典理论认为，质子在空间的各个方向形成了电场，电子受到电场的作用而被吸引。这种观点对于薛定谔来讲是有用的，并且在大多数实用场景下仍然有效，但随着量子力学的进一步发展，特别是从1942年开始的7年时间里，美国5位物理学家[30]共同的工作以及日本一位科学家的工作改变了这种观点。

将量子力学应用在电磁学的工作始于美国。24岁的普林斯顿大学研究生理查德·费曼和另一位纽约年轻人朱利安·施温格（Julian Schwinger）分别独立解决了一个长期存在的问题。先前科学家们尝试用量子力学去描述粒子在自身形成的电场中的能量，但是却得到了无穷大的结果（得到一个奇点）。此外，威利斯·兰姆（Willis Lamb）精确地测量了氢原子光谱并发现测量结果的一个小位移（被称为“兰姆位移”），以前的任何理论都无法解释这个现象，这也激发了人们对这项工作的研究。

施温格用数学上的“归一化”来避免这个奇点。费曼意识到他可以用另一种方式更好地描述电场的作用：电场是由虚光子产生的。具体来讲，质子（正电荷）和电子（负电荷）之间的相互作用力被视为质子和电子之间不断地发射并吸收一对虚光子。（这些光子是虚拟的，因为两个有质量的真实粒子的突然出现将违反能量守恒定律。这两个虚粒子之所以能够存在，是因为它们以能量的不确定性ΔE的形式存在。只要它们的寿命Δt足够短，就可以按海森堡不确定性原理描述的方式存在：$\Delta E \times \Delta t < h$）。

日本物理学家朝永振一郎独立提出了第三种方法以避免这种奇点，并精确地解释了兰姆移位。1965年，这3人分享了诺贝尔物理学奖，“表彰他们在量子电动力学方面的基础工作，对基本粒子的物理学产生的深刻影响”。由此产生的零质量、自旋为1的光子，电磁场的规范玻色子，位于图12–1红色玻色子一列的第二个。

费曼创造了一种简单的图形，将粒子间的相互作用可视化，还发明了一种计算概率的方法，即将粒子可能经过的所有路径加起来。这种方法已经成为一代代物理学家使用的标准方法。[31]

量子电动力学提供的洞察力和精确的预言，让费曼称之为“量子力学王冠上的宝石”。

1970年左右，关于弱相互作用力的W粒子和Z粒子（前面提过，它们与原子核衰变的过程有关）被整合进量子电动力学，成为后人所知的电弱理论（electroweak theory）。正是这个理论解释了β衰变、原子核中质子和中子的结合、放射性以及为什么许多较重元素是不稳定的。谢尔登·格拉肖、阿布杜斯·萨拉姆和史蒂文·温伯格获得了1979年的诺贝尔物理学奖，“表彰他们对统一了基本粒子中弱力与电磁力的理论工作，包括对弱中性流的预言”。后来赫拉德·特霍夫特（Gerard't Hooft）进一步拓展了他们的理论，并和他的博士生导师马丁努斯·J. G. 韦尔特曼（Martinus J. G. Veltman）一起分享诺贝尔物理学奖，“表彰他们阐明了电弱相互作用的量子结构”。

量子色动力学是由默里·盖尔曼在20世纪60年代提出并发展出来的。这个理论描述了强相互作用如何将夸克结合在一起形成质子和中子——通过交换名为胶子的零质量粒子。由于这项工作被认可，盖尔曼于1969年获得诺贝尔物理学奖，“表彰他在基本粒子及其相互作用分类上做出的贡献和发现。”

当盖尔曼正在思考中子和质子的构成时，彼得·希格斯（Peter Higgs）思索着质量来自何处。1964年，他和其他人提出除了电磁场和引力场，宇宙充满了第三类场。[32]标准模型中的大多数粒子通过和希格斯场的相互作用获得质量。如前文所述，其他两个研究组也有同样的想法。

承载着基本场的粒子被称为规范玻色子。[33]类似地，希格斯提出的希格斯场的承载者，被称为希格斯玻色子。2012年7月，LHC发现希格斯粒子的存在，这是对希格斯场作为标准模型的一部分的强有力的证据。接下来还需要更多的研究来证明这个希格斯玻色子的行为是否跟标准模型预测的一致。也有其他理论预言，还存在着其他类型的希格斯粒子。但希格斯玻色子的发现充分证明了这个理论，2013年，彼得·希格斯和弗朗索瓦·恩格勒特（François Englert）分享了诺贝尔物理学奖，“表彰他们在理论上发现了一种机制，让我们进一步理解亚原子粒子的质量起源，并预言了一种基本粒子的存在，最近在CERN对撞机上的ATLAS和CMS实验中得以证实”。其中一名合作者罗伯特·布劳特（Robert Brout）当时已经去世，否则他也可能一起分享这个奖项。

广义相对论和量子力学的争论

我们在旅程中所用的地图，是目前为止都十分成功的大爆炸模型提供的。这个模型的核心是爱因斯坦的广义相对论，它在处理引力、时空以及宇宙中大质量物体方面非常成功。后来，我们进入了标准模型的领域，来解释大自然中物质的基本粒子和力。这个模型的核心是量子力学，它适用于微观世界。（但它适用的范围其实很广。）

量子力学和广义相对论在两个特定的领域中相遇了。首先，如本章开头所述，引力是由时空弯曲引起的，但我们在讨论时还是用“引力场”这样的词来描述。人们期望量子力学可以（像标准模型描述大自然的基本力和场一样）预言和描述传递引力的粒子，即“引力子”（graviton，已被提出但未被找到）。其次，在大爆炸的起始时刻和黑洞的中心，致密环境和微观尺寸结合在了一起。广义相对论适用于致密环境，量子力学适用于微观尺寸。那么顺着这个逻辑提问，有没有可能存在“两者统一”的理论？它能解决在大爆炸起点和黑洞中心的数学奇点问题吗？它能够描述那里到底发生了什么事吗？用霍金的话说，是否存在“万物理论”？至少现在的答案是，不存在。目前，似乎有一些深层次的概念和数学不兼容。

我们可以尝试用两种方法来解答这些问题。一种是圈量子引力（loop quantum gravity，简称LQG），另一种则是弦论（string theory）。科学家们在这两个领域投入了很多精力，不过二者都还处于推测的阶段。这个内容已远远超出了本书作者的专业知识和本书的范围。

所以我现在要结束这段旅程了。不过如果你还想深入探讨这些话题，我愿意指路。对于这两种理论，我会各推荐一本有趣的书，并为你简单介绍这个主题。关于圈量子引力，我推荐马丁·博约瓦尔德（Martin Bojowald）写的《时间之前：宇宙的故事》（*Once before Time: A Whole Story of the Universe*）。关于弦论，我推荐史蒂文·G. 古布泽（Steven S. Gubser）的《弦理论》（*The Little Book of String Theory*）。

圈量子引力

LQG应用量子力学的思想描述宇宙，包括引力。由于引力是时空弯曲的结果，因此LQG是量子时空的一个理论。它试图将引力视为力场——正如量子力学在电磁学的成功应用，即量子电动力学一样。

在LQG中，空间以引力子的形式粒子化，如同光子是电磁场粒子化的呈现。空间在普朗克长度（即10^{-35}米）的尺度成有限环，编织成网络。因此，组成空间的元素有最小单位。

物理学家从两个方向去探寻LQG：自旋泡沫理论（协变LQG）和正则LQG。这个理论或许能够追寻到大爆炸之前的时间。

弦论

弦论作为一种描述物理现象的方法至少可以追溯到20世纪60年代。当时物理学家们尝试用它给强相互作用建模。接着弦论被用来描述玻色子。后来，人们提出超弦论，来描述玻色子和费米子之间的联系，即所谓的超对称。在20世纪90年代中期，弦论的5个版本合并为11维M理论的一部分；而在1997年，人们发现弦论可能与量子场论有关。

弦论认为，自然界的基本元素不是粒子，而是一维的“弦”，它的性质取决于它的振动状态。振动赋予了“弦”电荷、质量和其他性质。但整个理论并不普遍适用，更像是5个理论以交叠的方式工作，每个理论和它的邻近理论共同应用于特定的物理领域。弦论也描述了多种可能的宇宙。在这方面，我会再次建议你阅读格林的《隐藏的现实：平行宇宙是什么》。K. C. 科尔（K. C. Cole）在《量子杂志》（*Quanta Magazine*）2016年9月15日这一期发表的文章，讲述了弦论到目前为止还没有将引力和量子力学统一，但它促进了数学和物理学其他方面的发展。[34]

在本书接下来的部分，我们将转向量子力学的实际成果，对我来说，这是它最大的恩赐。我在第四部分将介绍量子力学如何在一些基本概念的基础上解释化学以及所有元素的原子，它们是组成我们世界的基石。在第五部分，我将介绍基于对量子力学的理解产生的许多发明和实用产品，包括悬浮列车、单层原子材料、MRI诊断医学成像以及未来“无限能源”的潜在来源。

第四部分

量子力学与化学

元素周期表

第13章　世界的量子本质

我们将在本部分领略这个世界简单美丽的本质[1]，去理解原子、化学基础以及周围物质的组成。我们不仅会看到量子力学如何解释元素的性质，还会看到原子的电子结构如何影响元素的性质，并呈现神奇的周期性，以及它们又是怎样结合形成了我们今天看到的物质。对我来说，这是量子力学最重要的成果：对原理的理解为实际的发明创造提供了动力。

方法

这部分内容将加深我们对氢原子中电子的理解，并以氢原子为基础，将氢原子的模型推广到其他原子中，以此了解其他原子的情形。我们的方法在某种程度上是经验性的，不会假定谢里（Eric Scerri）考虑的“完全还原”的情况。[2]然而，正如下文将进一步解释的那样，许多物理学研究已获得成果，量子力学已经大大加深了我们对元素和元素周期表的理解。

我将在第14章和第15章更加全面地定义电子的性质。在第16章中，我将解释泡利不相容原理如何影响电子排布，从而进一步影响元素的性质以及它们在元素周期表中呈现的周期性。在第17章中，我从原子的物理性质出发来解释它们的化学性质以及原子的尺寸大小。（在元素周期表的每个周期中，元素具有越来越多的电子，其对应的原子变得越来越重，但是它们却变得越来越小，这听起来似乎很奇怪。）在第18、19和20章中，我将介绍元素的化学性质是如何让原子结合到一起形成分子，以及形成了绝缘体、导体和半导体等固体材料（它们是第五部分中介绍的所有现代电子器件和其他器件的组成材料）的。

有时，我介绍的概念可能超出大多数大学中普通化学和普通物理入门课程的水平，但是我会略过数学方法，用更通俗的方法介绍这些概念，读者不需要接受特殊的数学或科学训练就能读懂。如果你觉得某些讨论涉及太多细节，你可以快速浏览这些章节以掌握物理背景的全貌。第四部分也提供了宝贵的背景知识，以帮助我们理解第五部分即将介绍的奇妙的量子新发明。

元素周期表

我们周围的一切事物都是由元素的原子或原子的组合形成的。截至2016年10月13日，人类已经发现或制造出了118种原子。[3]每种元素都有其独特的性质。如果我们把元素按重量排列起来看，这些元素的属性似乎呈周期性循环，性质会随着周期不断重复。把元素列入元素周期表，可以总结出这种周期性。附录B介绍了元素周期表简短而有趣的发展历史，以及周期表主要发现者们的一些个人生活。我建议你暂时从理论学习中休息一下，跳到附录B，在娱乐的同时了解一些背景知识。

许多人提出了不同形式的周期表：比如一些周期表根据原子序数以列的形式排列，一些以螺旋状排列，一些以行的形式排列。它们的共同之处在于，元素的排列所形成的一个周期都是以出现一个“惰性”元素为标志，“惰性”的意思是不跟其他元素反应或结合。无论周期表的形式如何，它们的每两个相邻惰性元素之间的元素数量总是相同的。

例如，表B–2依次通过原子序数对元素进行计数，从左下角的原子序数为1的氢开始，下一个就是在右下角原子序数为2的氦。我们经过了两个元素就到了氦。下一排我们经过8个元素就到了氖，即霓虹灯中的气体。再下一排，我们经过8个元素到达氩，然后再经过18个元素到氪，再经过18个元素到达氙，然后再经过32个元素到达氡。这个“2，8，8，18，38”序列在所有形式的元素周期表中都是相同的。

原子的电子结构

谢里在他的书中第7章“电子和化学周期”和第8章“化学家对周期性的电子解释”中介绍了关于原子的电子结构的精彩历史。[4]我在这里对这段历史做个简短的介绍，

1897年，电子被发现，随后人们认识到元素的化学性质与原子中电子的数量有关，因此，物理学家和化学家试图通过原子中电子的状态来理解元素周期表中的周期性。化学家擅长归纳和总结经验，他们主要关注元素和元素间相互作用的方式。他们通过经验总结出来的规律相当成功地描述了元素周期表。

与此同时，物理学家试图克服经典理论中的一些矛盾，并于1900年开始发展量子理论，这些成果可能会从原子的物理性质出发，推导出元素周期表中的周期性。如前所述，这项活动的主要支持者是丹麦物理学家，后来获得了诺贝尔奖的尼尔斯·玻尔。但是，谢里指出，玻尔的方法并不像经验主义方法

那样具有预测性，而是基于他已经了解的元素和周期表的知识来指导新物理理论的形式。

正如第二部分所述，物理学家已精确确定出了氢原子中电子可能的空间状态。虽然这种成功很难在数学上推广到多电子原子（除非使用近似手段），但氢原子的结果为定性预测更复杂原子的电子结构以及理解元素周期表的排列提供了指引。你会看到，一切都取决于能量。

第 14 章　能量、动量和氢原子电子的空间状态

在下文中我将介绍一些重要的基本概念，让读者更加清晰地了解原子。同时，我还会讲到一些数字，让读者对原子的数量级有一定的感知。这些概念是理解第四部分的重点，因此读者值得多花些时间去了解它们。

一切都取决于能量

回忆一下第3章中关于氢原子薛定谔方程的各种空间态的解，我们可以从图3–8中电子云的空间态截面图有大有小推断出，不同的态具有不同的能量。确实是这样。薛定谔在计算这些空间态的过程中发现了它们之间的能量差异，但我们需要了解他的计算为什么会得到这样的结果。在此之前，我们需要知道对于行星系统和原子系统，能量的定义是什么。

自由移动的物体具有正的动能，其大小取决于物体的质量和运动的速度。反之，如果物体被某种吸引力吸引，它就具有负的势能。

当物体更加靠近吸引源时，它受到的吸引力更强，势能会负得更

多。这个物体可能是一个被太阳引力吸引的行星，或者是一个被带正电荷的原子核吸引的电子。

一个物体在某种吸引力下运动（即具有动能），如果它正的动能大于负的势能，两个能量之和大于零，它就可以摆脱吸引力。如果这个总和小于零，也就是说，吸引力的负势能克服了运动的正动能，那么物体将处于束缚态，或许这个物体还是可以移动，但是它无法摆脱吸引力的作用自由运动。这个总能量负值越大，物体被束缚得就越紧。

薛定谔发现，总能量较低的空间态让电子更紧密地束缚在原子核周围，概率云的截面也比较小。（这些解的特别之处在于，它们只允许某些离散的束缚态，即仅具有某些离散能量的状态，而不是经典物理中连续的能量和轨道。）

太阳系中行星的负势能非常大，足以克服这些行星拥有的巨大动能，将它们束缚在各自的轨道上。相反，原子中的电子质量非常小，拥有的动能也非常小。特别是对于氢原子，电子束缚态的能量足够小，因此（原则上）我们可以使用两节9伏电池将氢原子中处于任意一个束缚态的电子移开。

我们现在要用思想实验来阐明这一点。想象一下，我们将两个电池串联在一起（一个电池的负极与另一个电池的正极相连），得到18伏的电池，科学家称之为“电势”。现在，如果我们能够利用这个电势将电子从一个电池的负极（没有连接另一个电池的一端）吸引到另一个电池的正极（在18伏的电势下），那么这个电子就有了18电子伏特的能量，即18 eV。如果我们移动了两个电子，电池将提供36 eV的能量。就这么简单。（“eV”中的e是指电子的电荷，无论是电子或其他物质上的电荷，只要电荷在电势的作用下移动，它获得的能量都可以由电子伏特表示。)

薛定谔方程的解告诉我们，氢原子的基态，即$n = 1$的1s态（图3–8左下方的概率云），其能级上的电子的能量为–13.60 eV。我们的电池可以提供18 eV的能量，不仅可以让氢原子中的电子摆脱原子核的束缚，还能提供额外4.4 eV的动能让电子加速运动到其他地方。

现在让我们来看看氢原子中电子的其他空间态的能级。其中包含束缚态，图3–8中展示了其中一部分束缚态的概率云。

薛定谔方程的解描述了电子态的能量。薛定谔发现，理论上氢原子电子的束缚态的总能量取值可以有无限个，并且是离散的，只有在特定的能级上才有能量。能级用主量子数表示，通常用字母n标记。他的解规定n只能等于整数1、2、3、4……图3–8中在概率云的上方、字母之前显示了概率云对应的n值（它们相当于早期玻尔模型的原子轨道的能量量子数）。在每个能级上可以有多种状态，我在后文中将具体解释。

方程的解告诉我们每个能级的能量为–13.6 eV除以n^2，因此随着能级的增高，n值增大，能量的负值逐渐减小（这是因为–13.6 eV除以的平方整数越来越大）。因此，计算前7个能级的能量，从最高能级（具有最小的负能量）开始到最低能级，我们得到以下数据：

$n = 7$能级，每个态的能量为$(-13.60)/(7 \times 7) = -0.28$ eV

$n = 6$能级，每个态的能量为$(-13.60)/(6 \times 6) = -0.38$ eV

$n = 5$能级，每个态的能量为$(-13.60)/(5 \times 5) = -0.54$ eV

$n = 4$能级，每个态的能量为$(-13.60)/(4 \times 4) = -0.85$ eV

$n = 3$能级，每个态的能量为$(-13.60)/(3 \times 3) = -1.51$ eV

$n = 2$ 能级，每个态的能量为 $(-13.60)/(2 \times 2) = -3.40$ eV

$n = 1$ 能级，每个态的能量为 $(-13.60)/(1 \times 1) = -13.60$ eV

你可以看到这里的趋势：n 值越高，能量就越接近0，当能量为0的时候，意味着电子不再受原子核的束缚，可以自由运动。具有很高 n 值的态，其负势能非常小，在这些态下的电子跟原子核的结合并不是很紧密，因此它们与原子核的距离相对较大，轨道的尺寸也因此增大。图3–8展示出随 n 值的增大电子轨道变大的趋势。

角动量

薛定谔方程的解还能描述态的另一个属性——角动量。动量让物体保持相同的速度和运动方向，而角动量则让旋转物体保持相同的旋转速度，或者保持物体以圆周或椭圆轨道运动。如果定义物体在一个旋转方向上的角动量为正值，那么当这个物体以相反方向旋转时，角动量就为负值。

尽管薛定谔的概率云不旋转，但它们表示的态仍然含有空间角动量的信息，由图3–8中每个截面图上的字母表示。角动量也有单位，就如同能量有单位eV一样。角动量的基本单位为普朗克常数除以2π，用 $h/2\pi$ 表示。

薛定谔的结果告诉我们，跟态的能量一样，空间态角动量也是量子化的[1]，通常用字母 l 来表示，其中 l 只能等于整数0、1、2、3……不过 l 值总是小于 n 值。拥有不同 l 值的原子光谱呈现不同的谱线特征，分为锐系光谱（sharp）、主系光谱（principle）、漫系光谱（diffuse）和基系光谱（fundamental），因此历史上角动量量子数 l = 0、1、2、3时分别由字母s、p、d或f表示。

因此，在图3–8的第一列中，对于$l = 0$、能量$n = 1$与$n = 2$的空间态分别标记为1s和2s。第二列中对于$l = 1$，$n = 1$或$n = 2$的概率云分别表示为2p和3p，第三列中$n = 3$且$l = 2$被记为3d。

现在我们可以理解从氢原子光谱中观察到的有趣的结果了。根据量子力学，光子的角动量要么为+1，要么为–1，取决于光子的偏振态，光子带走了电子在跃迁中发出的能量。这些光子很奇怪：如量子力学所言，它们没有质量（在引力场中没有重量），却有+1或–1个单位的角动量！尽管如此，它们还可以拥有多种不同的能量，取决于电子的跃迁在哪两个能级中发生！

因此，对于激发态氢原子中的电子跃迁，激发态的角动量和电子跃迁到的较低能态的角动量之间必须相差一个单位的角动量，电子跃迁后产生的光子带走了这一个单位的角动量。能量在跃迁过程中守恒，初始态的能量等于最终态的能量加上光子的能量；角动量也是守恒的，因此初始态的角动量等于最终态的角动量加上光子的角动量。这意味着s状态只能转换到p状态，p状态只能转换到s或d状态，d状态只能转换到p或f状态，依此类推。因此，理论上预测的氢原子的谱线要比曾经预测的谱线少，这也是在实验中观测到的现象。其他原子中的电子跃迁也是如此。

角动量可以用箭头（矢量）表示，其长度与角动量的大小成正比，箭头指向旋转轴的方向。这种矢量可以表示每个空间态的角动量。（是的，这非常奇怪，原子中的电子有角动量，但却观察不到轨道或者旋转。）这个矢量可以被分解为两部分，即两个分量：一个是指向磁场方向的矢量（如果有外加磁场的话），另一个矢量则指向与磁场方向呈90

度角的方向。（一个原子可能置身于地球的磁场中，也可能置身于马蹄状磁铁的两极之间。即使电子此刻不在磁场中，我们也可以根据电子周围可能会存在的磁场分解分量）。沿着磁场方向的角动量分量也可以被薛定谔方程的空间态解描述成离散的量子数。这个分量由一个特定的整数（我们称之为m）乘以一个角动量的基本单位来表示，即$m \times h/2\pi$。m的取值范围是$-l$到$+l$之间的任何整数[2]。我将在第15章具体解释，m被称为磁量子数。

图3–8的概率云上方也显示了它们的m值。概率云上标明$m = +1$或-1，意思是这朵概率云可以表示两种空间态，一种是$m = +1$，另一种是$m = -1$，其中+1表示截面如图所示的状态，–1表示这个空间态具有类似的概率云截面图，但方向上有所不同——其概率云截面图在垂直于纸面的平面上。

因此，现在我们定义了氢原子薛定谔方程的空间态解中的三种性质。电子的每个空间态都由它的一组特性来表征，每个态由量子数n、l和m标记。此外，还有它的内禀角动量，称为自旋，下文我也会介绍到。

第15章　自旋和磁性

自旋——电子的内禀性质

在第2章我曾提到，泡利假设了电子自旋的存在，以帮助玻尔解释元素和元素周期表的性质。自旋的假设很有用，但当时还没有人发现它的理论依据。后来在1928年，这个依据由数学家兼物理学家保罗·狄拉克在他的一项重要工作中发现了。[1]他仅仅用爱因斯坦的狭义相对论以及电子的电荷和质量，就计算出了孤立电子的其他所有性质（也就是电子的内禀性质，不管它是否在原子中）。[2]（狄拉克与海森堡、薛定谔一样，每个人都使用不同的数学方法构建出量子力学。3年前他们都成功地计算出氢原子的能量和空间态，并得到了相同的结果，但薛定谔的方程更容易被阐释。）

狄拉克推导出的那个性质表明，电子具有一个非常小的固有角动量，就算电子完全脱离原子孤立存在，处于不同的空间态，这个角动量也存在。尽管狄拉克并没有说明电子以任何形式旋转，但我们通常用“自旋”来描述这种固有角动量（自旋的概念最早由乌伦贝克和古德斯米特提出）。狄拉克计算出电子的自旋只能取两个值：+1/2或–1/2个基本角动量单位，如前所述，这个单位是普朗克常数除以2π，记为$h/2\pi$。[3]所以自旋也是量子化的，只有两个可能的值，即两个可能的自旋量子数。我们在这里把它们简称为“正自旋”和“负自旋”。（因为这种自旋双重态，在实验中可以用因偏振而带有两种角动量之一的光子直接代替自旋，来验证第6章介绍的贝尔不等式。）

磁性

如果将条形磁铁放置在磁场中（例如，放在马蹄状磁铁的钳口之间），它将被磁场强度最强的部分吸引，并指向磁场的北极，就像指南针指向地球的北极一样。我们说这个条形磁铁有一个磁矩。

如果一个孤立的电子被放置在磁场中，它的行为也会与条形磁铁相似，这表明它也具有磁矩。不管电子在哪儿，它都具有这个磁矩，我们说它有一个固有（内禀）的磁矩。量子力学表明，电子的内禀磁矩的大小与其自旋角动量成比例。[4]如果电子处于正自旋态，那么其磁矩与其所在的磁场平行；如果电子自旋为负，它与磁场方向呈反向平行。

前文中我们提到，电子空间态的角动量在磁场方向上的分量是量子化的，这种量子化来自薛定谔方程的空间态解。电子之所以会与磁场方向对齐，是因为电子也具有空间态的磁矩，这种磁矩跟角动量分量大小成比例，这个分量也是量子化的，用一个整数m来表示。我们现在明白为什么m被称为“空间态磁量子数”了。

内禀自旋和磁量子数m组合起来决定了电子的磁性质，电子所处的态由自旋和空间态结合起来决定。每种自旋–空间态组合的取值不同，原子的能量会有微小量子化的位移，取决于电子固有磁矩中的微小“条形磁铁”跟空间态磁矩的排列是吸引还是排斥。这种“精细结构分裂”非常小，我们可以忽略它，但理论描述的这种分裂已经被实验验证并测量过了。

第16章　不相容原理与元素周期表

现在，元素和它们的性质，也就是说我们周围的一切物质都在掌握之中了！我们以氢原子电子态作为指导，通过4个相关的表格来分析元素性质。这些表格很不寻常，它们不含无聊的数据，每个部分都具有物理意义。在人们增加了对元素的认识后，一个表格发展成下一个表格，到第4个表格就是现代元素周期表。在了解氢原子结构的基础上，我们可以简单地揭示其他原子的结构，最后得到这张现代元素周期表。

在继续阅读之前，读者最好了解一下概况。为此，我希望你能先快速浏览下每张表格（为了方便读者浏览以及参考，最好把每张表格都单独复印一份）以及附上的简短说明。这个过程就像翻动一系列逐渐变化的卡通画，以获得放映电影的效果。

表16–1 氢原子电子前128种最低能量自旋–空间组合态的性质

每个单元格代表一种态，它有特定的能量、角动量、空间与自旋磁矩，由它所在的行、列中的量子数标记。能级为$n=4$和$n=5$的f态被单独列出，在右上方的f态的表格中。

跟图3–8不同的是，这个表格中的概率云不能代表原子的大小。（表格来自参考文献F，玛格丽特·L. 莱顿所著的书的图5–5，已获得莱顿本人同意。）

能级，n	正自旋			
	$m=3$	$m=2$	$m=1$	$m=0$
5				
4		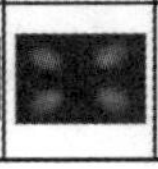		

能级，n	s态，$l=0$	
	正自旋	负自旋
	$m=0$	$m=0$
7	态	态
6	态	态
5	态	态
4	态	态
3	态	态
2		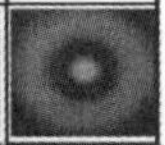
1		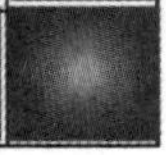

能级，n	d态，$l=2$						
	正自旋						
	$m=2$	$m=1$	$m=0$	$m=-1$	$m=-2$	$m=2$	$m=1$
7	态	态	态	态	态	态	态
6	态	态	态	态	态	态	态
5	态	态	态	态	态	态	态
4	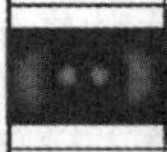	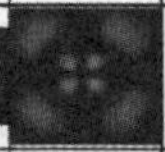		态	态		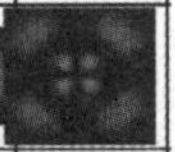
3	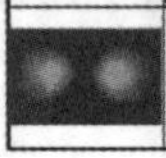		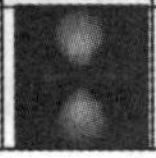	态	态	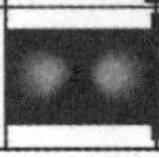	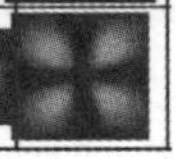

f态，$l=3$										
			负自旋							行
$m=-1$	$m=-2$	$m=-3$	$m=3$	$m=2$	$m=1$	$m=0$	$m=-1$	$m=-2$	$m=-3$	
态	态	态		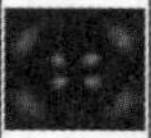		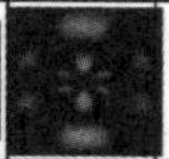	态	态	态	5
态	态	态		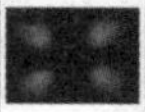			态	态	态	4

负自旋		
$m=0$	$m=-1$	$m=-2$
态	态	态
态	态	态
态	态	态
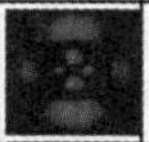	态	态
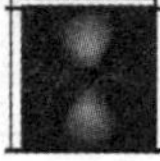	态	态

p态，$l=1$						
正自旋			负自旋			行
$m=1$	$m=0$	$m=-1$	$m=1$	$m=0$	$m=-1$	
态	态	态	态	态	态	7
态	态	态	态	态	态	6
态	态	态	态	态	态	5
态	态	态	态	态	态	4
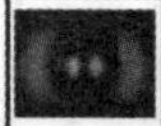		态		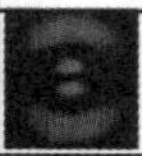	态	3
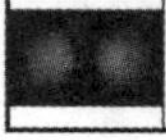		态		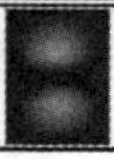	态	2
						1

表16–2　一般多电子原子中电子前128种最低能量状态的性质

** 把这一整行插入下面标有“**”的态的后面 #7

* 把这一整行插入下面标有“*”的态的后面 #6

	正自旋			
	$m = 3$	$m = 2$	$m = 1$	$m = 0$
5f	态	态	态	态
4f	态	态	态	态

	s态，$l = 0$	
	正自旋	负自旋
	$m = 0$	$m = 0$
7s	态	态
6s	态	态
5s	态	态
4s	态	态
3s	态	态
2s	态	态
1s	态	态

	d态，$l = 2$						
	正自旋						
	$m = 2$	$m = 1$	$m = 0$	$m = -1$	$m = -2$	$m = 2$	$m = 1$
7d	态	态	态	态	态	态	态
6d	态 **	态	态	态	态	态	态
5d	态 *	态	态	态	态	态	态
4d	态	态	态	态	态	态	态
3d	态	态	态	态	态	态	态

每张表格左侧的标记（“1s”“2s”等）代表这些态的能量和角动量，与表16–1中氢原子中的对应态类似。

f态，$l=3$										
			负自旋							行
$m=-1$	$m=-2$	$m=-3$	$m=3$	$m=2$	$m=1$	$m=0$	$m=-1$	$m=-2$	$m=-3$	
态	态	态	态	态	态	态	态	态	态	7
态	态	态	态	态	态	态	态	态	态	6

负自旋		
$m=0$	$m=-1$	$m=-2$
态	态	态
态	态	态
态	态	态
	态	态
	态	态

	p态，$l=1$						
	正自旋			负自旋			行
	$m=1$	$m=0$	$m=-1$	$m=1$	$m=0$	$m=-1$	
7p	态	态	态	态	态	态	7
6p	态	态	态	态	态	态	6
5p	态	态	态	态	态	态	5
4p	态	态	态	态	态	态	4
3p	态	态	态	态	态	态	3
2p	态	态	态	态	态	态	2

表16–3　每种元素原子（用原子序数表示）的预测最外层电子占据态

				正自旋			
				$m = 3$	$m = 2$	$m = 1$	$m = 0$
** 把这一整行插入第89号元素的后面	#7	**5f**		90	91	92	93
* 把这一整行插入第57号元素的后面	#6	**4f**		58	59	60	61

	s态，$l = 0$	
	正自旋	负自旋
	$m = 0$	$m = 0$
7s	87	88
6s	55	56
5s	37	38
4s	19	20
3s	11	12
2s	3	4
1s	1	2

	d态，$l = 2$						
	正自旋						
	$m = 2$	$m = 1$	$m = 0$	$m = -1$	$m = -2$	$m = 2$	$m = 1$
7d							
6d	89 **						
5d	57*	72	73	74	75	76	77
4d	39	40	41	42	43	44	45
3d	21	22	23	24	25	26	27

每张表格左侧的标记（“1s”“2s”等）代表这些态的能量和角动量，与表16–1中氢原子中的对应态类似。

f态，$l=3$										
			负自旋							行
$m=-1$	$m=-2$	$m=-3$	$m=3$	$m=2$	$m=1$	$m=0$	$m=-1$	$m=-2$	$m=-3$	
94	95	96	97	98	99	100	101	102	103	7
62	63	64	65	66	67	68	69	70	71	6

负自旋		
$m=0$	$m=-1$	$m=-2$
78	79	80
46	47	48
28	29	30

	p态，$l=1$						
	正自旋			负自旋			行
	$m=1$	$m=0$	$m=-1$	$m=1$	$m=0$	$m=-1$	
7p							7
6p	81	82	83	84	85	86	6
5p	49	50	51	52	53	54	5
4p	31	32	33	34	35	36	4
3p	13	14	15	16	17	18	3
2p	5	6	7	8	9	10	2
							1

表16–4 现代元素周期表的排布，包括103种元素

** 锕系元素（将本行插入第89号元素锕后面）

90 **Th** 钍	91 **Pa** 镤	92 **U** 铀	93 **Np** 镎	94 **Pu** 钚	95 **Am** 镅

* 镧系元素（将本行插入第57号元素镧后面）

58 **Ce** 铈	59 **Pr** 镨	60 **Nd** 钕	61 **Pm** 钷	62 **Sm** 钐	63 **Eu** 铕

ⅠA	ⅡA	族	ⅢB	ⅣB	ⅤB	ⅥB	ⅦB	-----	ⅧB
87 **Fr** 钫	88 **Ra** 镭		89 **Ac**** 锕						
55 **Cs** 铯	56 **Ba** 钡		57 **La*** 镧	72 **Hf** 铪	73 **Ta** 钽	74 **W** 钨	75 **Re** 铼	76 **Cs** 锇	77 **Ir** 铱
37 **Rb** 铷	38 **Sr** 锶		39 **Y** 钇	40 **Zr** 锆	41 **Nb** 铌	42 **Mo** 钼	73 **Tc** 锝	44 **Ru** 钌	45 **Rh** 铑
19 **K** 钾	20 **Ca** 钙		21 **Sc** 钪	22 **Ti** 钛	23 **V** 钒	24 **Cr** 铬	25 **Mn** 锰	26 **Fe** 铁	27 **Co** 钴
11 **Na** 钠	12 **Mg** 镁								
3 **Li** 锂	4 **Be** 铍								
1 **H** 氢									

金属（白色方框） 半金属（半导体）（灰色方框）

								行
96 **Cm** 锔	97 **Bk** 锫	98 **Cf** 锎	99 **Es** 锿	100 **Fm** 镄	101 **Md** 钔	102 **No** 锘	103 **Lr** 铹	**7**
64 **Gd** 钆	65 **Tb** 铽	66 **Dy** 镝	67 **Ho** 钬	68 **Er** 铒	69 **Tm** 铥	70 **Yb** 镱	71 **Lu** 镥	**6**

Ⅰ B	Ⅱ B		Ⅲ A	Ⅳ A	Ⅴ A	Ⅵ A	Ⅶ A	Ⅷ A	
									7
78 **Pt** 铂	79 **Au** 金	80 **Hg** 汞	81 **Tl** 铊	82 **Pb** 铅	83 **Bi** 铋	84 **Po** 钋	85 **At** 砹	86 **Rn** 氡	**6**
46 **Pd** 钯	47 **Ag** 银	48 **Cd** 镉	49 **In** 铟	50 **Sn** 锡	81 **Sb** 锑	82 **Te** 碲	53 **I** 碘	54 **Xe** 氙	**5**
28 **Ni** 镍	29 **Cu** 铜	30 **Zn** 锌	31 **Ga** 镓	32 **Ge** 锗	33 **As** 砷	34 **Se** 硒	35 **Br** 溴	36 **Kr** 氪	**4**
			13 **Al** 铝	14 **Si** 硅	15 **P** 磷	16 **S** 硫	17 **Cl** 氯	18 **Ar** 氩	**3**
			5 **B** 硼	6 **C** 碳	7 **N** 氮	8 **O** 氧	9 **F** 氟	10 **Ne** 氖	**2**
								2 **He** 氦	**1**

非金属

表16–1的每个单元格代表氢原子前128种最低能量态之一——从最底下一行的最低能量开始。不同的行、列以及4组表格表示了氢原子的不同能量、角动量以及不同的自旋状态组成。我画出了其中40种态的概率云截面，展示在对应的单元格里。

表16–2列出了其他元素的态。每个元素都有自己的表格，但它们都很类似，所以我们用这个通用表格统一表示它们。在这份表格中，我没有展示概率云的截面图，因为不同元素的原子的概率云形状稍有不同，但这些概率云跟表16–1中氢原子的概率云也只是稍有不同而已。跟表16–1相比，中间的d态区表格向上移一行到较高能量状态，f态区的表格则上移了两行，我会在后文中揭示其中的原因。

表16–3是从最底下一行开始，从左到右沿每一行对表16–2的态进行编号。每个数字代表该原子序数的原子最后被占据的一个态，同时也是该原子拥有的电子数。假设原子的电子连续占据最低能态，每个电子占据一个态，从第一行（最底下一行）左边的态开始，向右边连续填充，直到下一行的左端，依此类推。

表16–4是在表16–3的基础上增添了元素的名称，每个单元格里也显示了它们对应的原子序数。在下方表格的上方有一行罗马数字，代表“族”的序数。现在我们就得到了一个现代元素周期表！

如果你从表16–4的底部扫到顶部，它就会呈现一种更熟悉的形式，其中最轻的元素出现在第一行，最重的元素出现在底部。表16–3给出了表16–4中各元素的最外层电子的自旋和空间态。我们将会了解到这些状态如何影响到每个元素的性质。

在本章剩余内容中，我会更全面地介绍从只描述氢原子的表16–1如何一步步发展到现代元素周期表（表16–4）。我们将看到表16–3如何反映每个能级的p态被占据的程度，以及这一点如何决定每个元素的化学性质。电子的增多会使原子越来越重，在第17章我们会了解到在这些原子内部究竟发生了什么。我们先来具体分析这几张表，然后再讨论周期表的发展。

通过氢原子了解其他原子

表16–1列出了氢原子无穷多个电子态的其中128个最低能量的态，并简要总结了它们的性质。这128个态的能量和角动量最低（即最可能被电子占据，因为自然界的物质倾向于占据能量较低或能量最低的状态）。表16–1具有以下几个特征：

1. 标记着“态”的每个单元格表示电子占据的一个独特状态。每个态都有独特的性质，由4个量子数表示。所有这些态被分为4个区域。从左到右、从下到上依次考虑每个区域：第一个区域（左下角被标记为s态的表格）表示角动量量子数$l = 0$；第二个区域被标记为d态，表示角动量量子数$l = 1$；第三个区域被标记为p态，表示角动量量子数$l = 2$；第四个区域被标记为f态，表示角动量量子数$l = 3$。
2. 每个区域又被分成两块，其中左半部分的自旋取值为正，右半部分的自旋取值为负。
3. 每个半区又被分成几列，每一列以不同的磁量子数区分：$m = 0$，$m = 1$或-1，$m = 2$或-2等。每个m值代表角动量在磁场中的分量，方向跟磁场平行或者反平行。
4. 最后，表格的每一行（在表格的右侧编号）表示相应的主量子数，$n = 1, 2, 3, 4$等（如表格左侧所示）。每个n代表该行的能级。
5. 为了展示不同的态有不同的概率云，其中40个单元格里展现了对应的概率云的截面图。这些概率云都被放大以填满整个单元格。其中5朵概率云在图3–8中已经出现了，它们都有相同的放大倍数。

电子态表里通向化学的线索

接下来看看表16–2，它的排列方式类似于表16–1的氢原子，表示多电子原子中电子的态和性质。这两个表相似主要是因为薛定谔方程的多电子原子的解与氢原子的解相似。

然而，表16–2有三个地方跟表16–1不同。第一个区别来自物理上的差异，也是根本性的差别，如下所述。

1. 表16–2中d态区域比表16–1中的d态整体提高了一行（一个能级），f态区域整体提高了两行（两个能级）。因为多电子原子中存在一些粒子间相互作用的物理过程，而氢原子中不存在这些相互作用，所以产生了这种位移。在多电子原子中，每一个电子，无论它在概率云中处于什么位置，都受到其他电子同性电荷的排斥力，距离原子核比较近的其他电子的概率云对该电子的排斥力部分抵消了原子核对它的吸引力，这叫作屏蔽效应。因此离原子核较远的电子受到原子核的吸引就更小，能量更高（负的能量更小），更不受原子约束。尤其是，d态受到更多的屏蔽效应，负的能量更少，因此d态的能量（和表中）高于相同n能级的s态和p态，f态能量提高同理。
2. 表16–2和表16–1的第二个区别在于每块区域左边的标记不同。表16–2中，每个区域的最左侧用数字加字母的标记表示电子原本（在位移之前）的能级和角动量，可以和氢原子电子的态做比较。比如表16–2中d态部分的底行标记为3d，因为这些态对应于表16–1中d态部分的第三行。

3. 最后，表16–2中没有概率云示意图，因为一种元素原子的特定态（比如$n = 2$，$l = 1$，$m = 0$以及正自旋）跟另一种有完全相同量子数的元素原子稍有不同，它们的概率云截面图也会有所不同。由于这是个通用表格，属于所有多电子原子，所以不适合展示出任何特定元素原子的概率云截面图。我们可以参考表16–1中氢原子的概率云截图来推测多电子原子的概率云。

现在我们了解了这些态和它们的相关性质。令人惊讶的是（你很快就会看到），要理解每个元素的化学性质，大部分时候都是通过计算原子每个能级中电子占据的态的数量。

在此提醒下初学者，注意表16–2的第一行只有两个态，第二行有8个，第三行有8个，第四行有18个，第五行有18个，而第六行有32个，包括位于表顶部第六行f态的那些状态。如果按照原子量或原子序数的顺序对元素进行排列，这个“2，8，8，18，18，32”数列正好是相邻惰性元素的原子序数之差。而这种相关性不是巧合，在后文中我们将会了解到这一点。

反社交行为（不相容原理）

现在我们来讨论我们对氢原子后所有元素原子以及元素周期表的理解。为了理解它们，我们需要一些相关的物理知识。

沃尔夫冈·泡利最初提出了不相容原理的假设（被后人称为泡利不相容原理）来帮助玻尔用他的模型解释元素和元素周期表。当时这只是一个假设，但从那时起科学家逐渐发现了不相容是电子的基本属性。

碰巧的是，粒子的态可以用对称和反对称的波函数描述。（对称性体现在数学中，这已超出了本书的内容范围，但是数学上的结果具有深刻的意义！）那些具有对称波函数的粒子，其自旋都为0或者整数，它们被称为玻色子（回想一下第12章中标准模型的基本玻色子）。所有的玻色子都可以同时处于同一个状态。那些具有反对称波函数的粒子的自旋都是半整数，被称为费米子（如第12章中的基本费米子）。同一种的多个费米子不可能同时处于同一个状态，它们会互相远离对方，这些现象已经在实验上被观测到了。电子就是费米子（也是一种基本费米子）。

第15章中提到，狄拉克的计算表明电子有一个内禀角动量，叫作自旋，其值为+1/2或–1/2乘以一个基本角动量单位。电子的自旋是半整数！另外，我们还注意到，描述电子空间态的波函数没有明确的边界，会一直向空间展开。电子和电子之间本质上不可区分，因为它们是同一种粒子（即粒子的全同性）。因此，不可能存在两个或两个以上处于完全相同的状态的电子，也就是说，它们的波函数不会完全重叠（不仅表现在观测上，也在数学上），不可能同时具有相同的能量、角动量、磁分量，自旋z分量也不能在相同的方向上（即+1/2或–1/2）。如果所有的性质都相同，电子就不能处在同一个地方，它们就会彼此远离。这就是不相容原理。

下面我们将了解如何用不相容原理解释多电子原子的结构和性质。

多电子原子中不相容原理是如何运作的

每个原子，如氢，都具有可能被电子占据的无数个量子态。这其中的128个态的性质已经在表16–2中给出。从电子云的形状可以看出每个电子空间态的复杂性，这种复杂性来自薛定谔方程的解的本质。即使在多电子原子中，每个态（在数学上）也不跟其他空间态重叠。因此，元素原子中的电子处于不同的空间态，彼此之间保持距离。

每个元素的原子中的电子数量就是该元素的原子序数。例如，氢具有一个电子，氦有两个，氧有8个，氖有10个，氩有18个等。每个电子像自然界中的大多数物质一样，喜欢占据元素原子中能量最低的状态。然而，由于不相容原理，在同一个原子中没有两个电子可以占据相同的空间态。因此，电子倾向于依次占据每个原子的最低能态，然后下一个最低能态等，一个电子占据一个状态。氢原子中的一个电子占据其最低能态；氦原子中的两个电子，一个占据最低能量状态，另一个占据第二低的能量状态，依此类推。重要的是，每个元素的化学行为很大程度上取决于电子在其原子中占据的最后一个态，以及下一个可以被占据的最低能量状态。

多电子原子的态

现在我们可以看到电子在各种元素原子中占据了哪些态，以及对这些元素的性质意味着什么。参考表16–2，我们将其解读如下。

以下内容涉及比较琐碎的专业知识。但是从这些具体的例子中，我们可以看到，量子物理如何体现在元素的性质和周期表中。所以请耐心阅读，这些信息的重要性将会逐步显现。

第一，电子倾向于占据可以占据的最低能态。因此，原子的基态是由于电子在满足不相容原理的情况下占据该原子的最低能态产生的。原子通常处于基态。

第二，氢原子（原子序数Z = 1）中的单个电子要么占据[1s，正自旋]，要么占据[1s，负自旋]的状态；我们把[1s，正自旋]状态安排在表16–1和表16–2的左下角。

第三，对于有一个以上电子的原子，因为不相容原理，不可能有两个或两个以上的电子同时占据同一个态（具有相同的空间态和自旋）。

第四，原子序数Z = 2的氦原子中的两个电子，第一个占据最低能量[1s，正自旋]的态，然后第二个电子占据次低能量[1s，负自旋]的态，你可以在表16–2中氦原子的单元格（最底部标记1s的行中右侧的单元格）中看到。于是，电子完成了对表中第一行（最下面）的最低能量状态的占据，即所谓氦原子的第一个“壳层”。这也是氦气是惰性气体的原因，它很难跟其他元素相互作用，原因我将在后面解释。

第五，原子数Z = 3的锂原子中的3个电子分别占据[1s，正自旋]态、[1s，负自旋]态，以及下一个最低能态[2s，正自旋]。铍原子中的4个电子（原子数Z = 4）的前3个电子态也是如此，外加第4个电子态[2s，负自旋]，1s的壳层被填满（$n = 1$的能级只有1s的两个态），2s的子壳层只填充了一部分。只要s、p、d、f态的其中一种态被填满，我们就说一个子壳层被填满了。

第六，硼原子（Z = 5）有5个电子，前4个电子占据的态跟铍原子一样，直到第5个被占据的态为[2p，正自旋]，表16–2第二行表示硼原子的部分也有展现。

第七，Z = 6的碳原子和Z = 7的氮原子，则在2p子壳层上逐一增加了正自旋的态，正如表格16–2中展现的。

请注意，对于每个能级的每个区域，电子都先填充自旋为正的态，再轮到自旋为负的态。这是因为如果我们先填充量子数n、l、m都相等的自旋为正和自旋为负的态，就会发现有两个电子的空间态是重叠的。因为这些电子都带一个负电荷，所以它们会相互排斥，但是又同时被困在相同的空间态中。这种排斥导致能量增加，但自然界喜欢低能量的状态，并且尽可能避免能量的增加。因此，电子在不相容原理的指导下，首先占据每个部分中自旋为正或者自旋为负的子部分。根据我们的理解，在表16–2中，较低的能态出现在该行的左侧，电子先填充自旋为正的态。

第八，原子序数为8的氧原子是第一个[2p，负自旋]态被占据的原子（它是第一个电子在p态部分同时占据正自旋和负自旋的原子），因此它出现了一些特殊的化学性质（如附录D和第18章讨论的内容）。

第九，跳过一个原子，我们发现Z = 10的氖原子的态被10个电子占据，整个2p子壳层被占满，也就是说，第二壳层的所有态都被填满了。这就是为什么氖是惰性元素，本章后面也将讨论这一点。

第十，我们继续看其他原子的填充状况。在某些情况下，原子的子壳层和壳层“刚好”被电子完全填充，这些原子具有特殊性质（比如引起我们注意的氦和氖）。那些刚开始填充负自旋状态的原子也具有特殊的性质（比如引起我们注意的氧）。

通过最外层电子排布创造元素周期表

我们可以在表16–2中标记出每个元素最后一个电子的填充状态（用原子序数表示），这样就得到了表16–3（它类似于表16–2）。在表16–3的基础上，添加了元素相应的名称和符号，并将最下一行从左起的第二个方块（氦，Z = 2）移动到最右边，就得到了周期表——表16–4（也是附录B的表B–2）。表16–4中底部的箭头显示了氦的移动。你很快就知道为什么要这么做。

元素的电子结构和化学性质

表16–4，即元素周期表，一开始是人们根据原子序数的增加做横向排列，根据经验上化学性质的相似性做纵向排列，从而得到的。与此相对，表16–3则是根据越来越高的能级（更高的行表示更高的能级）

中电子最后占据的状态来做标记，每一部分标出了特定的角动量，角动量的每一列代表角动量平行于磁场的分量，子部分标出了自旋。这两张表格的相似性反映了元素的化学性质（如表16–4所展现）与理论得出的电子结构（如表16–3所展现）的联系。

当然，表16–3只是基于对多电子原子量子力学的半定量理解构建出来的。但是，它对哪种类型的态（s，p，d或f)、每种类型有多少个态被占据的预言与更复杂精确的理论预言完全一致。[1]

实验表明，我们对75个位于表下面三个区域的元素的预言，其中的66个是100%准确的，其余9个元素则接近准确，这9个元素都位于上方中央的区域。这个区域包含了（所谓的）过渡金属，对于这其中的一些元素来说，电子在填满s态之前会先去填充d态。对于f态，情况更加复杂，最后一个电子填充的态的类型并不是非常明朗，比如在4d态和5d态被填满之前，电子会先去填充4f态和5f态。尽管存在这些差异，但总体而言，我们从氢原子模型出发，将理论粗略地推广到其他原子的方法已经非常成功了。

惰性气体元素

现在我们来研究惰性气体元素的电子结构，它们位于周期表的最后一列。根据实验结果，电子占据态的理论对惰性气体性质的预言是100%准确的。

我们知道，每种元素的原子都包含电子，每个电子依次占据类似氢原子中的一个态，表16–2中的单元格就表示了最后一个电子所占据的态。表16–3底部左边第二个方格表示Z = 2的氦，它的两个1s态被电子填满。

第一行中两个最低能级的态都被填满，这种情况会导致原子变得高度紧密，电子与原子结合得很紧，以至于其他原子很难拉动这个原子中的电子。氦原子也不希望与其他元素的原子结合而获得电子，这是因为氦原子核中两个质子带的正电荷几乎完全被两个电子的负电荷屏蔽，而下一个可以被电子占据的态的负能非常小，无法吸引并保持住一个新电子。因此，氦气是惰性气体，它不跟其他原子相互作用。在氦原子中，原子第一壳层的两个态被两个原子占满。

表16–3和表16–4最右边一列中所有元素原子（原子序数Z = 10，18，36，54，86）的壳层都完全被占满，电子正如预期的那样跟原子紧密地结合（这将在第17章中进一步讨论）。这些壳层也几乎完全屏蔽了原子核中质子的正电荷，因此它们不会吸引额外的电子。所以，这些惰性气体元素有了“惰性”。不过，那些较重的、原子序数较高的惰性原子，它们的最外层电子虽然填满了壳层，但因为离原子核比较远，所以原子核对它们的束缚也越来越小。这些外层电子可以被作为氧化剂的元素原子（比如氧和氟）剥夺。因此这些较重的惰性气体不是“惰性”的。无论如何，从表16–3中的各个态被占据的情况中，我们已经回答了前面提出的问题：为什么具有原子数Z = 2，10，18，36，54和86的元素是惰性的？为什么我们在表16–4中列出的这些稀有气体之前或之间的元素个数分别有这么多？也就是说，我们已经回答了为什么元素周期表中前6行元素的数量是2、8、8、18、18和32。

现在我们也可以理解为什么要把氦从左边移动到右边，如表16–4底部的箭头所示。氦原子的态壳层完全被填满，它的行为跟其他惰性气体很像。但为了保持电子结构的准确，我们必须记住，尽管氦在表16–4的ⅧA族一列中出现，但氦原子的两个电子都处于s态。

同一族中原子的电子结构和化学性质

现在我们来看原子中电子态的占据如何解释元素的化学性质。首先，一个或几个原子在反应（结合）形成化合物时所获得或共享的电子总数，等于与它们反应的原子中被夺走或被共享的电子数量。

例如，对于化合物水H_2O而言，两个氢原子各自拿出一个电子跟氧原子共享，氧原子相当于获得两个电子来填充$n = 2$的p态子壳层。表16–4中通过列的标记表明了该原子是倾向于获得电子还是失去电子。

表的右下侧被涂上黑色阴影的元素（除了最后一列）获得电子的能力最强。对于它们而言，获得电子从而把它们的壳层填满是非常完美的事情，因此这些元素在获得电子方面表现得非常活跃。这些是非金属。例如，氟原子（元素符号为F，$Z = 9$，位于右起第二列ⅦA族的最底部）非常活泼，它可以取代水中的氧原子并形成氢氟酸HF。氢氟酸也很活泼，它含有的氟离子可以将二氧化硅SiO_2中的硅（元素符号为Si，$Z = 14$，位于底部倒数第二行，还原性弱一些的ⅣA族）撕裂开，从而腐蚀玻璃。

相反，如果在填完p态那一行（被称作化合价子壳层）后还多出一个电子，为达到“刚好填满”化合价子壳层的配置，原子就有强烈的动机失去这个电子。这是因为在满壳层外的电子由于壳层内电子的屏蔽效应，受到原子核正电荷的吸引力非常小。具有这类原子的元素在表16–3的左数第一列中标出，这一列在元素周期表中被称为ⅠA族。如果原子在满壳层外超出两个电子，它们失去电子的动力就没有那么强烈。这类元素在表16–3的第二列中标出，处于周期表的ⅡA族。[2]元素在周期表上的位置越靠左，失去电子的倾向就越强烈。无阴影的元素倾向于失去电子，它们被归类为金属，因为它们表现出这种倾向，并且具有我们所知道的金属特性：导电性、光泽和可延展性。

拿我们熟悉的一种活泼金属作为例子，钠（Na，Z = 11，最左边第ⅠA族第3个）。我们知道钠和氯结合生成氯化钠NaCl，就是餐桌上的普通食盐。钠是一种具有金属光泽、可延展的金属。把钠投入水中时，它会跟水中的一个氧原子和一个氢原子结合生成氢氧化钠NaOH。如果钠的量足够多，这个反应会非常剧烈并产生大量的热，同时释放氢气。氢气跟空气中的氧气接触后，可能会被点燃甚至爆炸。钾（K，Z = 19）比钠更活泼，它可以在NaOH中置换钠。看表的最底部，从第一列开始，锂和氢的反应就没那么剧烈了，而处于ⅡA族碱土金属底部的铍只能勉强称得上是金属。我们认为氢不是金属，因为氢表现为气体，气体不具有金属的性质；然而从理论上讲，如果有足够大的压强和足够低的温度，氢气可能会变成固体形态，并表现出典型的金属特性。

表16–3中p态区域前4列中被涂上浅阴影的几个元素，形成从左下角到右上角的对角线，横跨ⅢA族、ⅣA族、ⅤA族和ⅥA族，它们的原子的性质介于金属和非金属之间，在后面的章节中我们会讨论到。它们被称作半金属或半导体。我们熟悉的半导体有硅和锗，它们在现代电子领域有着广泛的应用。

周期表中间的罗马数字后的字母B指的是这样一类元素：当电子填完s态部分后，开始填充上一个完整的p子壳层之后的d态，从而出现了附加的族（列）。这些元素被称为副族元素（用字母A标记的列的元素则被称为主族元素），又称过渡金属，其中包括用于制造钢的铁、镍和铬，以及人类很久以前就知道的金属：铜、银和金。

接近周期表顶端、在f态区域第6行出现的镧系元素（也被称为稀土元素），被插入到镧元素（Z = 57）后面，属于过渡金属。第7行是锕系元素，它们应该被插入到锕元素（Z = 89）后面。锕系元素包括放射性铀和钚，在核电和核武器生产中会用到它们。

正如前面讨论的那样，副族中某些元素电子的s态和d态（以及镧系和锕系元素的f态）具有的能量差不多，因此电子占据这些态的顺序不像主族元素那样清晰。而且，尽管编号方式相似，同一编号的主族元素和副族元素在性质上也可能完全不同。副族元素比主族元素多出3列，这3列元素在表16–4中标记为ⅧB。而ⅧB族的元素性质跟ⅧA族的惰性气体没有任何相似之处。尤其需要注意的是，ⅧB族中最轻的过渡元素是铁、钴和镍，它们都具有磁性。

附录D将介绍更多有关过渡金属的知识。不过，阅读附录D之前，你最好再了解更多有关多电子原子的物理图像。下文就将介绍这些内容。

第 17 章 化学元素的物理特性

如前文所说，迄今为止我们对原子电子结构的了解，都是建立在我们基于量子力学而粗略构建的表格上：第一，薛定谔方程对氢原子的空间态解（其中一些解在图 3–8 和表 16–1 中用概率云表示）；第二，狄拉克发现 +1/2 和 –1/2 的电子自旋态；第三，不相容原理；第四，在多电子原子中，电子的电荷量与原子核中的电荷量相等。

在本章中，我们将看到量子力学如何进一步解释元素化学性质和物理性质的多样性，以及元素之间是如何结合在一起的。

我衷心希望读者在阅读完本章后，能真正感受到大自然的美并由衷地赞叹。不过，读者要知道的是，我们即将讨论的多电子原子物理涉及的概念层次超出了物理和化学入门课程的范畴。

从前文的学习中，读者已经掌握了足够的背景知识去理解这部分内容。但是，如果本章内容对于你来说有些“沉重”或者细节太多，我建议你稍微浏览一下，只大致了解本章介绍的内容即可。

多电子原子的类氢原子物理特性

在这里，我们将从概念上理解当原子序数越来越大，原子中电子越来越多（当然，根据原子的定义，原子核中的质子也会越来越多，数量跟电子相等）时会发生什么，然后我们用这些理论框架去理解原子的大小以及元素的化学性质。我主要以族为单位描述元素的性质，不过我也会偶尔着重介绍一些更有趣的元素的物理及化学性质。

回顾一下，任何元素原子的电子都有一组可能的态，如表16–1中列出的氢原子的态，每一组都有自己的相对尺寸，与图3–8所示的氢原子的态类似。原则上，这些电子的态都是薛定谔方程对于多电子原子的解（不管是解析解还是借助计算机得出的近似数值解）。方程除了考虑带负电的电子和带正电的质子之间的静电力以外，还考虑了其他电子（位于要计算的电子和原子核之间）对该电子的静电屏蔽。有效的原子核电荷量等于核中质子的总电荷量减去其他位于这个电子和原子核中间的电子的（平均）电荷。

在第16章我们给多电子原子制作了通用的表16–2，定性地认识到每个电子穿过其他电子的屏蔽效应的能力是不同的（“穿过屏蔽效应”是指，尽管有其他电子的屏蔽效应，电子依旧能感受到原子核电荷），这会导致能级的位移，位移的情况根据电子是s、p、d还是f态而不同。下面我们将更详细地研究这是如何发生的，并考虑到电子的态和能量。

当我们从氢原子出发，将其模型推广至原子序数逐渐增加的多电子原子时，首先要考虑的是这些原子的原子核中质子的数量增加，对电子的吸引力也增加，因此原子尺寸逐渐减小，能级也将降低（跟前一个原子相比）。为了量化这个问题，我们先考虑质子数为Z的原子核对单个电子的吸引力，不考虑其他电子的屏蔽效应

（稍后再在我们的模型中考虑这个问题）。我们可以对单电子空间态能量的薛定谔方程精确求解，用以下公式表示：

$$E = (13.60\ \mathrm{eV}) \times (\mathrm{Z})^2/(n)^2,$$

当质子数增加时，因子$(\mathrm{Z})^2$会增大，这表示更大的结合能（对电子更大的吸引力）。这跟第 14 章的公式是一致的，只不过对于氢原子来说$\mathrm{Z} = 1$，因此Z没有出现在氢原子的公式中。同样，第n个能级有$2 \times n^2$个态，包含空间态和自旋的组合。

在图 17–1 中，我用这个公式考虑了 3 个简单的情况，每种情况都只包含一个电子。

图中第一列是$\mathrm{Z} = 1$的氢原子——一个电子围绕着一个质子转。电子与质子结合得最紧密的是$n = 1$的 1s 态，这个最低能量为：

$$E = (-13.60\ \mathrm{eV}) \times (1)^2/(1)^2 = -13.6\ \mathrm{eV},$$

如图中第一列最低的水平线所示。

第一列中还展示了氢原子几个较高能级n的能量，同样用如上的公式得出。图 14–1 只标出了$n = 1$、$n = 2$和n趋近无穷大的情况。在无限个能级中，我们只能展示出几个能级，因为n越大、能级越高，它们之间的排列就越紧密，特别是接近零的时候，因此没有位置将它们都标记出来。最高处标了n，意味着这里有越来越多的态，当n接近无穷大时，它的能量也越来越接近于零。能量为零，意味着电子是自由的、没有约束的，不再附属于原子。当n越来越接近无穷大、能量越来越接近零，原子核对电子的吸引越来越弱，

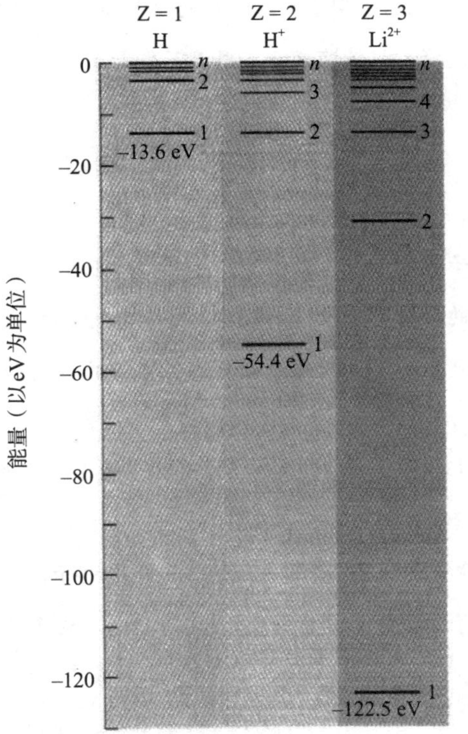

图17–1 单电子原子和离子的能级：第一列是Z = 1的氢原子，第二列是Z = 2的氦离子He⁺，第三列是被电离出两个电子的锂离子Li^{2+}。注意对于两个离子而言，它们每一能级的能量都分别是氢原子对应能级的4倍和9倍，能级n等于1、2或3（图片来自法恩和比尔所著的书，转载已得到伦纳德 · W. 法恩博士的同意）

概率云也越来越大（直到电子的概率云散布在每个地方，这意味着电子可能出现在任何地方，不再受原子的束缚。）

第二列是Z = 2、带有一个正电荷的氦离子He^+，即氦原子失去了一个电子，氦原子核（有两个质子）外只剩一个电子（注意，我们继续用离子原本的原子符号来标记离子。离子右上角的数字和加号表示离子所带的电荷数目与正负，称为化合价。一般来说，化合价表示离子的电荷不平衡，如果离子右上角是加号，说明这个离子的电子数加上右上角的数字等于原子核中的质子数；如果是减号，那么则是减去右上角的数字。）图 17–1 的第二列（浅阴影）显示了氦离子电子态的能量。对于最低能量的 $n = 1$ 的 1s 态：

$$E = (-13.60\ \text{eV}) \times (2)^2/(1)^2 = -54.4\ \text{eV},$$

是氢原子最低能量的 4 倍。

第三列是 Z = 3 带两个正电荷的锂离子 Li^{2+}，即锂原子失去了两个电子，锂原子核（有三个质子）外只剩一个电子。第三列显示了这个电子的能量状态。它的最低能量 $n = 1$ 的 1s 能量为：

$$E = (-13.60\ \text{eV}) \times (3)^2/(1)^2 = -122.4\ \text{eV},$$

是氢原子最低能量的 9 倍。

可以在图 17–1 中看到，对比不同原子（离子）的相同量子数 n 的能级，原子核内质子数越多，能级越低，且跟质子数的平方呈正比。

在 $n = 1$ 时这个效应最明显。在原子数相继增大的情况下，原子核中质子对电子的吸引逐渐增大，电子与原子核结合得更紧密，概率云的尺寸也更小（对于这些类氢原子而言）。对于更重的元素的情况也同样适用。在铜原子（Z = 29）和钨原子（Z = 74）中，当电子从高能级跃迁到最低能级时会发射 X 射线（附录 E 有详细介绍）。

当氦离子和锂离子重新得到电子变回氦原子和锂原子时，原子核外分别有两个电子和三个电子，图17–1中第二列和第三列中的能级将向上移动，这反映了其他电子的屏蔽效应。前文介绍过屏蔽效应，它的意思是，平均而言，其他电子可能在某些时候（在它的概率云的任何位置）运动到我们要计算的电子和原子核之间，于是我们的电子“感受到”的原子核的吸引力变小了，其值等于质子的正电荷量减去位于中间的电子的平均负电荷量。

其他原子数更高的多电子原子中的电子也会同时经历被原子核吸引和其他电子的屏蔽效应。

多电子原子的整体图像

到这里，我们已经掌握了当原子序数越来越大时原子内的图景。大自然倾向于保持最低能量的状态。当原子数Z连续增大时，电子及它们占据的能级也越来越多，随着这些能级往上越来越高，对应的电子概率云范围也越来越大，同时，原子的整体能级的位置随着质子数的越来越多而下降。但这并不是一个线性的过程，因为当s、p、d、f态被填满时，对于原子核的屏蔽效应不是均匀的。这就好像电子处在每级不均匀分布的梯子的一级上，当原子序数连续增加时，电子往上爬了一级，同时整个能级的楼梯被往下拉（或者说拉伸），因为新增的质子会显著增加原子核的净电荷数。因此，跟前一个原子的最外层电子比起来，原子数大的原子最外层电子的能量并不会高很多，原子尺寸也不会大很多（能量和尺寸还有可能更小）。即使后续原子多出一个电子，这个电子位于能级阶梯中编号较高的梯级上，情况也是如此。

正如你看到的，情况很复杂。难怪即使用上最先进的计算机以及近似的方法，也很难解出多电子原子的薛定谔方程。

测量原子最外层电子能级的方法

幸运的是，我在附录D中介绍了一种可以直接测量原子最外层电子的能级的方法，并且对于所有元素都适用。这种方法解释了大部分元素的化学性质、原子的大小以及元素周期表的排列。我们也会看到，为什么在同一个周期中，当元素越来越重、电子数越来越多时，原子尺寸反倒越来越小了。在现在的元素周期表中，一个周期的跨度是一行元素。附录D涉及的知识十分引人入胜，我还将部分知识视觉化呈现出来，最后得出成功的结论，但是它过于琐碎，我就不在此展开了。虽然我把这部分从本书的主线中移到附录部分，但是我强烈建议你浏览一遍，看看有什么内容。

通过本书前半部分关于量子框架的阅读，你已经对我们为什么会得到这些测量结果，以及与之相关的化学性质有了深刻的理解。具体来说，从本书中我们理解了“电子是什么”这个问题，从电子态出发得到了原子的尺寸、形状和能量，并且理解了能量和相关的化学性质为什么随着原子序数的增大而呈现周期性的变化。

接下来我们会通过几个熟悉而有趣的金属和化合物的例子，来了解原子最外层电子如何决定了原子之间可能形成的化学键。

第18章 化学键的形成

“解释了原子是如何结合在一起形成分子，以及为什么分子有不同的形状，是量子力学最重要的胜利之一。”

——法恩和比尔，《科学家和工程师的化学》

通过研究化学键，我们进入了化学王国。化学研究的是元素是如何结合在一起的。我们之所以关注这一现象，是因为化学键的种类跟原子的基本电子结构有关，而后者又由量子力学来解释。[1]化学键的形状、分子的形状、分子的极化和分子键、晶体的结构、固体和液体的性质，这些都由原子中的电子结构所决定，或至少受电子结构影响。因此我想简单介绍下化学键，让读者们对化学中重要且基础的知识有一定的了解。

首先我会介绍离子键、共价键和金属键的本质定义（建议读者阅读附录D第三部分“化学键的性质”的开头，以便更好地了解化学键），然后用几个主要例子进一步说明氧原子或碳原子与氢原子在分子中的结合。

化学键的种类

当一个原子失去一个或多个电子、变成带正电荷的阳离子，同时另一个原子得到这些电子、成为带负电荷的阴离子，阳离子和阴离子通过静电力结合在一起时，让它们结合在一起的化学键就叫离子键。比如钠离子和氯离子结合形成氯化钠 NaCl，是食盐的主要成分。

第 17 章提过，有些原子得到或失去电子后总体能量会降低，因此产生了低能量、电子填满壳层的离子，离子键就在这种驱动下形成（之前提到过多次，自然中的物质都倾向于待在最低能量的状态）。几个阳离子和阴离子能够结合在一起，原因是原子失去电子的数量（形成阳离子）和原子得到电子的数量（形成阴离子）相等。两个铝原子各自失去 3 个电子并形成阳离子，同时 3 个氧原子分别得到两个电子，最后形成氧化铝 Al_2O_3（一些过渡金属杂质会代替其中的铝原子，杂质含量、种类的不同让氧化铝表现出不同的颜色：呈蓝色的称为蓝宝石，呈红色的称为红宝石）。

有些原子喜欢跟其他原子共享电子，从而形成共价键，比如两个氢原子结合形成氢分子，大量氢分子堆在一起形成氢气。在这个例子中，每个氢原子都“认为”它们拥有两个电子，填充满了第一个电子壳层，如同氦原子那样。

所有键都是离子键和共价键的某种组合。不过，实际情况要复杂得多，这只是个过度简化的概括。比如还存在金属键。在金属固体（也可能是金属液体，比如汞）中上亿的原子结合在一起，原子外层的电子形成电子“海洋”。尽管这些电子的存在依旧保证了金属原子的电中性，但是这些外层电子却能在金属固体或液体中自由移动，正是这些电子可以传输电流。

其他化学键的原理我就不一一介绍了。这些机制原理适用整个周期表中不同元素原子的不同电子结构。它们是大自然和化学家创造出的五彩缤纷的调色板（我们周围大部分物质都是化合物）。下面我们将看到几个原子或分子结合的例子。

碳，变色龙！

碳或许是最多变的一种元素了。它在元素周期表上ⅣA组最底下，暗色的非金属单元格里。碳是一种边界元素，既可以和金属成键，也可以和非金属成键。

碳原子有两个1s态的电子、两个2s态的电子以及两个2p态的电子，围绕着由6个质子和6个中子组成的原子核。2s态和2p态的能量十分接近，以至于能共同扭曲形成“杂化”[2]态来适应特定化学键的情况。一个碳原子也很容易跟另一个碳原子结合。部分由于这个原因，碳元素形成的化合物比其他元素多得多。它是有机物的核心元素，也是生物学和生命的关键元素。

碳最丰富的天然存在形式（同素异形体）是石墨或者石墨状的物质，每个碳原子与其他3个碳原子结合形成多个六边形的结构，六边形的每个角上都有一个碳原子。石墨烯也是碳的一种同素异形体，它非常薄，是一种二维结构的材料，在第25章我将与“富勒烯”、巴基球、纳米管一起介绍。碳原子和碳原子之所以能在平面上紧密结合，是因为一个2s电子和两个2p电子形成“杂化”态，与3个相邻的碳形成的化学键同等强度。石墨非常柔软光滑，是因为不同层级之间的石墨可以互相滑动。同时，每个碳原子的第4个$n = 2$的电子都可以自由运动，在电池或电压的作用下可以移动并形成电流。因此，石墨是导体。

相反，在高温和高压下，碳原子的两个2s电子和两个2p电子杂化形成四面体，每个碳原子和其他4个碳原子都紧密结合在一起形成金刚石——目前我们知道的最坚硬的固体。金刚石也是完美的绝缘体（没有自由移动的电子）。在天然气的主要成分甲烷（CH_4）中也存在类似的四面体结构，每个碳原子与4个氢原子成键。碳原子电子态杂化产生4个等价的“波瓣”，每个“波瓣”拿出一个电子与氢原子共享。

弯曲的结构

在水或者冰中的水分子H_2O会和邻近的水分子通过氢键（非共价键的分子间作用力）结合成四面体的结构，但单个H_2O分子会弯曲成接近直角：两个氢原子跟氧原子连接，形成一个接近104.5度的角，如图18–1

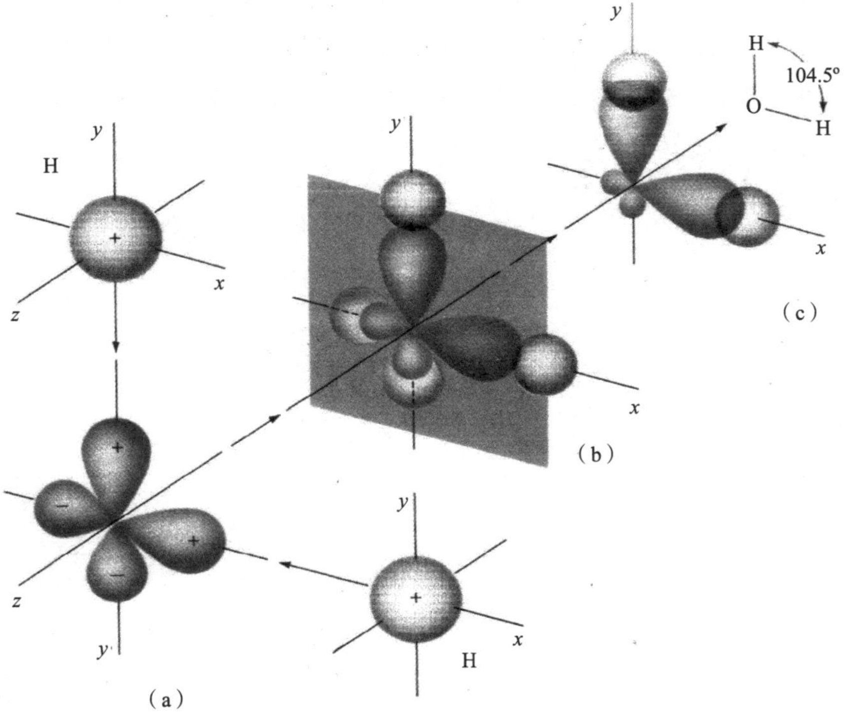

图18–1　单个H_2O的弯曲形状。（a）表示两个1s球对称空间态的氢原子在靠近拥有沿x轴与y轴的两个互相垂直的2p态的氧原子。（b）展示了氢原子和氧原子刚要结合的场景，（c）中原子的空间态开始重叠，吸引氢原子的两个电子云的夹角从90度变为104.5度（图来自法恩和比尔的书，转载已得到作者法恩博士的同意）

所示。许多分子也表现出类似的行为，原子间连接形成奇怪的夹角。

70年前，诺贝尔化学奖得主莱纳斯·鲍林（Linus Pauling）在他关于化学键本质的工作中解释了这种弯曲结构。[3]氧原子哑铃形状的2p空间态（如图3–8第二列底部的氢原子2p空间态）相互垂直的取向是造成这种弯曲结构的主要原因。图18–1左下角开始展示了简化氧原子的两个2p态，其中一个态的波瓣沿着x轴，另一个态的波瓣沿着y轴。（a）到（b）到（c）的阶段展示了弯曲分子的形成过程。（最新的计算结果表明图18–1的图像不是十分准确，[4]因为参与成键的氧原子电子态受到了2s态的杂化，[5]不过2p态对成键方面的影响依旧是举足轻重的。）

分子中的奇怪夹角结构可以用不同原子的空间态形成的各种奇怪形状来解释。这些都能从薛定谔方程的解得出，而经典理论无法解释这些角度的形成。

第19章　固体材料的构成

在这里，我将介绍一些固体迷人的多样化结构，作为第五部分提到的各种应用的背景。我们从所有物质的基本组成——元素的原子开始。不同元素的原子以特定的比例进行化学结合，形成化合物分子，比如铝和氧结合形成氧化铝Al_2O_3，两个铝原子与三个氧原子通过化学键结合在一起。

大多数固体以晶体的形式存在。它们的原子或分子堆叠在一个整齐的三维晶格上，就像一盒大小相同的橘子被小心、紧凑地堆叠在一起。石英——和玻璃有相同的化学组成——就是晶体。钻石是碳原子的晶体，蓝宝石和红宝石是Al_2O_3分子的晶体，晶体的颜色取决于晶体中存在的少量由别的元素组成的杂质。宝石由较大的单晶体切割而成，单晶体指整个晶体内的原子或分子具有相同的堆叠顺序和相同的堆叠方向。

更常见的物质是多晶体，由上百万个小晶粒组成，这些晶粒随着熔化材料的凝固而一起生长，每个晶粒内部原子的堆积方式是一致的，但不同晶粒的取向不同。

在某些情况下，原子以某种方式和最近的邻居结合到一起，通常会形成不导电的硬晶体。金属（仅由一种金属元素组成）以固体或液体的金属键结合在一起，即电子“海洋”均匀分布而不附着于任何特定原子，但电子会被它们附近的核吸引。在许多固体金属中，堆叠的原子层很容易相互滑动（如一叠扑克牌相互错开），因此这些金属具有延展性，可以被卷起、拉伸或铸成各种形状。这样做会使晶粒内产生结构缺陷，从而抵抗剪切力，使金属硬化。如果你不断弯曲再扳回金属衣架，直到它变硬、变脆、破裂，你就见证了加工硬化的过程。缓慢加热金属到一定温度（在这个温度下金属不熔化），再冷却，金属中会形成新的晶粒并生长到更大的尺寸，在旧金属粒之间的边界将旧金属粒中的原子重新聚集在一起，在这个过程中改变了边界。这一过程叫作“淬火”，通过这种方式，具有缺陷的旧金属粒失去原子并消失，从而长出新的金属粒，产生新的相对较软的材料。

晶体化合物固体中的“分子”不仅堆叠整齐，而且“分子”倾向于结合在一起，形成坚固、脆性的物质。

其他固体是无定形的：构成固体的原子或分子没有特定的堆叠顺序。它们像十分黏稠的液体，黏稠到可以保持自身的形状。玻璃就是一个很好的例子。但只要时间足够长，玻璃窗最终也会非常缓慢地像液体落入水坑中一样流动。

固体、液体和气体是物质的不同相（不同的物态）。一些固体的原子或分子可以堆叠成两种或两种以上不同的几何阵列，我们说这些不同的堆叠方式形成了该物质不同的固相。具有不同堆积顺序的固体就是同一种物质不同的相，正如熔融的液相或蒸发的气相一样。（我希望你看到这里还没有晕！）

由一种以上的金属原子组合成的物质叫作合金。合金是通过把元素熔化在一起形成“溶液”（就像溶于水中的糖）来实现，合金“溶液”

有时固化为单相固溶体（固溶体即固体“溶液”），但通常会产生两种或两种以上相的固溶体，每个相的元素比例和堆叠方式都不同。有时，如果合金从熔融或淬火的状态冷却得足够快，这些第二相就会来不及形成，但会在合金的后续热处理（加热但不熔化）期间出现。例如，青铜是铜、锡和锌的合金。某些合金含有非金属元素，并且它们的某些相也含有分子堆叠（类似前面所说的化合物 Al_2O_3 分子的堆叠）。例如，钢是铁与碳和/或其他元素（例如不锈钢的铬和镍）的合金。

稍后，我将用钢说明现代人造材料的复杂性。钢通常含有几种精细混合的不同固相，每种固相都有不同的化学组成，这取决于钢合金在初始合成时的化学成分、熔化历史、冷却成固体的速率，还有热处理成不同相时的过程。冶金学家已能够制造出具有可塑性的钢材，这些钢材可以被轻易地轧成薄片，切成剃须刀刀片的形状，然后在热处理的过程中从初始相里分离出精细分布的不同固相。这些“沉淀物”（就像给一副牌订上订书钉以防止牌相互滑动）使得整个合金变得坚硬。例如，剃须刀刀片由钢材制成，当钢材被卷成薄片并被切割时是柔软的，但是同样的钢材通过热处理后会变硬，它们可以被研磨成刀片，却不容易被磨损变钝。

一些相变甚至会在没有加热的低温下突然发生（一种晶格受到剪切力会变成另一种晶格）。在“二战”期间，美国运载货物的舰船突然发生船体分离，就是因为船体暴露在寒冷的北大西洋中，发生了未预料到的相变，变成了脆性材料。

下一章我们将考虑固体的电学性质。在发明新材料和新器件（本书第五部分将会描述）时，我们通常都需要考虑它们的电学和机械性质。

第20章　绝缘体、金属与半导体

查尔斯·基特尔（Charles Kittel）在《固体物理导论》（*Introduction to Solid State Physics*）一书中提到："一个良好的导体和一个良好的绝缘体之间的差异非常惊人。纯金属的电阻率可以低至10^{-10}欧姆厘米……而一个良好绝缘体的电阻率高达10^{22}欧姆厘米，数量级跨度有10^{32}之大，是固体的物理性质中范围最宽的。"[1]这个评论在我们所说的普通物质中也同样适用。当我们在第22章讨论超导体的时候，这个范围还可以再扩大。不过在欣赏超导体之前，我们先要了解金属、绝缘体和半导体。

金属

第16章的表16–4的左上方列出的元素，或者附录B的表B–2那些不在阴影区的元素都属于金属。这些元素大多数都是固体或者液体（金属液体的代表是汞），它们都可以承载电流。

不管是金属固体还是金属液体，它们的原子都汇聚在一起，最外层可以自由移动的电子形成电子"海洋"。从经典物理的角度来看，这些电子在固体或液体中可以自由走动，也正是这些电子可以携带电流。它们大体均匀地分布在金属中，当电子离开原子自由移动并留下带正电的离子时，离子附近的其他电子可以在局部维持电中性。

因为有些金属具有延展性，它们可以被压缩成特定的形状，或者被拉成丝线。当它们应用在电路中时，导线通常和其他元件连接，其中还包括一个电源，使电子通过一个完整的电路。比如在手电筒中，电子在电池负极的排斥下穿过电线和灯泡（电路元件），再通过另外的导线回到电池的正极。

尽管用经典理论去解释电流的物体图景很方便，但是这里也存在一个问题：对于单个电子，作为粒子，它可能会跟其他电子碰撞，甚至跟离子的晶格阵列碰撞，结论就是金属的电阻应该比实际测出的结果更大。

电导率的量子解释

从量子力学的观点来看，电子跟电子之间是无法区分的，在大量电子中我们不可能知道某个特定电子的轨迹，但我们却知道电路上有多少单位的电子电荷从电池负极移动到正极。解一堆原子周围一堆电子的薛定谔方程，得到的结果是许多能级密集地排在一起，形成一条条之间有间隔的“能带”。[2]对于单个原子来说，电子的不可区分性以及它们1/2的自旋决定了不可能有两个或两个以上的电子同时处于同样的状态。当金属中的所有电子都处于最低能态时，一个电子占据一个态，在能带中被填充到的最高点称为费米能级。[3]电子向不同方向移动的态被占据的情况都相同，因此就没有电子的净流动。

当对金属施加电势（电压）后，一些电子倾向于在一个特定方向上偏移到费米能级以上的位置，因此在这个方向上就有了电子的净流动，从而传导了电流。

离子晶格会在电子的能带（电子可能所处的态）中产生空隙，即“带隙”（也称为禁带），这些能量区域没有薛定谔方程的解。[4]也就是说，电子无法以这些能量存在。

如果费米能级（电子占据的最高能级）处于带隙的上方或下方，那么电子的净流动就很容易发生。在费米能级附近的电子被称为处于导带中，并且不受晶格中离子的影响。电子之间往往也不会发生干涉，因为它们处于不同的态且互不相容。[5]电子的传导很容易发生，这就是金属的特性。

如果费米能级处于某一个带隙中，并且带隙足够大（大于施加电压，因此电压不能够提供足够的能量使电子达到带隙以上的态），能带就会被电子完全占据，电子无法跳过带隙进入导带，所以材料就不能导电，这就是绝缘体的特性。完全被电子占据的能带叫价带。

如果费米能级刚好处于某个带隙上面一点点或者下面一点点，也就是说处于价带的顶端或者导带的底端，或者带隙不够大，电子能够通过热激发或者施加电压的方式跨过带隙传到导带上，那么这种有限的电导就是半金属，也称为半导体，我将在第26章介绍它的特性。

直流电、交流电、电阻和温度

再次从经典物理学的角度思考：想象上亿个电子组成的电流，从电池的负极出发，通过回路流到正极。电子携带负电荷，如果负电荷流向一个方向，不难知道这相当于正电荷流向与它相反的方向，所以我们说带正电荷的直流电流（DC）从电池的正极出发流到负极（在电压的作用下，电压即电势，由电池通过化学方法提供）。如果我们用电压驱动电流先在一个方向上流动，再改变电流方向让其反方向流动，我们就说这是交流电（AC）。我们墙上插座提供的电压就是交流电，它由距离我们很远的发电机提供，使用变压器和传输线传输到我们身边。

电流在普通金属中传输时，一定会和金属中的杂质或者缺陷（它们跟金属离子不同，不具有均匀的尺寸和电荷，也不在规则的晶格上）碰撞，杂质和缺陷被推挤，它们还推动金属离子，引起整个晶格的振荡，这些碰撞的综合效应阻碍了电子的流动，形成电阻。

这种对晶格的推挤被称为加热；晶格上的原子被推挤得远离平衡位置的程度反映了温度（我们还可以加速这种推挤，比如通过炉子或者接触其他更热的物质来加热金属，当原子被充分挤压使得晶格破裂，原子不断移动到新位置时，固体就熔化成液体）。

尽管我们认为铜线是良好的导体，但铜和其他金属线的电阻依旧很高，发电机产生的电能在变压器和数千里长的电线中以热能的形式浪费了一大部分。即使消除所有缺陷，金属本身也会产生热，因为室温（不管是室内还是室外）下原子之间的正常碰撞也会使晶格扭曲，从而和电子产生碰撞，并给电子的流动造成阻碍，产生和杂质与缺陷类似的效果。冷却可以减缓这种推挤，从而降低电能的损失，但是冷却所需要的成本却令人望而却步。

这样看起来，即使是最好的金属，也会因为其电阻而损失大量的能量。但是自然界提供了一种方式，可以避免因热碰撞带来的推挤：超导体的量子效应。我将在第 22 章介绍这一点。

第五部分

材料与仪器中的量子奇迹

第21章　纳米技术

到目前为止我们一直处在科学领域：物理学让我们理解原子，并促进基础化学的发展。现在让我们进入应用与发明的领域：应用物理、化学、材料科学、工程和冶金。

在第五部分，我将介绍人类通过对量子力学的理解而设计、发明出的材料和器件。我主要讲述更偏向以物理学为基础的发明，但我也将在第22章中列出近期的例子：复合材料中使用的碳的新形式。这些内容来自第18章中关于碳及其化合物的讨论。我们将要探讨纳米管、碳纤维复合材料，以及利用这些材料制成的理想的飞行材料。

自古以来，材料在许多方面都有发展和应用，哪怕是在人们对材料还没有足够深的理解的时候，就涌现出许多发明，但经典物理学和量子力学的概念激发了更进一步的发明创造。本书前言就提到，美国经济的1/3都涉及基于量子力学的产品[1]。应用现代化学和生物学而得到的产品，更是有塑料、聚合物、涂料、化妆品和药物等，不胜枚举。但是量子力学的影响最直接地体现在材料和电子学等物理学领域，我们将重点关注这些领域。第19章和第20章讲述的固体组成和电学性质则作为背景知识。

第4章介绍了一种应用广泛、激动人心的光量子器件——激光器，我们将在第23章讨论它在核聚变发电中的应用。大部分的现代器件都是与电相关的，涉及金属和金属合金的导电性。我们将在第22章讨论超导性，这是一种基于量子机制的神奇导电性，用于实现类似于“永动”的过程（超导的这一性质被应用在我们广泛使用的一种现代设备中，而我们大多数人甚至都不知道）。

超导设备通常用于检测范围非常小或者非常弱的磁场，也用于创造范围或强度非常大的磁场。其中一种正在开发的应用就是超导磁悬浮列车，如图22–1所示，第22章将具体描述这一应用。第24章主要讨论磁性、现代磁性材料及其应用，以及“强”磁场的意义，这种磁场强大到可以让青蛙悬浮。

我们熟悉的电子产品大部分都涉及半导体，但是很少有人知道这些电子设备是如何运作的，也不知道如何将上亿个电子电路元件浓缩在邮票大小的芯片上（以便计算机可以存储和快速处理大量信息）。第26章将介绍这些功能都是如何完成的。

在第27章中，我们回到超导性，讨论超导体的大规模应用。比如，寻找希格斯玻色子或者在其他大型科学项目中开发新的电力来源，改善发电站和输电部件的运行、提高效率，从而扩大规模甚至能给最大的城市供电。我作为发明家、物理学家、材料科学家、冶金学家、工程师和项目经理，已经把自己人生中的40多年时间倾注在了超导体和超导器件领域；我将在本书中讲述有我亲自参与的发明和创造。

在下文中，我们会经常讨论“纳米技术”，这些技术是指纳米尺度（十亿分之一米）的创新技术，这个尺度大约是原子大小的10~100倍。我在本书中会提到最新两个纳米技术的创新，这些新技术会影响固体的强度和重量。

在2015年3—4月号的《麻省理工学院技术评论》(*MIT Technology Review*)杂志中，凯瑟琳·布尔扎克(Katherine Bourzac)写了一篇文章介绍加州理工学院朱莉娅·格里尔(Julia Greer)的开创性工作。在这项工作中，格里尔创造了一种陶瓷，是有史以来最强和最轻的物质之一，还不易碎。在格里尔制作的视频中，这种立方体材料在被实验设备施予强大的压力时，会微微颤抖，然后崩塌。当压力消除时，它会像“受伤的士兵”一样回升。[2]

在2015年11月的《时代》(*Times*)杂志中，朱莉·夏皮罗(Julie Shapiro)在一篇标题为“突破：一种(几乎)比空气更轻的金属”中描述：

> 世界上最轻的金属几乎不含任何金属——实际上，它是由99.99%的空气制成的。这种被称为“微晶格”的材料是由微小管子形成的三维网格，其重量只有泡沫聚苯乙烯的100分之一。它将给我们的生活带来革命性的变化。[3]

欢迎阅读第五部分，下面让我们一起来观赏奇迹吧。

第 22 章　超导体在传输、医学和计算上的应用

超导体有两种性质让它们能做到普通物质做不到的事情。这两种性质都只能用量子力学解释，第一种与磁场的量子化有关，第二种性质让它们有了“超导体”这个名称，意思是这些材料在传输电流时没有电阻。

超导性

某些金属、金属合金和化合物在降低到某个特定温度的时候，会突然失去电阻，这个温度被称为临界温度（T_c），每种物质都有其特定的较低的临界温度。这种现象被称为超导性，是1911年由荷兰科学家卡默林·昂内斯（Kamerling Onnes）在用液态氦冷却汞的时候发现的。1972年，约翰·巴丁（John Bardeen）、莱昂·库珀（Leon Cooper）和罗伯特·施里弗（Robert Schrieffer）因他们在1957年的工作获得诺贝尔物理学奖：“表彰他们共同建立的超导理论，这个理论通常被称为BCS理论。”[1]该理论对寻找临界温度更高的物质具有非常重要的指导意义，尽管后来新发现的高温超导体[2]（稍后做具体介绍）需要新的理论支撑。

低于临界温度的时候，每一个自旋为+1/2的电子会以一种复杂的方式与另一个自旋为–1/2的电子配对，形成净自旋为0的“准粒子”。自旋为0的粒子或者准粒子的表现跟自旋为1/2的粒子不同，它们不受不相容原理的约束，倾向于同时占据能量最低的超导态。整个电子“海”必须同时处于这个态。任何碰撞（即使是一个准粒子形成了破坏晶格的杂质）都需要有足够的能量才能打破整个配对粒子的集合（就像一支备有武器的警察队伍在街上游行，想要破坏这支带有武器的队伍是非常困难的）。因此，当超导体低于临界温度，并且电流强度也低于某个临界值时，整个电子集合不受杂质碰撞的影响，也不会受到晶格振荡的影响（通常晶格振荡也会贡献电阻）。[3]在这种超导状态下，物质没有电阻，不会产生热量消耗电能，只需要相对较少的制冷来平衡外界泄漏给物质的热量（比如通过一个类似托马斯瓶的绝热装置）。

磁悬浮列车

超导性的一个让人兴奋的商业应用就是磁悬浮列车。利用永磁体和传统电磁技术的列车也在开发中，其中一些已经投入使用了。

日本人一直在开发世界上最先进的超导磁悬浮列车，延续他们著名的新干线（子弹列车）的优势。他们的一辆列车在2003年以581千米/小时的速度创造了高速列车的世界纪录。图22–1展现了德国的一辆磁悬浮列车，位于埃姆斯兰的试验线上。

磁悬浮列车的“轨道”并不是传统意义上的轨道。列车在慢速行驶的时候依旧使用车轮，但一旦列车开始移动，列车车厢下超导磁体产生的强稳定磁场会使导电导轨中产生感应电流，感应电流自身也会产生磁场，跟列车上的磁场相排斥。当列车的速度足够快的时候，这种排斥力变得非常强，以至于能够让列车悬浮起来，完全不需要车轮。类似的力让列车居中在导轨内侧，沿列车线性分布的电动机通过磁性跟导轨耦合，推动列车前进。

图22–1　在德国埃姆斯兰，超导磁悬浮列车在试验线上测试

无论是磁悬浮还是磁推力，都让列车的驾驶更平稳、更安静，避免了传统列车和传统轨道的不对齐。对齐以及轨道的相关维护和成本，是传统列车达不到时速480千米的主要障碍。

2011年，日本方面宣布将于2014年在东京和名古屋之间开始建设磁悬浮列车新线路，[4]并于2025年投入商业运营。之后他们将把这条线路延长至大阪，并计划在2045年完工。东京到大阪共438千米的预计行程时间约为67分钟，比目前日本新干线列车的速度提升了44%。

MRI——磁共振成像

正如罗森布鲁姆（Rosenblum）和库特纳（Kuttner）总结的那样，

MRI（于2009年获得诺贝尔物理学奖）“通过核磁共振（NMR）、超导和晶体管三种量子现象的结合而得以实现。”[5]之所以涉及核磁共振，是因为我们体内某些原子核中质子的量子自旋态对周围环境很敏感，而且这种效应可以用谐振无线电探测到。参与这个过程的半导体基本原理我在第20章介绍过了，生成图像的强大计算机将在第26章介绍。在这里我将介绍超导体在MRI中提供坚如磐石的稳定强磁场所起到的作用。

超导体目前最成功的商业应用在于医学诊断成像的MRI扫描。[6]病人们滑入一个巨大的管中，这个管由绝热真空套内的高磁场螺线管磁体包围。这些磁体在病人体内产生很强的均匀基础磁场，它们由数英里长的铌钛合金超导电线缠绕而成，并被零下269摄氏度的液氦浸没。在这个温度下，空气和其他物质都凝固成固体。

摄氏温标在日常生活中的使用非常方便，0摄氏度是冰融化的温度，100摄氏度是水沸腾的温度。但当温度非常低时，开尔文温标就派上用场了。开尔文温标的每一度间隔跟摄氏度相等，但是绝对零度，即理论上的最低温度，是–273摄氏度，而这个温度在开尔文温标下被定义成0度。因此，用开尔文温标测量温度是从0开尔文开始的。铌–钛合金的临界温度约为9开尔文，使用这种合金制造的磁体通常浸没在液氦中，液氦在标准大气压下的沸点是4.2开尔文。在开尔文温标下，冰在273度融化，你有一定的概念了吧？4.2开尔文是非常低的温度，除了液氦，一切都冻结了！

我们通过施加电压驱动流过绕组中的电流，来激发MRI磁体在真空套内的孔中（即患者躺着的区域）产生均匀稳定的强磁场（约2特斯拉）。[7]然后，冷却绕在磁体外缘的超导体，形成短路超导，并移去所有外接电源。因为磁体和短路电路是超导的，使用的也是几乎完美的超导连接，因此它们对于电流而言没有电阻，电流以接近永动的状态在电路里不断循环。于是，磁体产生非常稳定的磁场。（实际上，磁场强度会缓慢下降，大约每年一亿分之一的速度。这是因为在短路电路和磁体导线的接头处依旧存在很小的电阻，电阻将磁场中的一些能量转化成热量。）

除了以上提到的小电阻会产生热量之外，超导绕组的其余部分都不会产生热量。但是热量会从外界泄漏到真空套里。大部分这些热量都会被低温制冷机拦截下来。制冷机会在背景中产生持续的点击声、打嗝声或者脉冲嘶嘶声。[8]最终泄漏到真空套里的一小部分热量会缓慢地让液氦汽化（液氦汽化就像水沸腾一样，一开始温度保持在沸点，完全汽化后温度才开始继续升高）。在现代MRI系统中，每3年才需要补充一次液氦。

其他医疗、科学和商业应用

迄今为止，超导体主要的商业应用还是在MRI磁体系统中。不过，它们也被用于制造高吸引力的磁场来去除白色细瓷器餐具上的深色磁性杂质。超导量子干涉仪（SQUID）[9]已经被开发出来，作为磁强计，用于科学以及商业上的超精密磁场的测量。尽管磁强计的市场很小，但SQUID磁强计发现的矿石，其价值常高达上百亿美元。

生物医学上的应用包括神经科学[10]和癌症检测[11]。

值得特别提及的是SQUID的一项新发展。纽约莱瑟姆的卡迪麦格成像公司（Cardiomag Imaging）开发出一种安全的、10分钟内完成的无创方法，它能比心电图更准确、更快速地发现早期的心脏问题。该技术利用SQUID阵列测量驱动心脏肌肉收缩的小电流产生的微弱磁场。这种方法已经得到FDA的许可和其他部门的审批，但还没从保险公司那里得到支付报销代码。卡迪麦格公司正准备必要的资金以拿到报销代码，并计划投入资金促进这项成像技术的大规模制造和营销。一旦获得能够达到这些目标的融资，基于创新进步的医疗设备将得到广泛使用，可能挽救数十万人的生命，还能每年节省数百亿美元的医疗保障支出。[12]

超导电子技术还可以帮助我们探索宇宙。智利阿塔卡马沙漠中的阿塔卡马探路者实验望远镜以及阿塔卡马大型毫米波阵（ALMA）都是由超导电子技术支持的。[13]最后，我注意到，自20世纪60年代以来，人们一直试图将超导应用在计算机上，以减少计算机的产热。计算机工作产生的大量热量是制造速度更快、元件更密集的计算机的阻碍。我查到2015年8月[14]有一次更新，还注意到2014年12月情报高级研究计划署（IARPA）公布的一个长期项目，目的是开发超导计算机。[15]最新且最令人兴奋的进展是关于量子计算的，科学家用约瑟夫森结（SQUIDS中的关键超导技术）来制造量子比特。在第8章的量子计算部分和附录C中我具体介绍了这一领域。

第 23 章　核聚变与激光器

本书介绍的量子力学应用主要集中在对原子中电子的性质，即元素的化学性质的利用，而对原子核的利用很少涉及。但是本章将讨论几种利用原子核的大规模核聚变获得能量的方法。这里我们会讨论基于量子力学的核过程和技术，它们共同实现了核聚变的过程。激光不仅应用在核聚变的技术上，也在军事领域上得到应用，我将在本章中一一道来。

从量子力学的角度了解了原子核内会发生什么之后，我们才能理解核裂变、核聚变这些涉及原子核的过程。在这个过程中我们再次遇到了同位素。拥有相同原子序数（在原子核中有相同的质子数）但是中子数不同的原子互为同位素，许多元素都拥有好几种同位素。

裂变和裂变反应堆

我们通常所说的原子能（即核能），一般是指重元素的一些同位素原子（比如铀的同位素铀–235，Z = 92，原子质量为 235，即质子数和中子数的总和）裂变（分裂）成较轻元素的原子所释放的能量。

有些同位素会自发裂变并释放能量，因此它们具有“放射性”。这些放射性如今在核电站精心的控制下被利用起来，为人类的活动提供能源。

一个同位素原子裂变后释放出中子，中子再引发更多同位素裂变，形成不受控的“连锁反应”，释放大量能量，这就是原子弹的原理。不幸的事，对裂变反应堆的恐惧（受切尔诺贝利和福岛发生的核电站失控危机影响）使人们减少了对这种成本最低、碳排放较少的发电模式的应用①。

这些都是不幸的事故，但是现代核反应堆是安全的，并且更安全、更小、更便宜的核反应堆还在开发中。比如，加拿大安大略省米西索加的陆地能源公司正在设计一种反应堆，用熔盐代替水作为冷却剂，防止反应堆熔化。[1]

聚变点亮城市——能源的“圣杯”

上文提到，聚变是释放能量的反应，点亮了太阳和其他恒星。核聚变的燃料是氢的同位素，在淡水和海水中大量存在（跟需要的其他条件相比），因此相当于燃料是无限供应的。尽管原子弹中含有巨大的能量，但是跟氢弹中含有的能量相比，简直不值一提。不过，如果存在任何问题，聚变反应会在聚变反应堆中终止，需要储存或处理掉的核燃料也没有放射性。核聚变本质上是安全的，为我们的星球提供无碳排放的能源。这些因素加上相对低的成本，让核聚变成为能源的“圣杯”。

在聚变中，较轻元素的原子融合在一起形成较重的元素，同时释放大量能量。氚是氢的同位素，Z = 1，和氢拥有相同的质子数和电子数

① 列夫 · 格罗斯曼在本章后面引用的一篇论文中介绍了一项研究成果，[2]关于每美元产生的能源量的计算：聚变（未来的能源项目）以27优于天然气的5、煤炭的11和裂变的16。

（一个质子和一个电子），即在化学行为上氚跟氢是相同的，元素周期表上没有新的位置给氚，但是氚原子核中除了一个质子以外还有两个中子。中子的质量跟质子差不多，因此氚的质量是氢的3倍。被称为“重氢”的氘，原子核中除了一个质子以外还有一个中子，所以它的质量是氢的两倍。

氚原子核和氘原子核聚变形成氦原子核时释放出巨大的能量，同时释放出一个高能量的中子。中子跟周围包裹着的锂原子核结合产生氚并捕获了一部分能量，一方面防止中子泄漏到外面以破坏周遭的环境，另一方面，中子跟覆盖层的反应反过来又产生了反应堆自身需要的燃料。氘在海水中的含量几乎是无限的，因此获得足够的氘不是难题。

聚变反应的过程很安全。在托卡马克（一种核聚变装置）中，聚变等离子体的磁约束的损失会终止聚变过程，因此磁约束需要维持恒定。而且在激光聚变中，燃料氘和氚是以颗粒大小的剂量提供，每个激光脉冲只对应小剂量的燃料。如果出现任何问题，比如燃料剂量不足或者激光脉冲的能量不足，都不能够点燃聚变反应。

发生聚变反应的巨大超导环面——托卡马克

产生聚变能量的最先进的装置叫托卡马克，它的有效运行就依赖超导的量子效应。氢的同位素构成的等离子体被加热并放置在托卡马克的磁场中（苏联人首先研究出了这种用于磁约束聚变的环形磁场装置，托卡马克就是由他们命名），就像被放在一个磁“瓶”里一样。磁场由6个D形超导线圈提供，线圈的D的直线部分紧挨在一起，在D形截面的中心周围产生甜甜圈形状的磁场。装置中产生超过16兆瓦的聚变功率，接近点燃等离子体所需要的功率。当聚变反应产生的能量超过启动聚变反应所需要的能量时，“点火”就发生了。如果托卡马克的线圈不是超导体的话，产生托卡马克环形磁场会极难实现，甚至不可能实现。看看第24章就知道，比特磁铁上小小的铜合金线圈就要消耗巨大的功率和大量的水才能冷却！

想要探索更受青睐的聚变方式需要巨大的规模和成本，因此世界上的发达国家已经开始共同努力。名为ITER（国际热核实验堆）的下一代大型实验装置准备在法国南部建造，计划于2020年开始动工，预计总成本为200亿美元。示范反应堆将于2024年开始建设。全规模的商用托卡马克反应堆估计有50英尺高，总环形直径为50英尺。关于ITER的最新进展在美国物理学会杂志《今日物理》(*Physics Today*）上有介绍。[3]

世界各地也正开展各种项目，探索替代磁约束核聚变的方法。比如，有关方面在2016年1月宣称，经过18年的建造，一种仿星器几何形状的磁约束系统——Wendelstein 7–x将启动。它完成了第一阶段，产生了等离子体。[4]（“仿星器”的意思是它创造了类似于恒星内部的条件，就像一个环，但是其线圈绕组的几何形状能使等离子体像多箍环中的一个那样扭曲。）

小型核聚变的最新设计

2015年11月的《时代》杂志还介绍了其他实现核聚变的方法。[5]列夫·格罗斯曼在加利福尼亚州奥兰治县的一家名为三阿尔法能源（Tri Alpha Energy）、价值5亿美元的初创公司做了一次关于聚变技术的新发展的报告。格罗斯曼解释说，这是为解决聚变问题的众多小型商业活动之一，其中还包括温哥华的通用聚变（General Fusion）公司和华盛顿雷德蒙德的氦核能源（Helion Energy）公司所做的努力。

聚变反应的难点在于将等离子体加热到足够高的温度，并且保持足够长的时间。三阿尔法能源公司开发的反应堆方法据描述是“类似用两个大炮产生环形‘烟圈’，但产生的不是烟圈，而是热等离子环”。[6]它们以每小时100万千米的速度互相向对方射击。“两环的暴力相撞将周围的等离子体加热到1 000万摄氏度，两环组合成直径80厘米的等离子体团，形状有点儿像足球，还带有一个长长的贯穿其中的孔，静静地旋转……等离子体自己产生的场限制了自身。”6月份，反应堆被证明可以维持等离子体长达5毫秒，说明反应堆可以产生稳定的等离子体。

巨大激光器产生的核聚变

激光器是一种量子设备，但并不意味着它很小。在一项耗资高达30亿美元的实验中，192个巨大的激光器被组装起来，从各个不同方向形成同步激光束脉冲，聚焦在跟胡椒粒大小的燃料颗粒上。[7]其目的是利用激光的相干性和能量迅速使颗粒汽化，将燃料中的氚和氘加热并压缩到点燃聚变所需要的压强和温度。

20世纪70年代，密歇根安阿伯的KMS公司第一次检验了激光聚变的概念，20世纪80年代，美国政府的劳伦斯利弗莫尔实验室（旧金山以东约1个小时车程）继续进行了相关实验。1997年，该实验室开始建造激光聚变国家点火装置（National Ignition Facility），该装置的占地面积相当于3个足球场那么大。

2012年7月，这种激光系统的峰值功率达到了500万亿瓦特。[8]2013年9月，一个激光束照射在燃料颗粒上并产生了聚变反应，聚变释放的能量大于初始注入的能量，但是产生的能量相比于整个系统而言还是太小了，不足以达到点火的目标。目前，这种装置至少在别的方面还能派上用场。[9]

聚变功率的概率和时间框架

即使成功实现了点火的目标，还有重要的工程问题要解决，任何商业核聚变反应堆的建设和成功运行都被视为远景，在2050年之前不太可能发生（尽管创业公司在这方面的小规模应用实现得应该早很多）。无论如何，许多人认为，安全、无限能源的前景（与有限的能源资源相比）以及更安全的世界图景是值得努力奋斗的目标。

激光在国防上的应用

激光束的相干性不仅让它拥有很高的功率，还能在远距离上保持它的强度，而不是像普通光那样扩散或散射。这种性质让激光武器变得很有吸引力，并且有潜力成为反导武器，因为激光集中爆发的能量可以在长距离上以光速运行，摧毁来袭导弹。美国国防部还使用激光来检验在核弹或核弹头爆炸的过程。

第 24 章　磁铁和磁性材料的应用

原子或分子是否具有净磁矩，取决于电子如何填充能级以及它们填充壳层的程度（在第 15 章我介绍过，我们可以把带有磁矩的电子看作微小的条形磁铁，磁矩来自电子的自旋或者电子空间态的角动量分量）。磁矩的方向要么跟磁场的方向平行，要么跟磁场方向反向平行，取决于电子的自旋方向或者空间态角动量的方向。

抗磁性

原子没有净磁矩的物质被称为抗磁性物质（大多数人也称其为非磁性物质）。实际上，所有物质的磁性都有微小的抗磁性分量。当变化的磁场作用在原子上时，电子在原子的空间态中产生感应，于是有了抗磁性。从经典物理学的角度看，原子中产生了小小的电流，从而产生了小磁场来抵抗外界磁场的变换。因为原子的感应磁场与外界磁场相反，原子抵抗着外界磁场的变化，所以产生了微弱的抗磁性。[1]

大多数物质都是抗磁性的，生物也是具有抗磁性的，因此科学家们甚至能用世界上最强的磁铁之一产生的磁场让青蛙或者其他小型生物悬浮在空中。

磁铁和磁场

下面我们从“青蛙悬浮”的磁场强度说起，让读者对磁场强度的数量级有一个感性认识。我也会介绍产生和利用磁场的各种设备，以及能够在自身周围产生磁场或传输磁场的材料。

上文提到的产生让青蛙悬浮起来的磁场的设备位于荷兰奈梅亨强磁场实验室，那是一块有1.25英寸孔径、能产生16特斯拉磁场的比特（Bitter）磁铁。16特斯拉[2]是极端强磁场了，几乎是地球磁场强度的320 000倍，约是家用永磁体（如冰箱贴）的磁场强度的16 000倍，是最强永磁体磁场的10倍，是大型变压器和发电机的铁磁路中磁场的10倍，是你在MRI医学诊断成像中进入的超导磁体大孔管（见第22章）内部磁场的10倍。

在比特磁体工作时，不计其数的电流会通过一个扁平的、机械强度高但导电性仍旧良好的合金（它们以螺旋的形式紧密地缠绕在金属片上），以此来产生磁场。合金材料对电流有一定的阻力，使电流在传导过程中产生热量，因此需要冷却剂流经绕组来冷却设备。这种类型的磁铁以弗朗西斯·比特（Francis Bitter）的名字命名，他发展了这种冷却磁铁的技术。1938年，比特在麻省理工学院建立了磁实验室（后来成为国家实验室），并创造了10特斯拉的稳定磁场。在比特之前，还没有什么好方法来冷却电磁铁，因此制造出来的磁场强度有限。在第二次世界大战期间，比特致力于研究让英国船队隐藏磁场的方法，以此躲避德国的感应水雷。比特将这项工作称为“舰队消磁”。[3]

世界上最强的稳定磁场（不是脉冲磁场）在如今佛罗里达州塔拉哈西的美国国家强磁场实验室。磁场由一个混合磁铁系统产生，外部由超导电磁线圈[4]组成。电磁线圈可以提供11.5特斯拉的磁场，内部的比特磁铁产生33.5特斯拉磁场，因此整个系统在1.25英寸孔径内总共能提供45特斯拉的磁场。巨大的电流通过比特磁铁，电阻将产生3 300万瓦（33兆瓦）的热量（这个功率可以照亮33 000个普通家庭！）。它需要每分钟4 000加仑①的水流来冷却磁铁。相比之下，超导线圈只需要几百瓦的功率来运行冷却超导体的冰箱和提供足够的电力让电流在电磁线圈里流动，产生能够维持磁场的能量。

顺磁性

在许多情况下，磁场可以通过直接对电子自旋和原子空间态的磁矩的作用来克服抗磁性，原子或分子就可能具有了净磁矩，“不情愿”地对准了磁场方向，并被磁场吸引（“不情愿”是因为在没有外界磁场的情况下，这些磁矩的方向是随机的），我们就说这种材料具有顺磁性。它们的磁场很微弱，大多数人也认为它们是非磁性的。比如，氧气是顺磁性的。为了证明这一点，将液态氧放在马蹄形磁铁的两极之间，液氧会悬浮起来。顺带一提，冰川之所以呈蓝色，是因为冰中囚禁的顺磁性氧会吸收特定波长的光。

铁磁性

在一些材料（比如铁、钴和镍）中，大量的原子或分子的磁矩自发地对准同一个方向，产生很强的磁矩集合，被称为“磁畴”。在没有外界磁场的作用下，这些磁畴自行排列，传导磁矩产生的磁场，形成闭合磁路。有一种物质被称为“软”磁性物质，即使在它周围施加一个哪怕

① 1加仑≈3.79升。——编者注

很弱的磁场，它们的磁矩也会同时对准一个方向产生磁畴，进而产生更大的磁矩并被磁场吸引。人们通常认为的具有磁性的物质就是这些铁磁性物质。当磁畴产生时，我们就说这些材料被磁化了。

铁磁性是一种特殊情况，它不仅取决于固体中原子的磁性，还取决于原子之间的距离和磁性连接。

理论上来说，要具有铁磁性，固体中原子最外层电子的空间态必须有相当程度的重叠，同时这些空间态还要让电子出现在相邻原子核附近的概率很小。原子核与原子核之间的距离也要刚好合适。d态和f态显然符合这些要求（它们的概率云类似于图3–8中氢原子d态和f态的概率云）。因此我们就可以知道第16章中表16–4的第4行、附录B中的表B–2（分别有6个、7个和8个外层3d电子）以及第6行的钆和镝（具有外层4f电子）都是铁磁性物质。有趣的是，尽管锰原子（有5个外层3d电子）自身是顺磁性的，不是铁磁性的，但在锰的几种化合物中，锰原子之间相隔得更远，使相邻锰原子的3d电子之间达到了恰到好处的距离，因而具有了铁磁性。

铁磁性材料的应用

就像铜导线和超导体导线用于传输电流一样，铁磁性材料可以在磁路中传导磁场。磁路是发电机、电动机和变压器的重要组成部分。变压器是交流电设备，要求磁场每秒变化60次（在美国和加拿大），它的磁路必须由软磁性材料组成，即它们的磁畴要能很容易地迅速改变指向，以适应不断改变的磁场。掺入少量硅的纯铁合金就非常有利于这方面的应用。

可磁化材料还可以用于数据存储，制成非易失性存储器。“磁头”对材料（通常是表面涂层）进行磁化，从而“写入”数据。相同的

“头”也能够通过感测材料中的磁场“读取”写入的内容。计算机硬盘、硬盘驱动器和信用卡磁条中应用的都是这种形式的磁存储器。

永磁体及其应用

永磁体由铁磁性材料制成，一旦磁畴的取向确定下来，材料就倾向于维持单个磁畴（或者一组平行磁畴）的取向。实现这个目标的主要方法是创造出只包含一个磁畴的小粒子，然后在外界磁场存在的情况下将这些已排列整齐的粒子压在一起形成固体。另一种方法是让固体产生相变，然后“沉淀”出包含单个磁畴的小区域（所有磁畴的取向均平行于外界施加的磁场）。永磁体应用在小型电动机、利用磁性分离材料的装置、科学装置中的四极磁体，以及现在流行的用来贴广告、告示或者名片的磁贴。稀土磁体对于低重量高磁场的应用非常重要。这方面，钕铁硼仍然是冠军。

第 25 章　石墨烯、纳米管和“梦想中”的应用

在这里，我先要介绍一种新形式的碳，它具有惊人的性质，能够实现许多发明构想。尽管量子力学让人们理解了碳–碳键的结合，但是量子力学预言的一维和二维材料具有其他附加的性质（我将会介绍这些预言，读者不需要掌握深入的理论知识）。我将用一个成功的案例——广泛使用的碳纤维复合材料技术作为总结，该技术将会利用到前文提到的材料。它还会用到一套控制和通信系统，该系统在很大程度上依赖于下一章要介绍的量子设备。

石墨烯和碳的相关形态（同素异形体）

石墨烯

碳元素拥有多种基本结构，比如富勒烯（包括纳米管）、石墨、木炭和烟灰等，石墨烯也是其中的一种。在石墨烯里，碳原子位于蜂窝结构的顶点，它们之间由化学键连接。图 25–1（a）显示了扫描探针显微镜下的石墨烯结构，碳原子在一个平面内形成由六边形结合起来的单层

薄片。（氮化硼和有些其他化合物也可以形成单层薄片的结构。）

这层石墨烯的有效厚度为3.4×10^{-10}米，即0.34纳米，其中1纳米是1米的10亿分之一（大约一角硬币厚度的百万分之一）。跟相同厚度的最强高碳钢相比，石墨烯的强度要强上100倍。六边形结构中碳原子和碳原子之间的距离为0.14纳米，跟金刚石里致密堆积的碳原子之间的距离差不多（这个间距也被当作碳原子的有效直径，如表D–1所示），因此石墨烯的平面结构非常紧凑。上面提供的厚度和原子距离数据显示，石墨烯厚度约为碳碳间距离的2.5倍。（石墨烯以及以下要介绍的碳纳米管的稳定性和强度，归功于碳s态和p态的sp^2杂化。）

（a）扫描探针显微镜下的石墨烯图像：碳原子作为顶点结合成单层六边形结构，如同蜂巢。

（b）巴克敏斯特富勒烯：碳原子作为顶点形成五边形和六边形，并包围成一个类似足球的结构（模型）。

（c）碳纳米管（模型）。

图25–1 （a）石墨烯放大了约2 000万倍的表面扫描图像（图片来源：Wikipedia Creative Commons / US Army Material Command / CC BY 2.0），（b）富勒烯模型，（c）碳纳米管模型

1962年，科学家就在电子显微镜下观察到了石墨烯，但没有人进一步去深究。[1]然而，因为2004年重新发现石墨烯，安德烈·海姆（Andre Geim）和康斯坦丁·诺沃肖洛夫（Konstantin Novoselov）获得了2010年的诺贝尔物理学奖，“表彰他们对二维材料石墨烯进行的突破性实验”。

相同重量下，石墨烯是有史以来检测到的强度最大的材料。正如海姆的诺贝尔奖演讲中提到，1平方米的石墨烯“吊床”可以支撑4千克的猫，而石墨烯本身的重量还不如猫的胡须。[2]

维基百科指出，截至2014年年底，全球石墨烯市场据报告达到900万美元，主要集中在电池、能源、半导体和电子行业。[3]跟用于探索这种物质新应用的数十亿美元比起来（见下文），这个数字就小很多了。为了了解人们在这方面做出的努力，可以看看这样一个数字：截至2013年，这个领域的研究生和教授写了450页有关石墨烯及其潜在应用价值的论文。[4]

2014年在《科学美国人》（*Scientific American*）的一篇文章中，海姆提出将石墨烯和其他单层材料（包括氮化硼、二硫化钼或二硫化钨）叠加在一起组成“三明治”的结构，[5]这种合成物可能具有独特的性质。他甚至提出可能实现室温下的超导性。但是他也表示，目前石墨烯还没有出现“杀手级”的应用（尽管现在的技术可以将石墨烯制成数百平方米的薄片）。也许这种状况在未来会得到改变。

2015年年末，在一篇题为《引入微型超级电容器：石墨烯将摩尔定律带入能量储存领域》的文章中，马希尔·卡迪（Maher El-Kady）和理查德·卡纳（Richard Kaner）介绍了加州大学洛杉矶分校一个研究组的工作，他们或许带来了一项突破性的研究。[6]电容器作为电路中储存电荷的元件（与电池一样），是唯一一个没有跟上小型化浪潮的元件，因此给现代用户友好型的小型化电子设备的开发带来了困难。作者描述了一种基于石墨烯的二维方法，可以将微型、柔性、高能量电容器集成到现代固态电子器件中。该研究组还在开发电池/电容器混合动力车，目标是减小电池的尺寸。纳米科技能源（Nanotech Energy）是一家位于洛杉矶的创业公司，它正在探索有关的商业应用。

凯瑟琳·布尔扎克[7]介绍说，利用石墨烯作为衬底层，在其上可以沉积薄薄的电子材料以制造柔性器件，包括能屈曲数千次而不老化的液晶显示器（LCD）。我们手机上使用的屏幕就是LCD。

纯粹的石墨烯具有极高的导电性。尽管对于某些应用来说这种性质很有用，但是对于其他应用来说，这反倒会成为一个问题。约翰·帕夫卢斯（John Pavlus）讲到IBM（2014年花了30亿美元）做出的努力，他们正在探索新材料（主要是石墨烯），目的是超越目前的硅基半导体技术。"石墨烯晶体管比最精尖的硅基设备还要快上100~1 000倍，功率密度很合适，而且可以将大小缩小到5纳米以内，在这个尺度上的硅片就需要考虑量子效应了。"[8]（"量子效应"意味着在如此小的尺度上，相邻电子之间的波函数会重叠，在电路上会造成短路。）问题是，石墨烯没有带隙（见第20章），因此它表现得更像金属而不是半导体。它不能像晶体管那样切断电流，因此无法用数字逻辑编码（如第8章介绍的，晶体管通过开启/关闭电流储存信息，即1或0）。帕夫卢斯指出，碳纳米管有非常小的带隙，让它表现得像半导体。单个碳纳米管的性能是硅的5倍，但是它们很脆弱，一点儿扰动就很容易消除带隙。

石墨烯是唯一一种每个原子都可以在两面进行反应的固态碳形式。它具有很高的不透明度（即吸收辐射的能力很强）。而且，作为一种单层材料，它的性质对周围环境非常敏感。杂质会降低石墨烯的性能，但也为它在传感器的应用提供新的可能。

石墨在很早以前就在大自然中被发现，从公元前4000年[9]就开始被人类用作各种目的。石墨是由一层层石墨烯堆叠而成，但第二层有些位移，其碳原子刚好对应第一层六边形的中间，第三层相对第二层也有些位移，与第一层对齐，以此类推。由于层与层之间的结合较弱，所以它们之间很容易互相滑动。这就是石墨“滑”的原因，它很容易被擦掉，铅笔的制作正是利用了这种性质。

富勒烯

富勒烯是一类具有单层原子（或分子）表面，类似石墨烯的几何结构。其中一种结构是“巴基球”，它具有类似足球的线条或“接缝处”的构象，也像迪士尼未来世界（EPCOT）入口处的大型网格状球顶的支撑结构。另一种富勒烯的几何结构是纳米管，你已经在上文中见到它的结构了。

图25–1（b）展示了富勒烯C_{60}的结构模型，它在实验室中首次被发现，并以巴克敏斯特 · 富勒（Buckminster Fuller）的名字命名，是他在建筑中开创了这种网格状圆顶结构。C_{60}的碳原子位于五边形环和六边形环的顶点（不像石墨烯只有六边形），总共有60个原子。平均而言，相邻环的中心的距离为0.14纳米，跟石墨烯中碳原子之间的距离差不多。

巴基球型的富勒烯的顶点也是由碳原子和其他原子构成。好几种类型的巴基球已经应用在医学领域，比如基因及药物传递、X射线和MRI医学成像的造影剂。

尽管富勒烯是在实验室被首次发现，但是人们也在大自然和外太空中探测到了富勒烯。天文学家莱蒂齐亚 · 斯坦盖利尼（Letizia Stanghellini）说：“来自外太空的巴基球可能为地球提供了生命的种子。”[10]

碳纳米管

实验室中有许多种方法可以生长出碳纳米管（Carbon nanotube, CNT），不过在燃烧乙烯、苯和甲烷所产生的火焰中，以及室内外空气里的煤烟中也能发现这种物质的不规则形式。你可以把碳纳米管看作一条很长的石墨烯条，绕着长轴卷成单层无缝的管状。相连的六边形环绕着或者以螺旋状的方式包裹着长轴。这种结构还有许多变体，比如在一个纳米管里套一个纳米管再套一个纳米管。根据不同的结构和变形，材料就具有不同的电学、热力学、光学、拉伸与压缩的性质。

图25–1（c）展示了一小截环状碳纳米管的结构模型，有时碳纳米管还会带着一些纳米“芽”，通过共价键跟纳米管连接。这些“芽”可以防止纳米管之间的滑动，从而提高高强度复合结构中纳米管的力学性能。

1991年，日本电气公司的饭岛澄男发表论文称他们“发现”了纳米管，掀起了人们对这种新材料的“兴奋之情”。但其实不同国家的研究人员在更早之前就观察到了这种物质，1952年拉杜什科维奇（Radushkevich）和卢基扬诺维奇（Lukyanovich）就在《苏联物理化学期刊》(*Soviet Journal of Physical Chemistry*）上（用俄语）发表了类似的结果。人们在自然界中的木炭和烟尘中也发现了碳纳米管。

碳纳米管细到直径只有1纳米（“纳米管”的名字很适合），约为7个碳原子的直径之和。跟巴基球一样，碳纳米管也只有借助电子显微镜才能看到。但这些管子的长度可以达到直径的数百万倍，直径为10个碳原子的纳米管可以延长到一角硬币的厚度。一些碳纳米管的长度与直径的比值甚至高达132 000 000 ：1，比其他任何材料都要大。[11]

尽管单个碳纳米管的强度只有石墨烯的一半，但依旧是高碳钢的300倍，而且它们的长度可以拉伸5%，不会因超出承受范围而断裂（相比起来石墨烯更脆一些）。大多数合成CNT是疏水性的（它们排斥水），但施加低电压后，它们就能变成亲水性的。碳纳米管经常被看作一维导体。碳原子环围绕纳米管长轴的方式（比如环绕或者螺旋形围绕）决定了碳纳米管是导体还是半导体。单壁管理论上的最大电导率是由管子作为“弹道量子通道”[12]（这种关于“内禀超导性”的理论仍存在争议）产生的。理论上，导体纳米管可承载的电流密度是金属导体（比如铜）的1 000倍。在室温下，CNT沿着其长轴的导热性是铜的10倍，而垂直于长轴的方向则是良好的热绝缘体。

这些性质揭示了碳纳米管的潜在应用，我在这里介绍其中几个。对于许多应用来说，能承载高密度电流是非常理想的性质，CNT–铜复合材料能够承载的电流是纯铜或纯金的100倍。在军用飞机的外壳上涂上能吸收雷达的碳纳米管涂层，可能会增强它们的隐身能力。在计算机方面，早在2004年，科学家就制成了纳米管集成储存器，但是要调节纳米管的导电性则很困难。根据我的经验，CNT的热传导性能似乎可以解决限制计算机紧密度和容量的最大问题：消除计算机处理器和内存中上亿电路元件切换时产生的热量。CNT还被用来改进锂电池中的电极。正在开发的太阳能电池就在尝试利用巴基球和碳纳米管的组合，前者用于捕获电子，后者用于传导电子以提供电力。碳纳米管也可以制成显微镜探针的尖端，并在医学领域为骨骼生长提供支架。而且，我们还在某些过时的物品上发现了可能是无意中产生的碳纳米管，比如17世纪的大马士革钢，也许是碳纳米管给这种材料制作的剑赋予了传奇的力量。[13]

纳米管只是纳米级器件开发所涉及的众多结构之一。碳纳米管的固有强度使得它们对这类应用很有吸引力。纳米管在实验中可以作为纳米级轴承，因为一个纳米管被套在一个直径更大的纳米管中心时，会与外管排斥，因此可以无摩擦地旋转。人们已经利用这种性质做成了世界上最小的旋转电机。[14]

最后，碳纳米管可能有助于解决与太阳能和风能相关的最大问题：这些能源只能间歇性地产生电力，但产生电的时候当地并不需要这么多电。因此，人们在寻找一些方法使它们在“停机”时储存一些能量，以便在有需要的时候使用。其中一种方案便是用这些能源产生的电力去电解水，产生氢气和氧气，从而可以储存和运输氢气。对于汽车而言，在室温下安全存放氢气尤其重要。实现这种目标的一种方式是让氢分子或者原子附着在固体表面上，需要时就让它们脱离表面直接用于内燃机，或者通过燃料电池转成电能，为电动车提供动力。碳纳米管（单位质量）的表面积很大，因此可以作为氢的附着材料。对于这些应用，最难的一步就是低成本地大量生产碳纳米管。

目前主要的应用是将散装的碳纳米管（大量无序的纳米管碎片）加入碳纤维复合材料中，以改善产品的力学、电和热性能。例如，用含有CNT的轻质复合材料增加自行车部件的强度。（其实，即使没有碳纳米管，碳纤维复合材料的力学性能也优于最好的钢材。）

大尺度上的应用

太空电梯

在离开碳纳米管之前，我提一下我称之为“出路”（双关语）的潜在应用。当然，你不用太把它当回事。

> 碳纳米管可能是唯一能够构建“太空电梯”的材料，它的强度足够大，质量足够轻。太空电梯可将载荷送至海拔22 000英里（稳定的地球轨道高度）或更远的地方，在那里完成发射任务。这

样可以节省很多火箭燃料，也可以节省火箭。

太空电梯最初在1895年由康斯坦丁·齐奥尔科夫斯基（Konstantin Tsiolkovsky）在《关于地球、天空和在灶神星上的猜想》（*Speculations about Earth and Sky and on Vesta*）一文中提出，他是火箭和航天学的创始人之一[15, 16]。他建议建造一个延伸至太空的塔。然而，自1959年以来，大多数想法都是用牵拉结构。这样的话，碳纳米管的优势就体现出来了：牵拉结构需要轻质和强度大的电缆，迄今唯一可行的方案就是用碳纳米管构建这种电缆。

电缆将连接地球赤道某处的锚站和空中转动的配重物体（“空中挂钩”？），电梯厢就系在电缆上。配重物体的海拔大大超过22 000英里，由于地球自转产生的离心力而有向外抛出的倾向，在向内的引力和电缆拉力的作用下保持平衡，不会飞向外太空（指向地球中心的引力减去反方向的离心力得到的净值被称为“表观引力场”之力）。[17]电缆从锚站放出，其顶端的锚（以及挂在其下方很远的电梯）将升入太空。为了将电梯带回地面重新装载，锚站会将电缆卷起收回一部分。锚的高度变低了，但仍然比地球稳定轨道的海拔高，仍然有强大的向上拉的力，可以将装上新载荷的电梯送入太空。

下面让我们回到地球，但也不一定。

碳纤维增强聚合物复合材料[18]

碳纤维的直径约为纳米管的5 000倍，但仍非常小，约为头发丝直径的1/10。它们可以由人造丝的纱线制作，除了碳之外的成分全部被移除。制造复合材料的一种方法是，先把碳纤维纱编织成布料，然后将其切割成合适的尺寸，在合适的模具中层层堆积并用环氧树脂浸渍。这些复合材料已经出现在许多应用中，包括体育用品和汽车。但在21世纪初，波音公司已经开始计划开发一种崭新的用途。

梦想飞机[19]

波音公司可能在未来采用碳纤维增强聚合物（CFRP）技术开发其最新一代波音787“梦想飞机”，它是最先进的新一代客机，在2011年进入商业服务领域。[20]根据早期对军用飞机进行的测试，机翼和机身不再用铝板制成，而是使用CFRP制成超强度的轻质部件。通过使飞机变得更轻、更强，以及利用先进的控制系统，波音公司能够在不增大飞机尺寸的情况下提高航程和燃油使用效率（20%），逆历史趋势而行。787最长的航程是纽约到香港，它可以在不加油的情况下飞行9 000英里。截至2016年3月，已经有62个客户从波音公司订购了1 139架飞机。787的开发和测试已经在IMAX 3D（最大图像三维技术）电影《飞行传奇》（*Legends of Flight*）中完美展现。[21]

但这是一个竞争激烈的世界。针对“梦想飞机”对其业务造成的威胁，空中客车公司于2015年1月推出了A350型飞机，该飞机53%的容量是由复合材料组成，而波音公司的这一比例为50%。两种正在竞争中的飞机的不同型号可以承载225~350名乘客不等，每架飞机的成本为2.25亿~3.56亿美元不等。[22]

第 26 章　半导体在电子仪器上的应用

性质夹在金属和非金属之间的元素在第16章的表16–4和附录B的表B–2中被涂上了浅阴影。硅和锗就属于这类半导体（也称为半金属）。这两种固体元素的原子就跟大多数固体原子一样，喜欢以数百万原子量级的距离上整齐地堆叠自己，甚至形成三维晶体阵列的结构。

在20世纪40—50年代期间，诺贝尔物理学奖得主威廉·肖克利（William Shockley）和约翰·巴丁利用量子力学解释了半导体的性质和二极管、晶体管等半导体器件的原理。数十亿的半导体和二极管应用在集成电路的芯片中（集成电路是现代电子器件的核心）。下面，我将会介绍半导体是如何工作的。

无掺杂半导体的导电性

第20章讲到了在量子理论中半导体的定义，即固体中的电子或者几乎填满了带隙下方的价带，或者在带隙相对较小的情况下填满价带，也可能刚刚开始填充带隙上方的导带。这些情况都可以传导电子，但是电导率有限。

对于第一类半导体，因为费米能级跟带隙很接近，所以在费米能级之上、价带的顶端留了一些更高的空能级，在外界电压（比如电池）的驱动下电子可以选择性地移动到这些（让电子移动主要集中在一个方向上）能级里。对于第三类半导体，带隙之上的导带底部一开始几乎没有可以被占据的态，所以电子几乎无法被外界电压推动，因此这类半导体的电导率有限。对于第二类半导体，情况更复杂一些。

这类半导体中晶格的热振动会激发价带中一小部分的电子穿过较小的带隙，进入带隙上方的导带，电子在导带中具有更高的能量，也没有被束缚得很紧密，因此（以经典的眼光来看）可以自由地在固体里漫游。电子的迁移在价带中留下一些带正电的空穴，因为围绕在原子周围的电子要少于带正电的原子核中质子的数量。

如果相邻原子的电子跳过来填充一个空穴，导致相邻原子产生一个空穴，那么我们可以看作空穴有效地从一个原子移动到另一个原子。因此这些空穴可以在原子之间四处移动，就像在电压作用下正电荷的移动一样，它们被负极吸引，被正极排斥。（真实的情况是电子被正极吸引，使得空穴向负极移动。）同时，跑到导带中的电子也向正极移动。导带中的电子和价带中制造出空穴的电子都向正极移动，相当于正电荷从正极向负极移动，这正是电流的定义。

跟金属中的情况不同，当温度下降时，第二类半导体的电阻会增大。因为正是热激发让电子移动到导带，同时产生空穴，如果温度下降，这些效应也会越来越不明显。这种性质也被用来制造测量温度的仪器——热敏电阻。

固体中的原子有许多种堆叠方式。与第18章中介绍的金刚石结构一样，硅和锗中的原子也是以四面体的几何结构堆叠，并延伸至整个晶体。两个s态和两个p态的外层电子轨道杂化并互相结合，延伸出来跟相邻原子连接，这些原子可以看作四面体的顶角。在碳的金刚石结构中，价带和导带之间的带隙太宽，在常温下很难激发电子从价带移动到导带上。因此金刚石没有导电的电子和空穴，它是个完美的绝缘体。但是硅和锗的价带更高，带隙更小，因此展现出半导体的性质。

掺杂，以及制造含数十亿晶体管的芯片

传导电子也可以通过用其他元素的原子（比如外层有5个电子而不是4个的磷原子）代替硅或锗原子来实现。在带隙之上的价带中有额外（带负电）的传导电子的材料被称为n型半导体。或者，用类似镓原子（外层电子是3个而不是4个）替代硅或锗原子进行掺杂，形成p型半导体。p型半导体中有大量空穴（空穴因为缺少电子而带正电），即带隙之下的价带中有空缺的电子态。当n型半导体和p型半导体以三明治的方式结合在一起时，就能产生特殊的性能和应用——如二极管，电流只能以一个方向从一种类型的半导体越过边界流到另一种类型。在晶体管中，三终端的器件具有三层n–p–n或者p–n–p的结构，当一束小电流流进其中一个终端（层）时，会在其他两个终端（层）中产生大电流，从而实现电信号的放大功能。[1]这种器件也可以控制电流开或关来代表二进制中的1或0，来储存或者检索信息，以此来处理计算机存储器和处理器芯片中数十亿个晶体管中的信息。

这些芯片中由晶体管和其他元件组成的集成电路是使用光刻工艺做成的，直径12英寸的硅晶圆能一次制成数十个芯片。芯片的加工过程多达50个步骤，先在晶圆表面覆盖一层光刻胶，然后将特定区域暴露在紫外线下，这些区域被蚀刻并暴露出来。（光刻胶是一种均匀的涂层，可防止新材料沉积在晶圆表面，只有在光线的照射下才能被蚀刻掉，暴露出待处理的表面。）光线通过掩模投射到芯片表面，在近乎亚微观光

学尺度上暴露出微小的晶体管和电路的“蓝图”，从而可以对暴露出来的区域进行各种处理。随后，暴露出来的区域会被注入特定的掺杂元素（掺杂剂）。此外，在经历了另一次掩模、曝光和蚀刻后，其他区域可以被注入另一种掺杂剂。在经过许多步骤之后，人们将铜蒸发到晶圆上，然后再通过涂覆、曝光和蚀刻选择性地去除铜，剩余部分连接起晶体管与其他电路元件，以及芯片边缘，用于连接后续电子元件的引线。最后，芯片可以被切割、密封、单独包装，并测试在计算机或其他设备内的使用情况。

电荷耦合器件（CCD）

如作者布鲁斯·罗森布鲁姆（Bruce Rosenblum）和弗雷德·库特纳（Fred Kuttner）在《量子之谜》（*Quantum Enigma*）中详细介绍的，电荷耦合器件“极大地扩展了个人摄影的应用范围、带来了天文学革命，并不断改进了诊断医学。一个典型的数码相机包含一片含数百万个CCD的半导体芯片”。[2]如第2章和图2–3所描述的（由爱因斯坦正确解释的）光电效应，光子激发硅中的一束电子，电子在外加电场的作用下移动，然后通过测量电流的强度来测量那个位置上光的强度。这项技术是威拉德·S.博伊尔（Willard S. Boyle）发明的，他因此于2009年获得诺贝尔物理学奖，“表彰他发明了成像半导体电路——CCD传感器”。

应用

我们大致称为“电子”的设备以及电子控制和通信中所使用到的几乎所有器件都涉及半导体，它们被用于制造二极管或晶体管，亿万个二极管和晶体管组成的芯片与其他类型的电路元件一起构建出电子设备。与半导体相关的应用、发明和产品种类极其繁多，在本章中无法一一叙说，仅举出几个例子：电脑、智能手机、助听器、收音机、电视、DVD播放机、高保真系统、电话、打印机、扫描仪、传真机、机器人的计算神经中枢、汽车、飞机、火箭和卫星、GPS、电机控制、锁相放大器和其他科学仪器、健身器材、雷达和声呐、鱼类探测器和测深仪、自动驾驶、数控机械工厂、数码相机以及在基本的激光元件基础上制成的多种激光应用（第4章介绍过），包括条形码阅读器。

当然，我们还有半导体太阳能电池板，它可以将阳光转换成电力。这种间歇式的动力源依赖于能量存储技术。能量存储技术有很多种，包括涉及电解水以产生氢的方法，以及第25章中关于碳纳米管作为储存器的材料。

新发展

半导体应用的发展速度惊人，我在这里仅介绍芯片组成部分的几项最新进展。

我在第25章已经介绍了微型超级电容的发展，查尔斯·Q. 崔（Charles Q. Choi）在他的文章《氮原子助力超级电容的超快充电》（Nitrogen Supercharges Supercapacitors）中也介绍了类似的进展。[3]理查德·史蒂文森（Richard Stevenson）在2016年2月《科技纵览》（*IEEE Spectrum*）中的文章《纳米线晶体管的崛起》（Rise of the Nanowire Transistors）里介绍了芯片中让电阻更小的连接方式。[4]尼尔·萨维奇（Neil Savage）在《芯片和光的联手》（Linking Chips With Light）一文中介绍了如何将7 000万个晶体管和850个光学组件集成到硅处理器中。[5] 2015年7—8月号的《麻省理工学院技术评论》的《在电池产业中生存》（Survival in Battery Business）[6]描述了一家围绕固体电池而发展起来的公司。在同一期中，该公司SAKTI3被评为“最聪明的50家公司”之一；还有印刷能源（Imprint Energy）公司，他们开发了超薄柔性可充电电池，这种电池很廉价，在普通工业印刷机上就能打印出来；太阳城（SolarCity）公司计划成为西半球最大的硅太阳能电池板制造商。报告最近进展的文章《太阳城（7.5亿美元）的千兆工厂》[Solar City's ($750 million) Giga-factory] 在同一杂志的3—4月号中发表。[7]

每个月，都有新产品或改进产品推向市场，互联网成为主要推力。但是在计算机中，晶体管和其他电路元件的尺寸逐渐接近原子大小，慢慢逼近经典极限。这似乎意味着芯片的容量已经走到极限，具体可参阅蕾切尔·考特兰（Rachel Courtland）撰写的《2021年晶体管或许不再缩小》（Transistors Could Stop Shrinking in 2021）。[8]

与此同时，电路元件的量子行为促进了早期量子计算机的发展和应用。世界各地开展的项目可能会为这些行业带来革命性的变化。

第 27 章　超导体在科学、能源与传输上的大型应用

超导体让更强大、更紧密的电动机成为可能，这种电动机可以驱动船舶的螺旋桨；超导体还能开发新一代发电机用于机载防御。对于商用电源组件，即发电机、变压器和传输线，超导体可以避免电阻发热以及这些设备中相关的功率损耗（这些因素都会降低效率）。超导体也可以让我们开发更强大、功能更紧凑的组件。但是，多年来对超导体的最大需求来自粒子物理实验中的巨大装置，它们需要超导磁体。我首先介绍其中两个设备以及它们的最新进展。

大科学——粒子加速器

超导磁体是现代粒子加速器的重要组成部分。这些巨大的仪器不仅是“原子粉碎机”，它们还会利用纯能量产生新粒子。它们利用数万吨超导磁体来弯曲粒子束，比如芝加哥费米实验室的Tevatron和日内瓦的大型强子对撞机（LHC），第9章具体介绍了后者。

先进的超导体

超导设备是否能在电力行业进行大规模商业应用，取决于它的成本是否能降低到可以赢利的程度，并且长期看来足够稳定可靠。这意味着，让超导体保持低于其临界温度所需要的制冷成本必须低于因铜导线电阻产热而损坏自身以及功率耗损的成本。如果托卡马克聚变反应堆产生的功率超过了限制等离子体的磁体消耗的功率，那么超导体是绝对有必要的，正如第23章的详细介绍。

如果超导体在较高温度下依旧能运行，它总体的经济性能就会有所提升，因为温度高，制冷设备就要小得多，结构也不用那么复杂，运行成本也更低，而制冷成本会反比于超导体运行温度（以开尔文为单位）的平方而上升。打个比方，超导体在液氮[1]（沸点为77开尔文）中运行所需的制冷成本，只有超导体在液氦（沸点为4开尔文）中运行的制冷成本的不到1/20。作为参考，正常室温为72华氏度，即22摄氏度或295开尔文（比绝对零度高295摄氏度）。因此，液氮的沸点温度是正常室温的1/4多一点儿，而液态氦气的沸点温度比室温的1/50还略低。

制冷对于交流发电和传输方面的应用尤为重要。这是因为超导体虽然在低于临界温度时没有电阻，但在变化的磁场中工作时会产生磁滞和涡流损耗（即产生热量），而发电机、传输线和变压器中的超导体都需要在变化的磁场中工作。因此，利用超导体消除装置中的电阻损耗所节省的能量，还必须与去除那一点热量所要付出的昂贵制冷成本相权衡。

所谓的新型高温超导材料（HTS材料）乃至第二代HTS材料已经开发出来，可在相对便宜的液氮中使用。

最常用的第一代HTS材料是$Bi_2Sr_2Ca_2Cu_3O_{10+x}$（铋–锶–钙–铜氧化物，简称BSCCO）。这里就需要用到化学知识了！虽然BSCCO可以在液氮温度下运行，但让它在液氮温度下以超导方式运行的磁场和电流量是有限的。与第二代HTS材料（通常涉及$YBa_2Cu_3O_{7-x}$，钇-钡-铜氧化物，简称YBCO，或$REBa_2Cu_3O_{7-x}$，稀土-钡-铜氧化物，简称REBCO）相比，缺点尤其明显。跟目前用于MRI的液氦中的NbTi合金超导体相比，这两种HTS材料仍然有些昂贵。近几年的发展中，还出现了低温超导和高温超导之间的折中方案——中低温（$T_c = 39$ K）MgB_2超导体。[2]

电力应用——点亮整座城市

50多年来，人们一直致力于开发商用电力超导组件。但据我所知，这些设备还没有在商业上被广泛应用。一些开发工作仍在继续，但哪怕与15年前相比，数量也大大减少了。

成功的关键是要让超导器件的成本足够低，并且足够稳定可靠，这样长远看来才能赢利。哪怕只是一天计划外的“停机时间”，都会造成大量的损失，而如果可以提高复杂超导设备的效率和运营优势，这些损失就都可以避免。有竞争力的成本和可靠性至关重要。即使短期测试完全成功，且说明超导设备在经济和功能上都具有吸引力，也可能还需要很多年才能证明是否能达到传统电力行业对可靠性的要求。为了让读者对这项工作有所了解，我会在下面介绍一些项目，其中有几项是我在不同职业生涯阶段，作为材料科学家、物理学工程师或项目经理领导或开展的工作。

聚变反应堆

第23章详细介绍了在磁约束聚变反应器中需要的超导体。

超导发电机

尽管最终超导发电机的功率要达到70 MVA（在这里可以理解成70兆瓦，或7 000万瓦），但在这里我提一下我参与的早期项目，那时我既是超导体设计者，也是仪器设计师。

图27–1展示了20世纪70年代初我在西屋公司建造并测试成功的5 MVA超导发电机。[3]当时，很多人都认为超导体将会给电力工业带来革命性的变化。这台5 MVA发电机是当时最强大的超导发电机（发电机位于中间和左侧的工程师身后，我是站在后排右边的大胡子）。我展示这幅图是为了让读者了解这套机器虽相对较小，但能给5 000个家庭提供电力。[4]

图24–1　一台5 MVA（可以理解成5兆瓦）的超导发电机在1972年测试成功，以及西屋公司的设计和测试团队。前排从左到右分别是：吉姆·帕克（Jim Parker）、唐·利茨（Don Litz）、阿道弗斯·帕特森（Adolphus Patterson）、克利夫·琼斯（Cliff Jones）和汤姆·费根（Tom Fagan）；后排站着的从左到右分别是约翰·莫尔（John Mole）、亨利·哈勒（Henry Haller）和本书作者迈克尔·沃克（图片来源：R. D. Blaugher et al., “Superconductivity at Westinghouse,” *Superconductivity News Forum* 6, no. 20 [2012]: 12，经作者授权转载）

项目组织和部分能源部门

随着大型电力设备开发的迅速推进，有些示范项目开始（甚至已经完成）将超导电力设备投入了商业使用。在美国，这些项目由包括超导体制造商、设备制造商、具有相关专业的大学和电力公司，以及来自能源部（DOE）主要实验室的工程师、科学家在内的团队完成。美国能源部对于这些项目给予部分支持并进行监测，同时每年对它们进行一次同行评议。

为了让读者了解这些项目，我将介绍其中两个。我对它们很熟悉，因为这是我在纽约奥尔巴尼附近的IGC超级电力部门做工程师兼项目经理时跟进的项目。

传输线电缆

这条电缆的一生是这样度过的：被建造、被安装、在役，然后退休。我只跟进了这个项目的初始阶段，到2002年我就退休了。这是一条长度近1/4英里的HTS地下传输线电缆，安装完毕后运行多年，连接着纽约州奥尔巴尼的两个国家电网变电站。传统铜线电缆因电阻损失的功率如今约为7%~10%，这是开发超导电缆的动力之一。超导电缆还有另一个优势，它的传输功率是传统地下电缆的3~5倍，因此，用HTS电缆替换现有的地下电缆能够增加电力功率，而不需要额外的挖掘工作和通行权。在有些大城市里，争夺拥挤的地下空间是很费力的！

2005年起，这个项目中真空夹套的柔性超导电缆正式被安装并投入使用，它的材料是第一代BSCCO HTS超导材料。2007年，拥有更高临界温度的第二代HTS超导材料制成的电缆替换了其中30米的旧电缆，但第一代和第二代电缆之间的衔接非常好，能够正常工作。它们使用的冷却剂都是液氮。该线路分成三部分，每部分承载800安培的电流，在

34 500伏特的电压下输送48 MVA的功率（如果是传统的含电阻的电力，这相当于48兆瓦，足以点亮48 000个家庭）。

超级电力的合作者还包括住友电工（Sumitomo Electric Industries）、林德（Linde）和美国国家电网。资金部分来自纽约州能源研究与发展局（NYSERDA）和美国能源部。

我注意到最近的发展趋势：自2014年3月以来，限流超导电缆一直在为德国埃森城市中心的电网供电。在1千米的距离、20 000伏电压的基础上，它的功率高达40 MVA（相当于40兆瓦）。[5]

限流变压器

另一个项目我从一开始就加入了，并几乎全程跟进了它的第一阶段（仅限变压器），它后来的目标变成建设HTS超导限流变压器（SFCL）。这种超导变压器体积更小、重量更轻、更安静、比传统变压器效率更高。它能够在高于额定电流的"故障"[6]情况下工作，但不会对变压器寿命造成影响。液氮作为冷却剂和绝缘体取代了原本传统变压器中油的位置，HTS不会成为潜在的火灾源头（毕竟，氮气不会燃烧，它已经占了空气成分的80%，所以向大气中释放氮气也不成问题）。因为增加了限流功能，变压器将为变电站断路提供下游保护，并让上游电网更具灵活性，对整体电网性能也没有负面影响。

该项目的目标是设计、开发、制造并在已通电使用的站点安装与智能电网兼容的中等功率超导限流变压器。这个变压器[7]把输入的69 000伏电压下降到12 470伏电压输出，同时提供28 MVA的功率（28兆瓦）。SFCL将使用第二代HTS超导体，并用液氮作为冷却剂。该项目计划在2015年完成，资金部分来源于美国能源部。超级电力的合作伙伴包括沃基肖电力系统公司（Waukesha Electric Systems，前身为沃基肖变压器公司）、南加州爱迪生公司（SCE）、橡树岭国家实验室和休斯敦大学（TcSUH）。早期的合作伙伴还有罗切斯特天然气及电力公司和伦斯勒理工学院。沃基肖经历了管理层的变化，最后退出了该项目，因此它后来只更多地参与了概念证明，而非变压器产品宣传。

在美国，约有140 000台中型变压器已经使用了近40年，它们的使用寿命已接近尾声。很快，它们就需要被替换下来，如果成功的话，新型超导变压器技术的发展将会使整个美国电网的组件焕然一新。

这里仅仅介绍了一些正在致力于开发新材料和超导应用的公司。现在你已经了解了开发新电力组件的困难和挑战。尽管新技术做出了重要的贡献，但我们要清醒地评估发展现状和可能给总体带来的影响。我们必须认识到，传统的电力行业不会很快地接受新技术。总体来说，在超导方面做出的努力已经够多了。全球的工业界、政府和大学都在开展相关的工作，每两年举办一次的超导应用会议（ASC）仅仅是几个重要会议之一，在这些会议上，有关超导材料或器件的新工作或正在进行的工作都会被报道。通常每个ASC会议上都会展示超过500个报告，介绍最新的进展。[8]

请记住，有许多基于对量子力学的理解和应用的现代发明正在运行，甚至还在开发中，第五部分只介绍了其中几个。在量子力学的帮助下，我们在过去70年中吸取的知识、创造的发明令人惊叹，而在接下来的20年中所做的事情将会让人不敢相信！

致谢

我在撰写本书的过程中，收到了许多评论者和顾问的建议、提问和评论。我非常感谢所有人的帮助。我对这本书里的内容负责，同时对可能的事实或解释错误负责。如果我在致谢忽略了哪些人，请你们接受我诚挚的道歉。

首先，我感谢主编史蒂文·L.米切尔（Steven L. Mitchell）先生以及普罗米修斯出版社（Prometheus Books）的优秀员工，他们给予我广泛的视野、耐心的指导和鼓励。本书的成文是整个团队努力的结果：凯瑟琳·罗伯茨–埃伯尔（Catherine Roberts-Abel）灵活安排了我的进度表和本书特殊的设计需求；汉娜·埃图（Hanna Etu）工作勤奋而高效，在征求授权和评论方面给予我莫大的帮助；杰奎琳·纳索·库克（Jacqueline Nasso Cooke）设计了极具艺术性的封面；杰德·佐拉·希比利亚（Jade Zora Scibilia）、副编辑希拉·斯图尔特（Sheila Stewart）、索引编辑劳拉·谢利（Laura Shelley）和排版编辑布鲁斯·卡尔（Bruce Carle）在理解本书的基础上跟我进行了深入的交流；最后杰克·博纳（Jake Bonar）教会我如何适应市场营销的需求。

本书受益于得克萨斯农工大学米切尔基础物理和天文学系教授、本科卓越教学奖获得者戴维·托巴克博士的评论和建议。他是《无须数学基础的宇宙大爆炸与黑洞》一书的作者，对本书倾注了极大的热情，并慷慨地为本书写了前言，让我深受鼓舞。物理学家L.霍华德·霍利（L.

Howard Holley）最近在蛋白质折叠的生物学相关研究中非常活跃，他不仅帮我回顾了物理学，并且为水分子的成键和形状部分提供了深厚的背景知识。得克萨斯大学奥斯汀分校化学工程副教授兼我的老朋友迪利娅·米利伦（Delia Milliron）浏览了第四部分并帮忙修改了涉及原子的量子力学和化学基础。约翰·加尔东（John Gardon）曾任阿克苏诺贝尔研发副总裁，后到舍温–威廉斯公司工作，现已退休。当我需要深入写某个方向却遇到困难时，他总能帮助我摆脱麻烦。约翰一直在为我提供能源资源和技术发展的背景信息。

本书的英文书名来自弗雷德·博茨（Fred Bortz），是我研究生时代以来的朋友、导师，一个在双关语方面有着非凡创造的人。同时他还是一名成功的作家——在给年轻读者写科普书方面，以“弗雷德博士”（Dr. Fred）这个名字闻名，他曾给许多重要报社出的科技书籍审稿。莱斯利·波尔加（Leslie Polgar）是我研究生时代的另一位朋友，一名物理学家、商业执行官，现在兼职教授和顾问。他帮助我审阅了第8章量子计算机方面的内容。《量子计算》及《13.8：追寻宇宙真实年龄和万物理论》的作者约翰·格里宾审阅并评论了本书的前半部分。我的堂弟C.特伦斯·沃克（C. Terrence Walker）在早期就审阅了本书，跟我一起讨论，并推荐我引用一些有关哲学和量子力学的书籍。特伦斯有思想史的博士学位，对科学哲学有浓厚的兴趣。

芭芭拉·奥克利（Barbara Oakley），苏联拖网渔船上的翻译员，南极无线电操作员，陆军上尉，系统工程博士，教授兼畅销书作家，著有《邪恶基因——为什么罗马会覆灭，希特勒会上台，安然公司会失败以及我妹妹抢走了妈妈的男朋友》（*Evil Genes—Why Rome Fell, Hitler Rose, Enron Failed, and My Sister Stole My Mother's Boyfriend*）。她在写作方面鼓励我、指导我，并在我准备出版时提供了战略指导。芭芭拉还推荐了一名优秀的独立编辑威尔·德罗伊（Will DeRooy），他为我编辑了早期的草稿。他给予我的建议、向我的提问以及关于结构和意义的评论远超出了他的职责范围。杰克·考夫曼（Jack Kaufman）以娴熟的摄影技能帮助了我。玛莎·蒂埃里（Martha Thierry）及时给我提供了细致、高质量的插图。凯西·布朗（Kathy Braun）是指导写作及合作写作的专家，给我提出了写作本书的建议。密歇根州立大学的乔·格里姆（Joe Grimm）教授在他主讲的关于个人出版的当地短期课程里也给了我很多帮助和鼓励。

来自西屋公司、我的同事兼朋友亚历克斯·布拉金斯基（Alex Braginski）为我提供了超导体的最新进展。退休物理教授兼《科学中的人性》的作者阿瑟·威金斯在本书的最后阶段给予了评论和建议。

我写作本书的目的之一是向读者展示组成周围世界的基本成分——原子结构的内在美。其中最难的一部分就是在不使用数学工具的情况下，给读者简要地展示量子力学的美和基本观念，但是这门学科本身是反直觉、抽象的，而且本质上就是建立在数学上的。为了迎接这个挑战，也为了保证我讲述量子力学的方式是有趣、可读的，我在写作本书的几年中得到了朋友和家人的帮助，在我不断修改草稿、每次提交全文或部分章节以供批评和建议时，他们也一直陪伴着我。在这里，我再次感谢所有帮助我的人。

最开始收到的批评来自我去世的妻子罗斯林（Roslyn）：她是陪伴我35年的搭档，一名社会工作者，她或许是我见过最具有常识性智慧的人。尽管她一直支持我，但是最初她对本书的评价是极为苛刻的！我妹妹约翰娜·达登（Johanna Darden）一直都在鼓励我，当然她不算典型的读者，她比本书要面对的读者具备更深厚的数学和物理背景。她的丈夫比尔（曾经是我在麻省理工学院的室友，后来在芝加哥大学做语言学和斯拉夫语教授）更多地跟我在哲学层面上讨论量子力学。我的儿子道格（Doug），先后毕业于麻省理工学院机械工程专业以及密歇根大学，我的儿媳利兹（Liz）毕业于韦尔斯利计算机科学专业，他们通读全文后给我的草稿提出了一些批评和建议。道格说这本书让他进一步了解了曾经学过的知识。

我要特别感谢芭芭拉·哈尔彭（Barbara Halpern）。芭芭拉在罗斯林去世后陪伴了我近11年。她在阅读全文后帮助我润色，对每份草稿都给予反馈，并持续不断地鼓励我（尽管她的热情可能部分源于对知识的渴望和对学习的喜悦）。我还要感谢芭芭拉的孙子埃坦（Eitan）和阿里尔（Ariel），他们在上学、练习大提琴、玩电子游戏以及其他活动间隙挤出时间阅读最新的草稿，并给我评论和建议。

我已故儿子阿兰的好朋友布伦丹·博伊尔（Brendan Boyle），曾经是一名高中老师，现在是计算机专家，在阅读了几份草稿后给了我很多鼓励和建议，他的评论和建议让我获益匪浅。我还要感谢来自博比·马尔凯维奇（Bobbi Markiewicz）、埃德·科（Ed Coe）、查克·汤森（Chuck Townsend）、比尔·阿尔斯特伦（Bill Ahlstrom）、伯尼·斯图切利（Bernie Stuecheli）、乔·雷诺索（Joe Reynoso）、弗兰克·曼德尔鲍姆（Frank Mandelbaum）、唐纳德·舒斯特（Donald Shuster）、表兄杰拉尔丁·斯皮尔曼（Geraldine Spilman）、马克·兰德加滕（Marc Landgarten）、S.马克·塔珀（S. Marc Tapper）、斯坦顿（Stanton）和贾伊·沃克（Jai Walker）、理查德·沃克（Richard Walker）、卡萝尔·沃克（Carole Walker）、莱斯利·霍奇斯（Leslie Hodges）、洛恩·克玛思（Lorne Kermath）、雅各布·霍奇斯（Jacob Hodges）、史蒂夫·霍尔利克（Steve Horelick）的评论和建议，他们在草稿上写了大量标记，给我提出了关键性的问题，或者根据草稿给我口头上的建议。正是史蒂夫激发了我用乐器中的驻波描写原子中电子态的灵感。

给我提供鼓励和建议、跟我一起讨论的人还有：马克·西尔弗曼（Mark Silverman）、约翰·里奇（John Ricci）、鲍勃·布鲁贝克（Bob Brewbaker）、汤姆·马茨（Tom Matz）、贝弗利·维德拉（Beverly Viedra）、杰丽·维德拉（Jerry Viedra）、马琳·卡普（Marlene Karp）、弗雷德·加龙（Fred Garon）、艾琳·斯坦（Irene Stein）、比尔·马戈林（Bill Margolin）、朱迪·考夫曼（Judy Kaufman）、普丽西·佩滕吉尔拉（Priscilla Pettengill）、鲍勃·佩滕吉尔（Bob Pettengill）、鲍勃·阿格尔（Bob Agel）、阿尔·德维尔努（Al Devernoe）和玛莎·德维尔努（Martha Devernoe）、安娜·博尔扎（Ana Borzha）、乔治·施奈肯伯格（George Schnakenberg）、卡伦·施奈肯伯格（Karen Schnakenberg）、伯特·哈尔彭（Burt Halpern）、安娜·扎亚齐科夫斯基（Anna Zayachkowsky），芭芭拉的弟弟拉里·杰里斯（Larry Jeris）及其妻子卡伦（Karen）、儿子贾斯廷和女婿斯皮罗·齐达斯（Spiro Xydas），以及我的表亲吉姆（Jim）和哈丽雅特（Harriet），他们的女儿埃伦（Ellen）及其丈夫尼尔（Neil）。

最后我要感谢玛格丽特·L. 莱顿（Margaret L. Leighton）允许我使用她去世丈夫的书《现代物理学原理》（*Principles of Modern Physics*）中的插图；伦纳德·法恩博士允许我使用他的书《给工程师和科学家的化学》（*Chemistry for Engineers and Scientists*）中的插图；还有悉尼·哈里斯（Sidney Harris）的5幅卡通插图，让读者们阅读起来更轻松。

附录A

电磁波的性质和频谱

读者需要花点儿力气去准确理解光波的概念，但一旦明白了，理解电磁辐射就很简单了，这是个相当迷人的主题。图2–2用水波定义了波长，但是光有所不同。我在这里只从经典角度给出一个相对简单、精确的描述，对我们理解第2章光的量子本质已经足够了。具体来讲，一步步地跟着图A–1的步骤学习也需要花点儿心思，但这些努力都是值得的。

如果你想看个概览，扫视一下图A–1（c）就能得知波的大概印象（当然，不会让你有深刻的理解），也有足够的背景知识去理解图A–2的电磁波光谱。这幅图在第9章的基础上提供了更多信息。

场和电磁波简介

1865年，苏格兰数学物理学家詹姆斯·克拉克·麦克斯韦（James Clerk Maxwell）发展了一套电磁理论，这套电磁理论表明交替的电场和磁场组成的波在真空中会以光速传播。他总结说，光本身就是电磁波。

他的电磁理论还预言了其他电磁波，包括无线电波。

麦克斯韦的理论和托马斯·杨早先阐明的观点（第2章介绍过）都表明光“看起来”表现得像波。在经典物理的背景下，麦克斯韦对光的本质有更深刻、更广泛的理解。但是，第2章提到，光也表现得像粒子，能量以光子，即一个个离散的“包裹”的形式传递。光呈现出波粒二象性。正如第9章提到，光子是传递静电力的粒子，作用在电子上的力就属于静电力。

尽管我们能看见光，但看不见组成光的电场（**E**）和磁场（**B**）。虽然看不见，但我们对磁场都很熟悉，它让磁极相互吸引或者相互排斥，让磁贴吸在冰箱门上，让指南针的指针指向北极。我们对电场没有对磁场那么熟悉，但是大多数人都见过强电场产生的效果：在闪电中或者走过某种地毯时，电子的积聚会产生放电效应。

电场**E**和磁场**B**都用粗体标出，意味着它们是矢量，不仅有大小，还有作用或流动的方向。电场**E**不但衡量了跨越空间的电压大小，也表示其他电荷对电子吸引力或排斥力的大小，还表明了静电是否会产生放电。假设你走过地毯时身上以某种方式失去一些电子，你的身体就带有了电压。再假设你跟一个没有走过地毯的朋友握手（他身上的电子没有失去，也没有带电压），若你带的电压是800伏，你们的手相距一英寸，忽略两只手的几何形状或者其他影响因素，那么两手之间的电场**E**=（800伏）/（1英寸）=800伏/英寸（尽管通常不使用这种单位描述电压，但是对我的例子没有影响）。这个大小的电场还不足以击穿空气，在空气中产生火花。

现在假设你们的手靠得更近了，只有1/10英寸。电场强度随着两手距离的改变而迅速变化，**E**=（800伏）/（1/10英寸）=8 000

伏/英寸，仍然什么事都没发生。然后你们的手又靠近了，距离只有1/100英寸，电场**E** =（800伏）/（1/100英寸）= 80 000伏/英寸，你朋友被电得缩回了手，手的周围产生了火花。这是因为在电场的加速下，你周围空气中的原子失去了电子（即被电离），然后电子在与电场相反的方向上加速，其中一些再次跟原子结合，释放光子。最后，你终于超过了地球表面附近气压下75 000伏/英寸的空气击穿电场强度。

地毯引起的火花和闪电之间的区别在于放电中的电子数量、间距的大小以及随着海拔升高而降低的气压，实际上低气压使得放电更加容易。物体的突出形状也可以加强电场。闪电的情况更加复杂，但你已经知道基本原理了。

因此，电场**E**可以驱动电子，它沿着场的方向给电子施加相反的力。

如果一个电子在不受干扰的情况下，从电压800伏的地方移动到0伏的地方，它会获得800 eV的能量。你可以把这个数字跟第13章提到的氢原子基态–13.8 eV能量相比。13.8 eV对于大多数元素的原子而言都算得上是电离能量。因此，在我们的思想实验中，电子在800伏的电压下释放，足以电离空气中其他元素的原子。

平面偏振电磁波

我们通过几个步骤来想象一下理想光波是什么样的，如图A–1所述。首先，在（a）中，我们考虑空间中的3个方向，即3个坐标轴：从左到右的x轴、朝向我们的y轴、向上指的z轴。3条轴交汇处称为原点。我们定义沿着x轴的方向，原点左边是负值，原点右边是正值；沿着y轴，以原点为界，朝向我们的为正值，原点背后是负值；沿z轴，原点上方为正值，下方为负值。

在（b）中我们可以看到（在短虚线内部）居中的长方体，沿着x轴行进。我们可以把这个长方体想象成切成片的面包，被切截面是个长

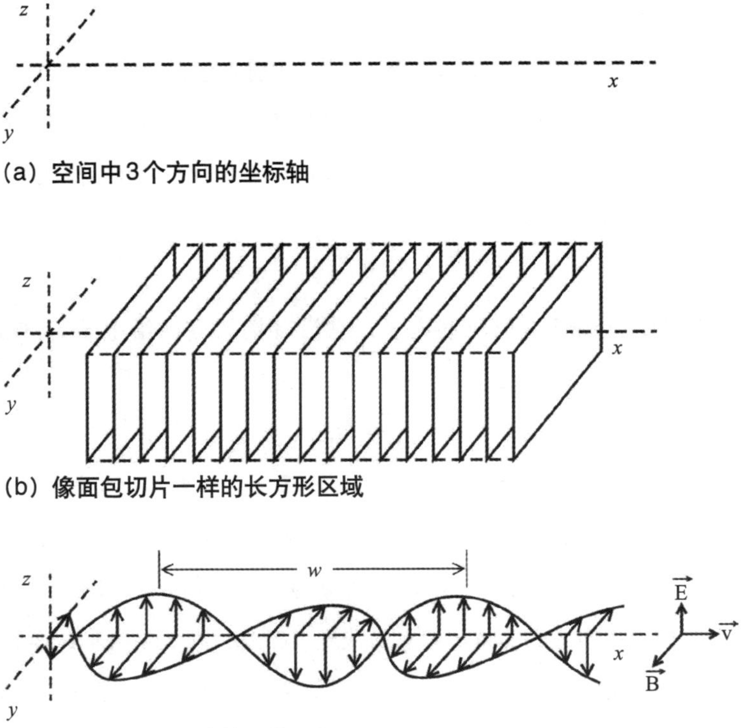

图A–1　平面偏振电磁波。每个箭头（矢量）代表电场**E**或者磁场**B**的大小和方向，在对应x轴位置的长方形所在的平面上向整个空间无限延伸。箭头尖端连成正弦波的形状，相邻波峰之间的距离表示电磁波的波长w。每个在x轴上局部的场（用箭头表示）随着时间增大或者减小，即箭头起起伏伏，因此波沿着x轴以速度**v**传播（对于电磁波而言，这个速度是光速c）

方形，跟x轴垂直。尽管在图上的长方形面积是有限的，但其截面所在的平面沿着y轴和z轴的正与负方向无限延伸。

（c）中画出了一束电磁波。我们这样构建它的概念：从（a）和（b）所示的坐标开始，不完全画出（b）中“切片”的平面，但将（b）中切片跟x轴交汇的点平移到（c）中。对于（c）上每个点，我们用向上和向下的箭头（矢量）表示电场**E**的方向和特定的强度，贯穿了整个切片所在的平面，即在y和z方向上无限延伸。

现在只考虑一个“切片”中的电场**E**。平面中**E**的箭头越长，代表该处电场强度越强。想象在这个平面上，电场**E**是由无数个长度、方向都一样的箭头组成。我们只选择其中一个箭头作为代表在x轴上显示，并让它能够和其他平面上同样表示电场**E**的箭头做对比。

现在如果我们将“面包”切得越来越薄，由此产生的箭头的尖端会越来越近，最后几乎连在一起，在z轴上形成正弦函数的模样，正如（c）所示。沿着x轴磁场**B**矢量的长度跟每点的电场**E**成正比，因此**B**矢量在y轴方向上也形成正弦波。磁场**B**和电场**E**的相位完全相同（沿x轴在相同点上要么同样指向y、z轴负向，要么同样指向正向）。正弦波的峰值被称为波的振幅。[1]因为在我们的例子里，电场**E**只有沿z轴的向上和向下的方向，因此这个波沿着z方向偏振。电场**E**在切片所在的平面上处处相等，因此我们称这种波是平面偏振波。

波的传播

每个矢量（表示贯穿于整个平面的场）随着时间而变化，箭头的长度先是增加并达到正弦波的正数峰值，然后开始减小，到指向负值，然后长度再次增加。每个矢量的相位跟邻近矢量都不相同。这些矢量相继达到峰值，然后下降。每个矢量相继达到峰值的过程中，波就沿着x轴行进，就像球迷们在观众席上制造的人浪，通过举起手—放下手的过程把波动传到整个体育场。人浪的传播跟图2–2中水波的传播类似，只不过人浪在体育场内旋转，而水波从左到右移动，直到撞上防波堤。平面电磁波以速度**v**在x轴上沿直线向前传播，这种情况还会在前面的空间引导新的电场**E**矢量和磁场**B**矢量（产生新的“切面”平面）。注意：人、水分子、电场和磁场只是起起伏伏，但它们本身并不会在波传播的方向上移动。

矢量**v**展示了电磁波沿x轴从左到右的传播。麦克斯韦通过理论证明，所有电磁波在真空中的速度都是一样的，之后也通过了实验的检验：光速约为$c = 300\ 000\ 000$米/秒；用科学记数法表示是3×10^8m/s（当电磁波在介质中，尤其是密度比较大的介质中传播时，比如光在玻璃中传播，速度就会慢下来）。

电磁波的光谱

早先提过，对于电场和磁场，在同一时间，正值峰值跟相邻正值峰值之间的距离是一样的，如图A–1所示，这个距离叫作电磁波的波长。在图A–1（c）中，我用字母w表示波长。当计数每秒钟有多少个波峰经过同一个位置时，我们测量的是电磁波的频率，用字母f表示。

> 频率f跟波长w有一个简单的数值关系。因为波峰穿过某处的频率乘以波峰之间的长度等于波的传播速度c（在真空中一定为c，其他情况接近光速），我们可以用公式表示出f和w之间的关系：$fw = c$。因此，如果我们知道波的频率，想要得到波长，只要将公式两边同时除以频率f就可以了：$w = c/f$。同样，如果知道波长，想计算频率，则将公式两边同时除以波长w：$f = c/w$。

电磁波的全频谱——从长波的无线电波到微波、红外线（IR）、可见光、紫外线（UV）、X射线，到极短波长的高频伽马射线，都是根据波长来定义的，如图A–2左边所示。调幅（AM）无线电收音机在每秒100万个周期（1兆赫）的频率下工作，波长大约为足球场的长度。调频（FM）无线电收音机在每秒1亿个周期（100兆赫）左右的频率范

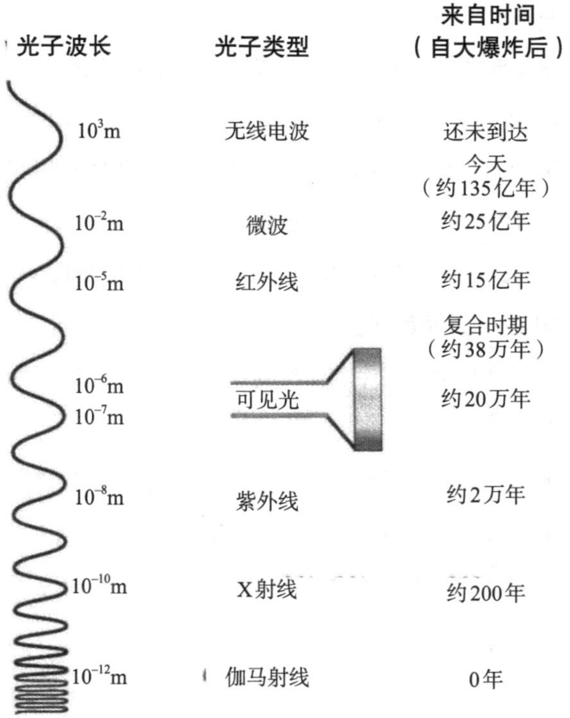

图A–2　电磁辐射的能量子被称为光子。左列展示了光子（从底端到顶端）不断增长的波长，跨度达到万亿倍，从高能伽马射线（波长10^{-12}米）到长波长的FM无线电波（波长1米）。大爆炸时期产生的伽马射线光子因为宇宙空间膨胀而被拉长（参见第10章），直到138亿年后的今天，我们看到的这些光子成了微波背景辐射，波长在微波范围内，约几厘米或几英寸（图片来源：戴维·托巴克，《无须数学基础的宇宙大爆炸与黑洞导论》，图12–7。已得到肯德尔·亨特出版公司的授权

围内工作，波长量级为1米。微波的波长在几英寸内，甚至更短。可见光的波长范围很窄，大约为几百纳米（1纳米等于10亿分之一米）。X射线的波长只有1/10纳米的量级，已经到达原子尺寸的范围。在微波和微波频率以上的电磁波被称为辐射，但有时候辐射也用来描述无线电波。

激光和白光

任何电磁辐射在量子层面上，**B**矢量总是跟**E**矢量垂直，二者同时垂直于波的传播方向，正如图A–1（c）所示。但是，只要满足这些要求，**E**（和**B**）可以在垂直于传播方向的平面上指向任何方向。电磁量子不需要集体指向一个方向，也不一定是偏振的。

但我们可以产生许多电磁量子，它们具有同样波长（同样频率）、偏振方向和相位（波峰都同步排列）的正弦波。这种同步被称为相干性。激光器可以产生数十亿个相干的光子，具有强大且特殊的性质，如第4章和第23章所述。

电子在特定元素原子中跃迁时可以产生单色光（有特定偏振方向、相同波长及对应颜色的光）。太阳或者发热物体发出的光通常是随机偏振光产生的连续光谱，称为黑体辐射谱。正是普朗克研究了黑体辐射，并引发了量子革命。

附录B

元素周期表的发展

历史

时间回到1789年，那时没有原子的概念，只是人们假设存在这样一种物质的最小单位，关于组成它的粒子——电子、质子和中子更没有概念，人们也不知道什么是原子核。

许多化学家仍然支持所有元素都是由多个氢原子组成这样的观点，这是从炼金术时代流传下来的观点。人们相信，一种元素可以转变成另一种元素[1]，比如从铅变成金。那时候惰性气体还不为人知，直到100多年后的1894年才被人发现。因为它们都是气体，并且当时没有人发现它们跟其他物质发生反应，所以没人知道它们的存在。

19世纪是量化研究和信息系统化取得重大进展的时期。19世纪中期，科学研究的性质发生了转变，它已经不仅是富有者的业余爱好或追求，而是由受资助的专业研究人员去操作。实验室不仅为了研究而建立，还作为在领头研究人员的指导下任教的学校。在这些实验室里受过训练的学生随后也独立建立起实验室。

从1817年开始，科学家们注意到一些元素具有相同的化学性质。比如，他们观察到锂、钠和钾的性质相似。现在我们知道了，它们是同一族的元素，原子的最外层电子数都只有一个。他们还观察到氯和溴的性质相似，我们现在也知道，这是因为这两种元素最外层离满壳层都只差一个电子。

研究者们通过物质相互结合后的质量来测量元素的原子质量，然后根据原子质量的相对大小把它们排列起来。如果把氢原子——最轻的原子——的原子质量定义为一个单位，而氢气又正好会跟质量为其8倍的氧气进行反应，因此，人们就推断氧原子的相对质量为8。但其实，（那时也有人提出）每个氧原子会跟两个氢原子结合，考虑到这个情况，就能大致正确地推断出氧原子的相对原子质量为16。（除了最轻的元素，其他所有元素的质量大约一半来自质子，一半来自中子，这两种粒子构成了原子核。）

以相对原子质量递增的顺序排列元素，其思路与根据原子序数的增加来排列元素很接近了（但是当时人们还不知道什么是原子序数）。当研究者们逐一排列这些元素时，他们发现与先前计算的元素化学性质相似的元素周期性地出现，现在我们知道这些元素在同一族。1843年，他们开始以表格的方式排列元素，横行表示相对原子质量，竖列表示相似的化学性质，这就是元素周期表。[2]比如，如果根据相对原子质量的递增将元素排列成一行，那么出现相似性质的元素就排在另一行但是同一列中。

总共至少有6个人为周期表的发展做出了贡献。最知名的早期周期表是1869年德米特里·门捷列夫发表的，它跟同时期奥斯卡·洛塔尔·迈尔（Oskar Lothar Meyer）提出的表很像。门捷列夫共发表了30张左右的周期表，还有其他30个版本未公开发表。这些表的排列各不相同：根据元素的相对原子质量排成行、排成列或者以螺旋状排列。不同形式的周期表中蕴含的信息不变，但是它们可以以不同的方式揭示元素的物理及化学性质。

1879年门捷列夫发表了一张长表格，将当时已知的61种元素根据相对原子质量排成行，并将具有类似化学性质的元素分在同一列中。[3] 由于性质相似的元素中间相隔的元素数量不同，因此相邻的两行包含的元素数量也不同。周期表中还有很多空白处，门捷列夫认为它们代表尚未发现的元素。尽管有空白和不均匀性，周期表的每一行应该包含一个完整循环的性质（一个周期）。

表B–1是1879年门捷列夫的周期表的重绘版，保留了罗马数字标记的列，但其他地方稍有修改。首先，我将周期表“倒置”（将第一行的元素氢放在最底部），以便更容易跟第16章氢原子的物理性质对上号。我保留了每个元素的化学符号，也添加了每个元素的原子序数（当时未知）和全名。最后，我给非金属元素涂上黑色阴影，给半导体元素涂上浅色阴影，让金属元素保留白色。构建这张表时，惰性气体还未被发现。

门捷列夫（或者谢里？）[4]依次用罗马数字Ⅰ到Ⅶ标记表A–1中前7列性质相似的元素，剩下3列一起标记为第Ⅷ组。这些标记都写在表格的顶部。然后，他对表格的排列做出了一些意义不明确的处理，将下一列再次标记为罗马数字Ⅰ，暗示它们的性质也与第一列中的元素相似，并以此类推用Ⅱ，Ⅲ……标记剩下的7列。因此，现在我们知道跟氢具有相似性质的元素有两列，这两列都被归为第Ⅰ族。

表B–1　翻转后的1879年门捷列夫的周期表的前几行

Ⅰ	Ⅱ	Ⅲ	Ⅳ	Ⅴ	Ⅵ	Ⅶ	Ⅷ	
37 **Rb** 铷								
19 **K** 钾	20 **Ca** 钙	—	22 **Ti** 钛	23 **V** 钒	24 **Cr** 铬	25 **Mn** 锰	26 **Fe** 铁	27 **Co** 钴

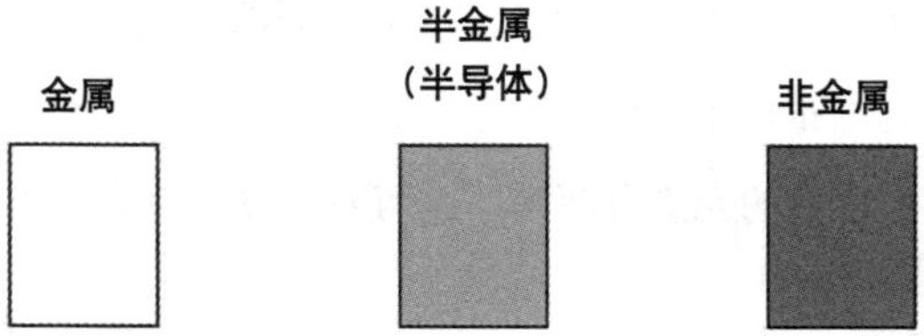

VIII	I	II	III	IV	V	VI	VII	行
								5
28 **Ni** 镍	29 **Cu** 铜	30 **Zn** 锌	31 **Ga** 镓	—	—	—	—	**4**
	11 **Na** 钠	12 **Mg** 镁	13 **Al** 铝	14 **Si** 硅	15 **P** 磷	16 **S** 硫	17 **Cl** 氯	**3**
	3 **Li** 锂	4 **Be** 铍	5 **B** 硼	6 **C** 碳	7 **N** 氮	8 **O** 氧	9 **F** 氟	**2**
	1 **H** 氢							**1**

有勇气的预测

构建周期表的关键在于，每种元素的性质和它参与化学反应的强度应该通过元素的原子量——一种物理性质来决定。尽管门捷列夫不是唯一一个提出周期表的人，但他对周期表有着更加深刻的理解。[5]他与众不同的地方在于对表中存在周期性的信念，这使他大胆地预测了当时还没发现的元素，及其相对原子质量和化学性质。他在周期表中加入了一些空白以表示他在这方面的预测。

门捷列夫的前4个预测的元素（1871年他为此发表了一篇96页的德语论文）中有两个，他称之为“类铝”和“类硅”，其化学性质跟他1869年的周期表中已知的第二行Ⅲ列（铝）和Ⅳ列（硅）元素的性质很像。人们把随后发现的两种新元素跟预测的新元素性质做对比，发现这两种新元素刚好可以填进他的周期表中的两个空白格里：1875年发现的镓（1879年填进门捷列夫的周期表）和1886年发现的锗。正如你看到的，门捷列夫的预言很准！

元素	相对原子质量	密度（克/立方厘米）	熔点（华氏度）
类铝（1871年预测）	68	6.0	低
镓（1875年发现）	69.72	5.904	85.6*
类硅（1871年预测）	72	5.5	高
锗（1886年分离）	72.61	5.35	1 737

*熔点非常低，在热天就能熔化

这还不是全部。镓的发现者保罗·埃米尔·弗朗索瓦·勒科克·德布瓦博德朗（Paul Emile François Lecoq de Boisbaudran）是一名法国人（很显然）。他用自己国家的古代名字对应的拉丁语（Gallis）来命名这个新元素。基恩（Kean）在他的畅销书《消失的勺子》（*The*

Disappearing Spoon）[6]中告诉我们，门捷列夫宣称自己早就预言了这种元素的存在，因而是第一个发现镓的人，以此窃取勒科克的名声。勒科克反击说，更早之前一名法国人就发现了周期表。门捷列夫指出勒科克对镓的性质的测量有误差，因为其结果不符合他的预测。（对于俄国人来说，这可需要很大的勇气！）勒科克最终发现门捷列夫是对的，他的原始数据确实有误，最后发表的结果符合门捷列夫的预测。正如基恩所说："科学界惊讶地注意到，理论家门捷列夫比发现镓的化学家更加清楚地看到了新元素的性质。"[7]

图B–1 中年时期的门捷列夫（图片来源：AIP Emilio Segre Visual Archives）

基恩根据镓的性质，给他的书取名为《消失的勺子》。他提到化学家们开的一个玩笑：用这种银色金属制成一个勺子并放到杯子里，然后往勺子里倒热水。镓的熔点很低，因此它在热水里会由固体熔化成液体。还没等你注意到，勺子便"消失了"，熔化并沉到杯底。

门捷列夫——教师、科学家、特立独行之人、表演者

通过考察德米特里·门捷列夫的生活，我们能够更多地了解当时的科学和社会。他不仅影响了沙皇俄国的科学，而且影响了当时的思想和政治。他是俄国改革的发起者，目标是让俄国变得更好，在这个过程中也提升了自己在沙皇统治下的地位。他于1861年进入俄国社会，同年农奴在沙皇亚历山大二世的改革下获得了解放。门捷列夫与几位政府部长都关系密切，还能见到沙皇，他很快成为

掌握权力的大人物。

虽然门捷列夫在政治上属于保守派，但是他试图改革俄国机构以及俄国科学，让它们走向现代化的进程。他花了很多时间试图改善自己的国家，与他花在科学领域的时间一样多。他寻求组织工业和人力资源的办法，协助制定了1891年的保护主义关税制度，发表对艺术的批评，并以个人的名义旁听“降神会”，揭穿当时流行的招魂术迷信。他在一生中，涉猎过从奶酪的制造到铁的制造、煤和石油的生产等多个技术领域，为伏特加的酒精含量设定了标准；发起首个“大科学”项目，并在俄国引入公制系统；用他自己的探测气球促进气象学的发展，也是化学元素周期表最重要的贡献者。

尽管门捷列夫享誉全世界，但他没有获得诺贝尔奖。该奖项于1901年设立，他在1906年被提名为候选人，但是早年一场科学争端中的旧怨让他没能获奖。毫无疑问，他的贡献值得授予诺贝尔奖（如果他活得够久，奖项最终肯定会被授予他，但我之前提到，它只被授予在世的科学家）。引用谢里的话：“他是周期表的首要贡献者……他的版本对科学界影响最大……他的名字跟周期表已经结合在一起，就像达尔文与进化论，爱因斯坦跟相对论一样。”[8]人们用他的名字命名了月球上的一个陨石坑，以及第101号元素、带有放射性的钔（mendelevium）。

优雅的化学

我在表B–2中展示了被广泛使用的现代周期表，包含了所有118个元素中的103个。出于同样的原因，我将表格上下倒置，跟门捷列夫在表B–1中的处理一样。

表B–2几乎包含了门捷列夫的周期表，只是将元素H、Li和Na以及Be和Mg从右侧的Ⅰ和Ⅱ列移动到左侧的Ⅰ和Ⅱ列。另外，为了让表格更加完整，我填上了门捷列夫留下的空白，给同一族元素做出了标记，添加了另外3行元素，在最右边加上了1879年后发现的惰性气体元素（ⅧA族）。

最后我引用谢里的评论：“元素周期表是科学界最强有力的标志之一：仅仅一张表格，就以优雅的形式捕捉到化学的本质。实际上，在物理学和生物学或者其他学科中，都没有像周期表一样的存在。”[9]

表B–2　现代周期表，包含103个元素（跟表16–4一样）

** 锕系元素（将本行插入第89号元素锕后面）

90 **Th** 钍	91 **Pa** 镤	92 **U** 铀	93 **Np** 镎	94 **Pu** 钚	95 **Am** 镅

* 镧系元素（将本行插入第57号元素镧后面）

58 **Ce** 铈	59 **Pr** 镨	60 **Nd** 钕	61 **Pm** 钷	62 **Sm** 钐	63 **Eu** 铕

ⅠA	ⅡA	族	ⅢB	ⅣB	ⅤB	ⅥB	ⅦB	-----	ⅧB
87 **Fr** 钫	88 **Ra** 镭		89 **Ac**** 锕						
55 **Cs** 铯	56 **Ba** 钡		57 **La*** 镧	72 **Hf** 铪	73 **Ta** 钽	74 **W** 钨	75 **Re** 铼	76 **Cs** 锇	77 **Ir** 铱
37 **Rb** 铷	38 **Sr** 锶		39 **Y** 钇	40 **Zr** 锆	41 **Nb** 铌	42 **Mo** 钼	73 **Tc** 锝	44 **Ru** 钌	45 **Rh** 铑
19 **K** 钾	20 **Ca** 钙		21 **Sc** 钪	22 **Ti** 钛	23 **V** 钒	24 **Cr** 铬	25 **Mn** 锰	26 **Fe** 铁	27 **Co** 钴
11 **Na** 钠	12 **Mg** 镁								
3 **Li** 锂	4 **Be** 铍								
1 **H** 氢									

金属

半金属（半导体）

								行
96 **Cm** 锔	97 **Bk** 锫	98 **Cf** 锎	99 **Es** 锿	100 **Fm** 镄	101 **Md** 钔	102 **No** 锘	103 **Lr** 铹	7
64 **Gd** 钆	65 **Tb** 铽	66 **Dy** 镝	67 **Ho** 钬	68 **Er** 铒	69 **Tm** 铥	70 **Yb** 镱	71 **Lu** 镥	6

	Ⅰ B	Ⅱ B	Ⅲ A	Ⅳ A	Ⅴ A	Ⅵ A	Ⅶ A	Ⅷ A	
									7
78 **Pt** 铂	79 **Au** 金	80 **Hg** 汞	81 **Tl** 铊	82 **Pb** 铅	83 **Bi** 铋	84 **Po** 钋	85 **At** 砹	86 **Rn** 氡	6
46 **Pd** 钯	47 **Ag** 银	48 **Cd** 镉	49 **In** 铟	50 **Sn** 锡	81 **Sb** 锑	82 **Te** 碲	53 **I** 碘	54 **Xe** 氙	5
28 **Ni** 镍	29 **Cu** 铜	30 **Zn** 锌	31 **Ga** 镓	32 **Ge** 锗	33 **As** 砷	34 **Se** 硒	35 **Br** 溴	36 **Kr** 氪	4
			13 **Al** 铝	14 **Si** 硅	15 **P** 磷	16 **S** 硫	17 **Cl** 氯	18 **Ar** 氩	3
			5 **B** 硼	6 **C** 碳	7 **N** 氮	8 **O** 氧	9 **F** 氟	10 **Ne** 氖	2
								2 **He** 氦	1

非金属

附录C

量子计算机的发展

本部分的目标是让你感受到量子比特的物理构成和量子计算机发展的最新水平。

在这里，我会用到一些概念，读者在阅读完第四部分以及第五部分后，再来阅读就会轻松很多。但是这个附录是对第8章内容的补充，所以我就提前使用这些概念了。如果你觉得阅读起来很吃力，请坚持读下去，在后文中你会了解到更多背景。如果你觉得涉及太多细节，浏览一遍就够了。

正如第8章提到的，《量子计算》的作者约翰·格里宾介绍了构建量子比特的6种方法，以及截至2014年它们的发展、在计算机中使用的情况。[1]我在下文中简要地总结了这些方法和进展，并适当添加了最近的成果。量子计算仍处在发展初期，但它是一个很有前景的应用。

1. 离子阱：小型真空室或者微芯片中空区域内的离子在电场的作

用下被固定在适当的位置，作用在它们身上的激光束有效防止了它们的热振荡（这种技术叫作光学冷却），“就像一艘大船受到四面八方拖船的挤压而固定在一个位置”。[2]激光脉冲可以使离子的外层电子从一个稳定的态跳到另一个态（这两种态可以实现二进制量子比特）。离子还可以在自己的位置上以两种不同共振频率的其中一种来振动（在同一个物理元件中提供第二个量子比特）。一排排的离子可以进入纠缠态并协同工作。这种方法的优点在于要访问、控制和读取离子状态很容易。量子比特实验也是从这种方法开始起步。2013年年底，有相关论文报告了小型量子信息处理器的实验工作。[3]

2. 核磁共振（NMR）[4]：利用高频无线电波，让液体中的分子受激发，从一种核自旋态转变成另一种。核自旋在z方向的分量类似于电子自旋，取向要么跟磁场平行，要么跟磁场反平行（二进制）。同一个分子可以制造出好几个量子比特。核自旋跟热振荡的相互作用不强，因此NMR的优点在于可以在室温下操作，但是读取结果非常困难。即便如此，NMR是第一个实现量子质因数分解的方法。2001年，一件液体大样品的单个分子中7个自旋为–1/2的原子核实现了15的质因数分解。[5] 2011年11月，科学家通过液晶核磁共振，使用量子算法对数字143进行质因数分解。对于质因数分解，量子算法被认为优于经典算法。[6]

3. 量子点：在固体的表面，原子核的正电荷对电子的吸引力分布会产生纳米量级的局部“尖峰”，这种现象在用沉积工艺制造的半导体界面处尤为明显，[7]倾向于形成小的电子阱，让额外的电子驻留。电子从一个阱移动到另一个阱，或者驻留在两个阱之间，提供了（二进制）态的切换和叠加态的必要条件。在两个量子点的自旋态之间的切换也在探索中。截至2012年，科学家已经实现了约200微秒的自旋相干时间。这种方法最适合标准的半导体制造工艺，它有进一步的优点，即可以在室温下运行，不需要额外复杂的冷却或热隔离。新南威尔士大学的米歇尔·西蒙斯（Michelle Simmons）在最近的一次报告中总结了量子点的发展，详细介绍了在硅中化学植入磷离子点的结构和性质[8]，制备方法已经很接近标准的硅基制造技术。[9]随后，他描述了在未来5~10年内建造双量子比特器件，并设计含20个量子比特的集成电路的计划。[10]

4. 同位素核自旋：平常我们接触到的碳原子核和硅原子核没有净自旋。极少数具有净自旋的同位素可以从一种核自旋态转换到另一种核自旋态（比如从“上”自旋变为“下”自旋），由此可以构成量子比特。涉及氮–空位色心（NV center）的详细内容将会在下文介绍。

5. 量子光子学：光子的双态，比如水平偏振和垂直偏振，[11]让光子表现得如同移动的量子比特。第8章介绍的CNOT门操作[12]已经被实现了，不仅在光学实验室中的大型实验台上实现了，科学家还（在2008年）在尺寸为70毫米长、3毫米宽、1毫米厚的硅芯片上制造了数百个硅CNOT门。芯片采用工业工艺制造。格里宾说：“在具有开创性的布里斯托（英国）的设备中，4个光子被引入网络，并让它们处于4个比特能产生的所有可能的叠加态；网络里的逻辑门的计算制造出纠缠态的输出，当测量光子的输出状态时，纠缠态随之消失。布里斯托团队通过这种方法，用肖尔算法找15的质因数，最后骄傲地找到了3和

5。所有操作都是在室温下完成的，与普通的计算机芯片非常相似。”[13]2012年，这个布里斯托小组计划在三年内将这种单一用途的“计算机”（仅仅需要几对纠缠粒子）在加密等领域投入使用。

6. 超导量子干涉器件（SQUID）[14]：最后介绍的是一种最先进的方法，由IBM和一家叫D-Wave的公司开发。两所公司都主要利用了SQUID方法以及超导技术（第22章有具体介绍）。截至2011年9月，IBM的研究员正在试验两个超导结量子耦合量子比特。[15]他们列举出了其中的主要难点，但称在5年内要积累足够的经验和知识，在那之后转向量子计算机的发展。

最近，D-Wave公布了一种1 000位量子比特处理器的发展（在2015年6月宣布）。[16]（提醒读者：这台处理器的实际量子计算能力还需要进一步验证。）在这台处理器中，超导体–半导体–超导体结构的约瑟夫森结形成了小的回路，需要在极低的温度下工作。[17]它们可以在电流的量子双态之间切换。这种处理器在单个芯片上含有128 000个约瑟夫森结，用标准半导体工艺制作而成。D-Wave的制造商宣称他们是世界上第一家量子计算机公司。

2014年9月发表的文章《谷歌的第一台量子计算机》（Google's First Quantum Computer）将D-Wave的计算机描述成“量子退火计算机”，只能解决“优化”问题，跟能使用“通用门模式设计图”解决更广泛问题的计算机有所区别。[18]

纠缠的NV色心——同位素核自旋的例子之一

为了说明材料技术的复杂性，以及让量子比特工作起来需要考虑的因素，我提炼了最近的一篇综述文章（2014年10月）的要点，简要介绍下NV色心。[19]文章还描述了NV色心在亚微观尺度上潜在的性质。NV方法的目标是在可控和可读取的离子阱量子比特和已构建好的半导体芯片工艺之间建立桥梁。在NV色心这个例子里，氮离子通过离子枪被注入高纯度的金刚石晶格中。有一种制造金刚石的方法叫化学气相沉积，把碳原子沉积成完美的阵列，一次沉积一层原子，逐渐向上累积来让晶格生长，金刚石就是这样形成的。

离子的冲击造成碳原子的缺失，在晶格中创造出空位。氮离子跟其中的空位耦合，形成离子–空位配对，即为NV色心，表现得非常像离子阱中的单个离子。在NV处的一个电子可以处于基态或激发态，每种态与电子自旋的磁矩相互作用还可以分裂成三种态，标记成$m_s = 1$，$m_s = 0$，$m_s = -1$，其中$m_s = 0$的能量比其他两种态略低一些，剩下两种态的能量相等。

以微波频率施加的小交变磁场可以设定电子初始的自旋态。电子从$m_s = 0$的激发态跃迁到其他态发出的红光比从另外两个态跃迁发出的光更亮，因此很容易得知NV色心处于哪种态。此外，电子在态与态之间的转变发生在一微秒（百万分之一秒）内，因此，读取态所需的时间只占纠缠态持续时间（相干时间）的很小一部分。这些NV的性质都得到了研究和实验上的确认。

NV色心自旋态的持续时间在室温下仅为1毫秒（千分之一秒，1 000微秒），作为量子比特的存储时间来说太短了。如果NV色心可以冷却到液氮的温度，即77开尔文（室温为约

300开尔文)，相干时间就能延长至一秒。但下面这个替代的存储方案更让人激动。

与NV色心的量子态相互作用的主要机制来自主晶格（绝大部分由碳–12原子构成）中掺杂的同位素碳–13原子核的自旋，碳–12不具有净核自旋。因为碳–13核自旋态可以维持数小时的相干时间，信息或许可以存储在同位素碳–13的自旋中。通过这些自旋跟附近NV色心的电子自旋相互作用，可以设置（初始化）和读取信息。一个NV色心可以被看作是杂化自旋存储器，其中的电子自旋作为一个接入点，可以设置并检测邻近核自旋的多个纠缠量子比特的接入点。尤其是，每个邻近的核自旋允许（或者不允许）电子在激光的“翻转”频率下进行跃迁，这样就能标记碳原子核自旋的态。核自旋和电子组合在一起就能实现CNOT逻辑门。

NV色心周围只有有限数量的核自旋可以以这种方式陷入纠缠，但是一个NV色心可以跟十几纳米远的另一个NV色心纠缠。科学家们进一步提出，“光子是一种自然的‘飞行量子比特’，能够将邻近或相隔很远的量子寄存器彼此联系，在后一种情况下或许能够创建量子网络”。[20]

除计算机之外，文章还提到包含了NV色心的纳米量级的金刚石粒子可以作为传感器，嵌入分子或生物系统表面，或者放置于距离表面纳米量级的位置。NV电子的能级会受到局部化学环境或者分子碰撞（如温度）的影响，从这些NV色心发出的光的波长也会发生位移。通过施加磁场，光波长会进一步发生位移。利用这个性质可以精确地感测光的发射来源，以此构建物质内部或表面特性的高分辨图像，原理类似

MRI，但比MRI的分辨率更高，因此可以制成迷你温度计或化学传感器。

关于实用量子计算机系统的开发，还有很多工作正在进行。因为这一领域还在快速增长中，本书出版之时或许还有更多进展。

附录D

原子的大小与元素的化学性质

电离能

原子的大小和元素的化学性质在很大程度上取决于外层电子受原子核束缚的强度。电离能是指外层电子挣脱原子束缚获得自由所需的能量。测量电离能就能了解外层电子和原子核的结合强度。

测量通常分为几个步骤，每个步骤分别去除一个、两个或者更多电子。除了通过移除电子的方法，还可以利用光子波长和能量之间的量子关系得出的光谱数据来计算电离能。用两种方法确定的电离能相互符合得很好，其中光谱的方法更精确，这里给出的数据主要是通过光谱法获得的。[1]

从基态原子[2]中电离单个最外层电子的能量，等于将最外层含负能量的束缚态电子提升到能量为零的自由电子所需要的能量（请参阅第14章关于能量和束缚态的讨论）。因此这个负的能量衡量了每种元素中电子被束缚的程度，这正是整本书中我们用负能量能级来描述外层电子占据的状态的含义。电离能的测量让我们能够鸟瞰那些难以计算或近似的多电子原子的能级，也让我们能够比较不同元素间的最高能级。通过这个角度还可以解释不同形式的化学键。我在第18章讨论了特殊的化学键，但这里将介绍更广泛的主题，即最外层电子态如何决定了原子倾向于形成的化学键性质。

外层电子和原子的尺寸

表D–1是元素周期表的局部，展示了41种元素最外层电子的能量和对应的原子大小。在定义了它的特性后，表格就变得简单易懂。元素符号标在阴影球下方（阴影球表面原子的相对大小，有些元素没有画出阴影球），元素符号右上角标记着对应离子所带的电荷，同时符号下方是原子的相对大小和离子相对大小的比值。比如，在Mg/Mg^{2+}符号下方是镁原子半径和镁离子半径的比值，两者的单位均为1/10纳米（其中一纳米约为一角硬币厚度的一百万分之一）。外层电子的能量（电离能的负值）标记在阴影球和半径的下方，显示为绿色。

元素被分为两种，主族元素和副族元素，分别在罗马数字后标上字母A和B，跟第16章的定义一样。每一族（列）元素都跟表16–4和表B–2相对应。（注意：我在两个地方放置了两张相同的周期表，分别是第16章中的表16–4和附录B中的表B–2，读者阅读时可就近翻阅。）

表D–1中插入的矩形方框展示了10种副族元素，它们属于过渡金属。周围是其余31种主族元素和对应的性质。它们在周期表中的位置在最左、最右几列以及倒数几行。一次介绍一类元素的一个性质最轻松，首先来看看主族元素的性质，从原子大小开始。

在表D–1中我们首先注意到的是每一行从左到右，原子的大小逐渐递减。每个阴影球的大小表示元素原子的相对大小[3]，它们基本是电子占据最外层态的概率云大小。但是，所有电子态都是弥散的，概率分布呈云状（如图3–8所示），并不像表D–1中的阴影球有明显的边界。只有最左两列元素的最外层s态电子，以及最右一列的满壳层电子的态呈球对称状，所有这些“球”都是弥散且“毛茸茸”的。

表中没有列出惰性气体，即最右ⅧA列元素的原子大小，也没有画出对应的阴影球。根据推测，这些元素原子只比同一行前面一个原子（ⅦA列）略小，因为从左到右直到ⅧA元素，原子的大小看起来是逐渐减小的。

除了少数几个例外，当我们从左到右再从上到下历数每个元素时，最外层电子的能量的负值越来越大，即电子跟原子结合得越来越紧密。每行从左向右看，原子的尺寸逐渐减小，粗略地对应了外层电子越来越大的负值能量，说明电子被束缚得越来越紧密。每一列从上到下原子越来越小，可以粗略地对应越来越大的负值能量，反映了电子跟原子结合得越来越紧密。

再看最右3列，每一行最外层电子的负值能量都是稳定地变得越来越大，这个趋势说明最外层电子跟原子的结合越来越紧密；同时，从左到右，元素电子的数量也越来越多。这些元素原子中额外的p态电子只部分受到其他电子的屏蔽效应，同时有越来越多的质子吸引电子，反映到电子上就是它们的负值能量越来越大。

表格每一行最外层电子的负值能量在ⅧA列达到最大，这一列元素原子的壳层都被电子填满。而原子对电子的束缚非常强，以至于不会被剥夺电子，从而跟别的元素反应。它们的原子也不倾向于获得电子。如果有多余的电子想加入ⅧA族元素的原子，它获得的负值能量甚至比表中上一行第一个元素最外层电子的负值能量还小，即原子对它的束缚很小。这是因为往ⅧA族元素里添加电子形成的离子，尽管在电子结构上跟下一行第一个原子相同，但是它少了一个质子，因此这个外加电子获得的负值能量比下一个更高Z值元素的最外层电子要小。这是因为，另一种元素的电子不会被惰性元素的原子吸引。惰性气体原子既不想失去电子，也不想得到电子，这就解释了ⅧA族元素不会跟别的元素反应形成离子键，也不想通过跟别的元素共享电子而形成共价键。总之，它们就是不想进行相互作用，因此得名——惰性气体。

现在，注意在ⅥA列第2行中的氧原子（O）跟VA列的氮原子（N）相比，最外层电子态的负值能量较弱；ⅥA列第3行的硫原子（S）跟VA列的磷原子（P）相比，最外层电子态的负值能量也变弱了。O和S破坏了元素从左到右负值能量逐渐增加的队形，这是因为O和S是它们行中第一个在外层p态子壳层中含有相反自旋的电子的元素，也就是说在p空间态有两个电子。这就导致了两个电子间有较大的排斥力，使外层电子的负值能量变弱，跟原子核的结合不那么紧密，电离其中一个电子所需的能量也随之变小。

化学键的性质

自然界中所有物质都倾向于待在最低能量的状态。原子倾向于跟其他原子共享电子或者转移电子，只要共享或者转移电子后原子（或离子）共同的能量低于之前原子各自能量的总和。因此，一个原子在化学反应中是得到电子、失去电子还是共享电子，取决于它最后一个电子占据的态的能级，以及下一个电子要占据的态的能级，还有与之反应的原子的这些相关态是什么情况。下面我来慢慢解释。

如果这个原子中下一个电子要占据的态（第一个还未占据的态）比跟它反应的原子的最后一个电子态的能量要低（负值能量要大），那么在反应过程中第一个原子就倾向于从第二个原子中获得电子，因为电子在这个转移的过程中，相当于往下跳到一个更低的能级，它很自然地更喜欢低能量的状态。获得电子是典型的非金属的性质，它们出现在表D–1的右下方，用深色阴影表示（惰性气体元素是例外，我会在下文解释）。这种类型的原子，比如氟原子获得电子的能力非常强，它构成的氢氟酸可以用氟原子取代二氧化硅（SiO_2）中的氧原子，从而腐蚀玻璃。

相反，如果一个原子最外层电子态的能量高于（负值能量小于）另一个原子的下一个电子态，第一个原子在反应中就倾向于让它的最外层电子“向下跳到”第二个原子中去。失去电子是典型的金属的性质，出现在表D–1的左上方。比如，钠原子最外层的单个1s态电子的能量较高，把一块钠扔进水里，具有获得电子能力的氧原子就推开与之结合的一个氢原子，抓住拥有更高能量（更小的负值能量）的钠原子电子。这个反应产生的氢气跟空气中的氧气结合，只要温度足够高就会燃烧起来，产生光和热。如果氢气的量足够多，甚至还会爆炸。

如果电子从一个原子完全转移到另一个原子上，获得电子的原子就带有负电荷，成为阴离子。失去电子的原子则带有正电荷，成为阳离子。两个带有相反电荷的离子受静电引力的吸引并通过离子键结合在一起。比如，钠离子和氯离子间形成离子键，生成氯化钠（NaCl），就是食盐。

如果原子最外层电子态的能量跟另一个原子第一个未占据的电子态能量相当，则两个原子可以通过分享它们的最外层电子（以一种扭曲原子的方式）来降低总体的能量，这样形成的化学键为共价键。这样结合后，分子的能量比两个单独的原子的能量和要低。注意，所有化学键都是离子键和共价键的某种组合。第18章具体讨论了一些键的类型。

原子外层电子的壳层被填满后，它们就不愿意失去电子。如果原子的下一个要占据的态的负值能量不高，它们也不想得到电子。因此这些既不想失去也不想得到电子的原子就很难跟别的元素原子发生反应。它们就是“冷淡”的ⅧA族惰性气体元素，在表D–1的最右一列。另一种描述方法则是原子倾向于处在壳层被填满的状态，失去电子或得到电子都是为了达到这种状态，使得电子结构跟离自己最近的惰性气体的电子结构趋同。

原子和离子的大小

表D–1从左到右原子尺寸逐渐减小的趋势是违反直觉的。如果不看这张表，考虑原子序数越来越大的原子，它们的电子数量也越来越多。根据我们自然而然的感觉，难道不是电子越多的原子半径越大吗？

从第17章和本附录的阅读中，我们得知答案不是这样的。更多的电子围绕原子核，意味着原子核内有更多的质子，也意味着质子对每个电子的吸引力增大，尽管电子感受到的吸引力会因为其他电子的屏蔽效应而稍有减弱。最终结果是（当我们考虑同一行的元素有越来越多电子时），每增加一个电子（除了ⅥA族的元素），原子核对电子的束缚就越大，电子到原子核的距离缩小，因此电子越多的原子尺寸越小。但是这个规律只对同一行内的元素起作用。

ⅠA列元素原子的电子数量比满壳层多一个（氢原子除外，它只有一个电子）。这一个电子占据了能量较高（负值能量较低）的s态（跟在满壳层里的电子相比）。对于每一个这类原子，最外层的单个电子会受到其他电子的屏蔽效应，以至于只能感受到原子核的一个正电荷的吸引力。因为内层电子是满壳层的，呈球对称状，相互之间紧密结合，所以最外层电子受到原子核的束缚比较弱，它的s态能量远远高于前一个惰性气体原子的满壳层能量。这实际上有点儿像让电子处于氢原子的较高能级（n数值较大，负能量较小）的态——原子核周围只有一个电子，（以最外层电子的视角）屏蔽效应让它只感受到一个正电荷，就像$Z=1$的氢原子一样。因此从ⅠA族纵向看来，原子的尺寸越大，原子核对最外层电子的束缚就越小。表上的这些原子，先是在每一行中，随着电子数量增多，半径越来越小，直到惰性气体，然后跳到下一行（表中的上面一行）第一个原子后半径突然变大，新的电子占据了束缚不那么紧的s态。

表D–1中半径最大的原子是铯原子（Cs），原子序数Z = 55，在表格的左上角。它的直径接近半纳米，大约为0.470纳米。一纳米大约是一角硬币厚度的百万分之一，而原子序数更高的原子也不会比铯原子大太多，因此，可以说大多数原子小于一角硬币厚度的百万分之一的一半。

铯原子（Z = 55）只比碘原子多两个电子，但是半径是碘原子的1.6倍。这说明当增加的电子跨越了满壳层的元素并进入下一层s态之后，原子半径有一个大的跳跃。含53个电子的碘原子半径仅为单电子氢原子的3.6倍，说明碘原子因为最外壳层几乎要被填满而使自身的半径变得相对较小。

ⅡA列的元素跟同一行ⅠA列元素相比，原子半径的减小幅度也相对较大。这是因为ⅡA列元素的最外层电子刚好填满了s态子壳层，所以出现了原子半径大幅度下降的情况（反映出原子核与外层电子的紧密结合）。请参考表16–3中s态子壳层的部分，表中附上了每个元素的原子序数Z。那些刚好填满子壳层的原子会跟电子结合得稍紧密一些，这种效应有些类似于填满整个壳层的原子（惰性气体原子），其电子束缚得也更紧密。

价子壳层离子

当一个原子得到或者失去电子时，它就会变成离子。几个原子结合在一起形成的原子团也可能集体得到或者失去电子而产生离子，比如氢氧根离子OH^-。H_2O可以分解成氢氧根离子OH^-和氢离子H^+，H中的一个电子转移到OH上。一个原子倾向于失去或者得到的电子数量称为化合价。失去电子时，原子形成正价的阳离子，因为质子的数量多于电子，离子带正电。得到电子时，原子形成负价的阴离子，因为电子的数量多于质子，离子带负电。离子化合价解释了表D–1中左上的元素为什么倾向于跟右下的元素结合形成化合物；正价原子（左上的元素）倾向于失去电子，与倾向得到电子的负价原子（右下元素）结合。

当原子最外层电子全部失去后，就形成正价子壳层离子，它们的子壳层是被填满的状态，比如第二行价子壳层离子的电子填满1s态，其他行的价子壳层离子电子填满p态。负价子壳层离子则是通过原子最外层获得足够的电子形成满壳层的状态而产生。

表D–1中阴影球里的虚线表示当原子失去一个、两个或三个电子时形成的（+）、（2+）、（3+）的价子壳层离子的相对大小。比如，锂Li和它的价子壳层阳离子Li^+的相对大小就由阴影球跟里面的虚线表示，它的位置在左边ⅠA列第二行，紧跟氢原子。注意，氢原子的阴影球里没有虚线。因为当氢原子失去一个电子变成氢离子时，就只剩下一个质子，半径是氢原子的万分之一，无法等比例地在图上显示。包裹着阴影球的虚线表示当原子得到一个、两个或三个电子时形成的（–）、（2–）、（3–）的价子壳层离子的相对大小。比如ⅤA列的第二行就展现了氮原子N和氮离子N^{3-}的相对大小。

副族过渡金属和它们的性质

接下来我们看看副族过渡金属元素的性质。它们是第16章表16–3中d区域的元素，位于表16–4和附录B中表B–2的中部和顶部，一共有59个。[4]表16–3和表16–4第四行中间的10种过渡金属元素的性质都列在表D–1里的方框中。注意，这10种元素的原子大小和最外层电子能量的变化相对较小，但它们的物理和化学性质都有所不同。原子大小和最外层电子能量可以解释元素的总体特征和周期性，那这些微小的能量差异应该也可以对那些更细微的性质差异做出解释。

过渡金属包括一些最为常见的元素，其中就有最早被发现的元素，以及一些以单质形式存在的元素。表16–4和表B–2中第四行的过渡金属，从钪（原子序数Z = 21）开始，依次是钛、钒、铬和锰，然后有铁、钴、镍、铜和锌。在后3个元素下面的第五行中，有钯、银和镉；而在第六行中，有铂、金和汞（我们最熟悉的几种元素用楷体标出）。

是什么将金属原子集合在一起形成金属固体？是什么让金属有了导电性？金属的磁性又怎么解释？这些内容在第19章都介绍过了，那一章也同时介绍了这些性质的相关应用。这里就不详细介绍它们的化学性质了。如果读者想了解更多，我推荐阅读法恩和比尔的《科学家和工程师的化学》，或者豪斯克罗夫特（Housecroft）和夏普（Sharpe）的《无机化学》。

稀土和重元素

跟d态不同，f态对元素的性质影响很小。因此，在4f态上填充了电子的Z = 58到Z = 71的稀土元素，性质上跟它们的前辈，Z = 57的镧元素差别不大，这也是为什么通常称它们为镧系元素。同样，5f态上填充了电子的元素，从Z = 91到Z = 103的元素性质跟它们的前辈，Z = 89的锕元素也没什么差别，因此也称它们为锕系元素。镧系元素之后填充d态的原子，从Z = 72的铪元素开始，元素性质（除了上面提到的原子大小）随着原子序数的增加而产生了显著差异。

附录E

X射线的产生

根据第17章的内容，一些过渡金属原子内靠近原子核的、能级极低的电子在跃迁时会产生X射线。在最内层的两个1s态的电子云几乎完全位于其他电子云的内部，因此它们和原子核的相互作用几乎不受屏蔽效应的影响，只有另一个同胞1s态的电子会产生屏蔽效应，并且只能屏蔽原子核的一个正电荷。对于更高原子序数的原子，这个最内层电子含有的（负）能量类似于第17章中描述的单电子离子，跟质子的数量的平方成正比（跟原子序数Z的平方成正比），因此它含有非常非常大的负的能量（也可以说能量极低，它需要很高的外部正能量才能摆脱原子核）。如果其中一个最内层电子被撞击到高能级甚至离开了原子，另一个电子可能就跃迁到它原来的态上。这意味着另一个电子会损失能量（为了去到能级更低的态），于是它会发射能量非常高的光子，即所谓的X射线。X射线已经应用在许多领域，包括医疗诊断成像和检测金属焊接缺陷。

X射线通常可以通过将电子加速到数万电子伏特的能量轰击金属的

方法来产生，如此高速的电子足以将内层电子敲出原子，使其获得自由。金属（保持很高的正电压来吸引电子轰击）和电子源（加热的钨极）被封闭在真空管中。一旦内层电子被撞击出原子，跃迁就发生了，同时辐射出X射线的光子。当然，轰击金属涉及数十亿个原子中的数十亿个电子，因此产生了数十亿个X射线光子。

两种用于产生X射线的金属是铜（Z = 29）和钨（Z = 74）。如果不考虑屏蔽效应（事实并非如此，但我们在这里取近似值），$n = 1$的最内层电子能级可以用第17章中介绍的薛定谔公式来计算。公式如下：

$$E = (-13.60\ \text{eV}) \times (Z)^2/(n)^2,$$

对于铜和钨我们分别得到–11 438 eV和–74 474 eV。在实验室里测的这些元素产生的最高能量X射线（最外层电子到内层$n = 1$电子态的跃迁）表明，最内层电子的能量为–8 990 eV和–69 500 eV，考虑到这两个原子的复杂性，以及被我们忽略的内层电子的屏蔽效应和外层电子的部分钻穿效应，实验测得的值与我们计算的值较为符合。X射线测得的能量值再一次验证了量子力学的有效性，而经典理论则无法预测能量的具体值。

注释

推荐序

1. Carl Sagan, "Why We Need to Understand Science," *Skeptical Inquirer* 14, no. 3 (Spring 1990).

前　言

1. Rosenblum and Kuttner, Reference X, p. 5.

2. Ibid., preface, p. 5, p. 116.

3. In a letter to Max Born on March 3, 1947, Einstein wrote: "physics should represent reality in time and space, free from spooky action at a distance." This is quoted from Max Born, *The Born–Einstein Letters 1916–1955: Friendship, Politics and Physics in Uncertain Times*, by Manjit Kumar (New York: Macmillan, 2005), p. 155, in Kumar, Reference K, p. 312.

第 1 章　量子力学的"诸神之战"

1. McEvoy and Zarate, Reference A, p. 3.

2. Scerri, Reference D, p. 229.

3. Gribbin, Reference Z, photo insert, caption for the identical photo shown in *Quantum Fuzz*, Figure 1.1.

4. Kumar, Reference K.

5. Bortz, Reference B, pp. 212–27. A similar listing (also in order by the year in which the award is presented, and also starting from 1901when the first award was given) can be found in *Wikipedia*, s.v. "List of Nobel Laureates in Physics," https://en.wikipedia.org/wiki/List_of_Nobel_laureates_in_Physics (last accessed September 22, 2016).

第 2 章　实验与早期猜想

1. Andrew Robinson, *The Last Man Who Knew Everything* (New York: Pi, 2006), p. 96.

2. Kumar, Reference K, p. 56.

3. A listing of all Nobel Prize winners in Physics and the rationale for the award, from the first in 1901 through 2000, is provided in Bortz, Reference B, pages 212–27. An updated list may be found in *Wikipedia*, s.v. "List of Nobel Laureates in Physics," https://en.wikipedia.org/wiki/List_of_Nobel_laureates_in_Physics (last accessed September 22, 2016). As mentioned in the preface, all subsequent quotes showing the rationales for the awards are from these sources.

4. Einstein initially did well in his entrance exams in math and physics, but he failed in history and languages. As a result, he was encouraged to finish high school in a small town near Zurich, where he boarded with the family of the school director, had a great time socially, became a gregarious freethinker, and graduated at the head of his class.

5. Kean, Reference R, p. 43.

第 3 章　量子力学与量子原子

1. Bortz, Reference B, p. 55.

2. Kumar, Reference K, p. 150.

3. Moore, Reference M, p. 272.

第 5 章　量子力学的基本特性

1. I modify the format and terminology put forward by Chad Orzel in Reference L, p. 59, to recognize that each state may be represented by a wavefunction, and that these wavefunctions for the states may be components of an overall wavefunction.

第 6 章　不确定性、纠缠与多世界理论

1. Bohr made a distinction between the macroscopic world, for which classical physics would apply, and the submicroscopic world for which quantum theory would apply. But, as you will come to see, ours is a quantum world, micro or macro, and complementarity, a key principle of quantum theory, may apply critically in explaining the nature of even so massive a body as a black hole (see Chapter 9).

2. From Alice Calaprice, *The New Quotable Einstein* (Princeton: Princeton University Press, 2005), p. 89, as quoted by Kumar, Reference K, p. 278.

3. Kumar, Reference K, p. 256.

4. Ibid., p. 271.

5. Ibid., p. 316.

6. Ibid.

7. Ibid., p. 295.

8. Ibid., p. 338.

9. Orzel, Reference L, p. 149.

10. But the researchers did not report their results in percentages, so we must translate. Orzel, Reference L, reports on page 159: "Physicists like to deal with numbers, and for the specific configuration they used, a local hidden variables treatment predicts that their results should boil down to a number between –1 and 0. When they did the experiment, they measured a value of 0.126, with an uncertainty of plus or minus 0.014.*" (*This uncertainty is based on the accuracy of their measuring apparatus, and having nothing to do with Heisenberg's uncertainty principle.) Orzel goes on: "The difference between the maximum LHV value and their measurement is nine times larger than the uncertainty in the measurement, meaning that there's a one in 10^{36} probability of this happening by chance. 10^{36} is a billion billion billion billion, a number so large that it might have made even Carl 'Billions and Billions' Sagan blink." To see how this relates to the percentages of Bell's inequality described earlier, realize that having LHV "boil down to a number between –1 and 0," corresponds to having a scale with 100 percent at –1 and 33 percent at 0. On this scale, the 25 percent minimum probability (for a filter misorientation of 60 degrees) would be exactly +0.125, very close to the +0.126 that they measured and well within the uncertainty of the measurement.

11. Ibid., p. 162.

12. Kumar, Reference K, p. 354.

13. *Wikipedia*, s.v. "Interpretations of Quantum Mechanics," https://en.wikipedia.org/wiki/Interpretations_of_quantum_mechanics (accessed August 9, 2016).

14. *Wikipedia*, s.v. "Many Worlds Interpretation," https://en.wikipedia.org/wiki/Many-worlds_interpretation (accessed August 9, 2016).

15. Kumar, Reference K, p. 358.

16. *Wikipedia*, s.v. "Interpretations of Quantum Mechanics," https://en.wikipedia.org/wiki/Interpretations_of_quantum_mechanics (accessed August 9, 2016).

17. Orzel, Reference L, p. 89.

18. Ibid., p. 101.

19. Greene, Reference C, p. 212; and Greene, Reference AA, p. 224.

第 7 章 量子力学、数学和自然的本质

1. Galileo Galilei, *Il Saggiatore* (in Italian) (Rome, 1623); Galilei, *The Assayer*, translated by Stillman Drake, in *Discoveries and Opinions of Galileo* (Garden City, NY: Doubleday Anchor Books,1957), pp. 237–38.

2. S. Chandrasekhar, *Newton's Principia for the Common Reader* (Oxford: Clarendon, 1995), p. 43.

3. Moore, Reference M, p. 196.

4. McEvoy, Reference A, p. 3.

5. As a practical matter for large objects, where a grain of sand is very large, this doesn't make a difference—it doesn't matter. Suppose that you watched a batter hit a baseball. The classical physicist or engineer would say: "If you tell me the exact position of the baseball relative to the bat and the trajectory of the incoming ball and the swinging bat and the rotation on the ball and the wind and the resistance of the air, I will calculate the exact velocity and trajectory of the ball after it is hit." (After all, through such calculations we put rockets around the moon.) And they would be right. But in principle, to know the underpinnings of our universe, we need to pay attention. The quantum physicist would say: "No, you *can't know exactly* both the position and velocity of the ball, or its rotation or the movement of the bat in the first place, and so you cannot calculate the exact outgoing trajectory." And the quantum physicist or engineer would be right! Consider the Heisenberg uncertainty principle described in Chapter 8. The spread-out probability clouds for the location of the electron in the states of the hydrogen atom are just one manifestation of this uncertainty and lack of determinism. And the uncertainty principle *does* also apply to large objects: we cannot know with *absolute* certainty both the location and the motion of an object.

6. *The Structure of Scientific Revolutions*, by Thomas S. Kuhn, Reference T.

7. Because the product of the uncertainty in an object's position multiplied by the uncertainty in its momentum (mass times velocity) is always equal to or greater than a constant (Planck's constant, as discussed in Chapter 8), knowing an object's position exactly would mean that you can't accurately know its velocity, or vice versa. But Planck's constant is very small in relation to the size and momentum of large objects, so uncertainties in size and velocity can be pretty small compared to their actual size and velocity. If, hypothetically (referring to the earlier endnote), we were to measure the position of a baseball at any instant of time to within about a thousandth of the thickness of a human hair, then we can calculate that the minimum uncertainty for the velocity of the baseball would be about a trillionth of a trillionth of one mile per hour. Even at many many times this minimum, the uncertainty in the speed of the baseball would be an extremely small percentage of the velocity of a baseball moving at maybe ninety miles per hour. And at a thousandth of the thickness of a human hair, we know the baseball's position to within a very, very small fraction of a percent of its size. So the uncertainties in position and velocity, though they are there, are of no *practical* consequence for the baseball, the batter, or the classical engineer.

第 8 章 量子计算、密码破译、量子隐形传态和加密

1. "Krysta Svore on Quantum Computing," YouTube video, 28:34, originally presented by Microsoft Research Luminaries, posted by Larry Larson on October 28, 2014, https://youtu.be/kK_pbb66ss (October 5, 2016)

2. I remember the objective of the game as determining the identity of physical objects, but he apparently remembers it as identifying a particular word.

3. In December 2007, ASCII was incorporated into a more advanced UTF-8 coding system.

4. Gribbin, Reference Z, p. 34.

5. Steven Rich and Barton Gellman, "NSA Seeks to Build Quantum Computer That Could Crack Most Types of Encryption," *Washington Post*, January 2, 2014.

6. "Krysta Svore on Quantum Computing."

7. The Bell states are the four binary combinations of the qubit states, representing respectively the binary digit combinations: "0, 0," "0, 1," "1, 0," and "1, 1."

8. Gribbin, Reference Z, pp. 168 and 169.

9. Ibid., pp. 159–68.

10. Ibid., p. 180.

11. Ibid., p. 190.

12. Ibid., p. 188.

13. Jeffrey Kluger, "Teleportation Is Real and Here's Why It Matters," *Time*, May 30, 2014.

14. Orzel, Reference L, p. 184.

15. *Wikipedia*, s.v. "Quantum Cryptography," *September 13, 2016* (accessed October 4, 2016).

第 9 章 获取宇宙地图

1. Parker, Reference CC, particularly Chapter 4.
2. Bojowald. Reference FF, p. 19.
3. Toback, Reference U, p. 56.
4. Bojowald, Reference FF.
5. Greene, Reference AA, p. 19.
6. Ibid., p. 11.
7. Ibid., p. 20.
8. Michael S. Turner, "Origin of the Universe," in Reference DD, p. 38.
9. Toback, Reference U, p. 122.
10. Greene, Reference AA, p. 22.
11. Toback, Reference U, p. 206.
12. Greene, Reference AA, p. 23.

13. Ibid., p. 21, p. 22.

14. Coles, Reference GG, p. 57.

15. Ibid., p. 58.

16. Ibid.

17. Ibid.

18. Ibid., p. 57.

19. *Wikipedia*, s.v. "Universe," last modified September 11, 2016, https://en.wikipedia.org/wiki/Universe (accessed October 14, 2016).

20. Toback, Reference U, p. 125.

21. Ibid., p. 170.

22. Calculated as the distance in miles of the 13.2 billion light-years of the light's travel from the oldest stars that we have seen. Light-years given by David Toback in Reference U, p. 170.

23. *Wikipedia*, "Universe."

24. Toback, Reference U, p. 211.

25. Ibid., p. 231.

26. The sizes of objects were mainly taken from Toback in Reference U, Chapters 2 and 3. The time frame in which they appeared is taken from the timeline of Turner's article "Origin of the Universe," in Reference DD, pages 40 and 41.

第 10 章　宇宙的演化

1. Turner, in Reference DD, p. 40.

2. Ibid.

3. Richard P. Feynman, Robert B. Leighton, Matthew L. Sands, *The Feynman Lectures on Physics*, vol. 1 (Reading, MA: Addison-Wesley, 1963), pp. 52–11.

4. Turner, in Reference DD, p. 40.

5. Ibid.

6. Toback, Reference U, p. 211.

7. Ibid., p. 165.

8. Once again, for a good, readable description of gravity and four-dimensional space-time, I suggest that you read Chapter 4 of Barry Parker's book *Einstein's Brainchild—Relativity Made Relatively Easy* (Reference CC).

6. Toback, Reference U, pp. 170 and 236.

10. Ibid., p. 164.

11. Ibid., p. 188.

12. Ibid., p. 183.

13. John Gribbin, e-mail correspondence with the publisher regarding *Quantum Fuzz*, September 26, 2016.

40. Gribbin, Reference LL, p. 83.

15. In ibid., Gribbin writes:

An atomic nucleus can exist in what is known as its ground state, with minimum energy, or it can absorb certain precise amounts of energy (quantised, like everything else in the subatomic world) which raise it to different energy levels. Once "excited" in this way, it will, sooner or later, get rid of the extra energy, probably in the form of a gamma ray, and fall back to its ground state. The energy levels are like steps on a staircase, with nuclei jumping from one step to another (first up, then down) if suitably excited (like an excited child). Hoyle's insight was that an excited nucleus of carbon-12 could form from the collision of a helium-4 nucleus with a beryllium-8 nucleus, if (and only if) there was a step on the carbon-12 energy staircase corresponding to the combined energy of a beryllium-8 nucleus and the incoming helium-4 nucleus. It would be like tossing a ball from the bottom of a staircase with just the right speed for it to come to rest on a high step without bouncing; then, it could gently roll back down the stairs. This was the 7.65 MeV resonance that Hoyle predicted. If the resonance existed, the beryllium-helium interaction could manufacture carbon nuclei in the excited state, which could then radiate the excess energy away and settle into the ground state. But if the resonance did not exist, there would be no carbon, and since we are a carbon-based life form, we would not be here.

16. Toback, Reference U, p. 164.

17. Ibid., p. 187.

18. Ibid., p. 188.

19. Ibid., p. 160.

20. Ibid., p. 176.

21. Ibid., p. 189.

22. Parker, Reference CC, pp. 104 and 141.

23. Bortz, Reference B, p. 84.

24. Susskind, Reference BB, p. 118.

25. Hawking, Reference W, p. 87.

26. Toback, Reference U, p. 196.

27. Ibid., p. 4.

28. Ibid., p. 4.

29. Emily Conover, "Gravitational Waves Caught in the Act," APS News 25, no. 3, March 2016, p. 4. https://www.aps.org/publications/apsnews/201603/waves.cfm (accessed October 14, 2016).

30. Ibid.

31. Hawking, Reference W, p. 105.

32. Ibid., p. 106.

33. Ibid., p. 10.

34. "The Swift Gamma-Ray Burst Mission," *NASA*, July 6, 2016, http://swift.gsfc.nasa.gov/ (accessed October 14, 2016).

35. Susskind, Reference BB, p. 21.

36. I say that this was a "quiet" bombshell because, according to Susskind, it was only Hawking, Susskind, and Gerard 't Hooft who realized the significance of what Hawking was saying. ('t Hooft would in 1999 share the Nobel Prize in Physics with his thesis advisor Martinus J. G. Veltman "*for elucidating the quantum structure of the electroweak interactions.*" Those are to be described briefly later in this chapter.)

37. Susskind, Reference BB, p. 91.

38. *Wikipedia*, s.v. "Holographic Principle," last modified October 8, 2016, https://en.wikipedia.org/wiki/Holographic_principle (accessed October 14, 2016). This entry reads as follows: "The holographic principle is a property of string theories and a supposed property of quantum gravity that states that the description of a volume of space can be thought of as encoded on a boundary to the region—preferably a light-like boundary like a gravitational horizon. First proposed by Gerard 't Hooft, it was given precise string-theory interpretation by Leonard Susskind. . . ."

39. BEC Crew, "Stephen Hawking Just Published a New Solution to the Black Hole Information Paradox: How Black Holes Can Erase Information, But Also Retain It," *Science Alert*, January 11, 2016, http://www.sciencealert.com/stephen-hawking-just-published-new-solution-to-the-black-hole-information-paradox (accessed October 14, 2016). Dennis Overbye, "No Escape from Black Holes? Stephen Hawking Points to a Possible Exit," *New York Times*, June 6, 2016, http://www.nytimes.com/2016/06/07/science/stephen-hawking-black-holes.html?_r=0 (accessed October 17, 2016).

第 11 章　大爆炸模型

1. Coles, Reference GG, p. 59.
2. Ibid., p. 60.
3. Ibid., p. 62.
4. Toback, Reference U, p. 156.
5. Ibid., p. 136, n. 2.
6. Ibid., p. 206.
7. Ibid., p. 211.
8. Turner, in Reference DD, p. 40.
9. Barnett et al., Reference HH, p. 214.
10. Toback, Reference U, p. 59.
11. Ibid., p. 61.
12. *Wikipedia*, s.v. "Gravitational Lens," last modified October 12, 2016, https://en.wikipedia.org/wiki/Gravitational_lens (accessed October 14, 2016).
13. Ibid.
14. Toback, Reference U, p. 168.

15. Ibid., p. 225.

16. Ibid., p. 210.

17. Ibid., p. 211.

18. *Wikipedia*, s.v. "Supernova Cosmology Project," last modified July 25, 2016, https://en.wikipedia.org/wiki/Supernova_Cosmology_Project (accessed October 14, 2016).

第 12 章 走进大爆炸

1. Turner, in Reference DD, p. 40.

2. Fred Bortz provides a very nice short summary of the development of these machines and the sequence of discovery achieved with them in his book for young readers (which I find to be a quick, informative read well suited to adults) *Understanding the Large Hadron Collider*, which is part of his series Exploring the Subatomic World (Reference EE).

3. Barnett et al., Reference HH, p. 134.

4. Ibid., p. 124.

5. Bortz, Reference EE, p. 53, mentions these planned circular colliders and the International Linear Collider to be constructed in Japan and presently in design.

6. Except where noted otherwise, this data is taken from *Wikipedia*, s.v. "*Colliders*," last modified October 1, 2016, https://en.wikipedia.org/wiki/Collider (accessed October 14, 2016).

7. Bortz, Reference EE, p. 53. This collider is described as a Chinese "Higgs factory."

8. Ibid. The "Very" Large Hadron Collider is just in the early stages of discussion.

9. *Wikipedia*, s.v. "Large Hadron Collider," last modified October 12, 2016, https://en.wikipedia.org/wiki/Large_Hadron_Collider (accessed October 14, 2016).

10. Barnett et al., Reference HH, p. 226.

11. Ibid.

12. Michael Riordan, Guido Tonelli, and Sau Lan Wu, "The Higgs at Last," in Reference DD, p. 4.

13. Barnett et al., Reference HH, p. 215.

14. Ibid., p. 212.

15. Many particles of the Standard Model, including quarks, neutrinos, and the Higgs boson, are separately described in a very interesting, readable, and well-illustrated series of books for young people: *Exploring the Subatomic World*, by Fred Bortz (Reference EE).

16. Bose was known for early work in the 1920s on quantum mechanics. He suggested a "Bose-Einstein condensate" that we now know explains superconductivity, as described in Chapter 19.

17. *Wikipedia*, s.v. "Elementary Particle," last modified October 11, 2016, https://

en.wikipedia.org/wiki/Elementary_particle (accessed October 12, 2016).

18. Lincoln, "The Inner Life of Quarks," in Reference DD, p. 15.

19. Ibid., p. 15.

20. Bortz, Reference B, p. 62.

21. Ibid., p. 143.

22. Ibid., p. 62.

23. Ibid., p. 72.

24. Martin Hirsch, Heinrich Päs, and Werner Porod, "Ghostly Beacons of New Physics," in Reference DD, p. 25.

25. Bortz, Reference B, p. 147.

26. Barnett, et al., Reference HH, p. 212.

27. Bortz, Reference B, p. 145.

28. Barnett et al., Reference HH, p. 212.

29. Ibid.

30. Bortz, Reference B, p. 92–95.

31. Feynman gave a series of lectures to the general public in which he described this method and some of these diagrams. These lectures have been simplified and re-presented in his book *QED—The Strange Theory of Light and Matter* (Reference Q).

32. Bortz, Reference B, p. 148.

33. Ibid.

34. K. C. Cole, "The Strange Second Life of String Theory," *Quanta Magazine*, September 15, 2016, https://www.quantamagazine.org/20160915-string-theorys-strange-second-life/ (accessed October 17, 2016).

第 13 章　世界的量子本质

1. I mean "simple" in the sense that one central concept of the atom explains everything around us.

2. According to *Wikipedia*, s.v. "Eric Scerri," last modified September 27, 2016 (accessed October 15, 2016), Scerri is a lecturer at the University of California, Los Angeles, the founder and editor in chief of *Foundations of Chemistry* (an international peer -reviewed journal), and a world authority on the history and philosophy of the periodic table. In his book *The Periodic Table*, Reference D, p. 247, Scerri writes: "The aim of this chapter has not been to decide whether or not the periodic system is explained by quantum mechanics *tout court*, since the situation is more subtle," essentially defining "reduction" in this context with his words "the periodic system is explained by quantum mechanics *tout court*." He goes on to say, "It is more a question of the extent of reduction or extent of explanation that has been provided by quantum mechanics. Whereas most chemists and educators seem to believe that the reduction is complete, perhaps there is some benefit in pursuing the question of how much is strictly explained from the theory.

After all, it is hardly surprising that quantum mechanics cannot yet fully deduce the details of the periodic table, which gathers together a host of empirical data from a level far removed from the microscopic world of quantum mechanics."

3. Wikipedia, "Chemical Element", last modified October 13, 2016, accessed October 15,2016.

4. Reference D, starting on pp. 183, and p. 205.

第 14 章 能量、动量和氢原子电子的空间状态

1. Actually, it is the *square* of the angular momentum, the angular momentum times itself, that is quantized, and this produces the quantum numbers l that we discuss here. The square of the angular momentum = $l\,(l+1)\,(h/2\pi)^2$. There it is: Planck's constant again!

2. The z component of angular moment is $mh/2\pi$, and "m" is confined to the range $-l$ to $+l$ because the vector for m is only that part of the vector for l that lies in the direction of a magnetic field. Since it is only part of the vector for l, m must always be equal to or smaller in magnitude than l. This range for m also results directly from the solutions to Schrödinger's equation: there simply are no solutions which have m outside of this range.

第 15 章 自旋和磁性

1. This is described in Leighton, Reference F, p. 668, as "one of the greatest successes of theoretical physics."

2. In the same work, Dirac also predicted the existence of the *positron*, which is like the electron but with positive rather than negative charge. The positron was subsequently discovered. It was the first manifestation of what has come to be called "antimatter," so called because an electron contacted by a positron would annihilate both of them with the release of great energy. Richard Feynman jokingly carried the idea of antimatter to an extreme, as described in the subsection on antimatter in Chapter 9.

3. And there it is again: Planck's constant; independently the result of the Dirac's calculations!

4. For a more complete description of spin and magnetic moments, see Leighton, Reference F, p. 185.

第 16 章 不相容原理与元素周期表

1. Leighton, Reference F, Figure 7-5, p. 251.

2. This is further explained in Chapter 14. *To the left* because the fewer the number of electrons beyond a completed p block subshell, the less tightly each electron is held and the more easily it is lost in reaction. *Farther up* because, for each atom, exclusion prevents the electrons from occupying the more tightly binding lower energy states, and because the outer, higher energy states (those available particularly to electrons in the heavier atoms farther up the column) are not very tightly binding. That is because the outermost electrons in these left-side atoms are largely screened (by completely filled inner shells of electrons) from the attraction of the protons in the nucleus. The converse applies to the atoms of those elements to the right in the table, whose atoms become more acquisitive in trying to completely fill an energy shell the closer the shell is to being filled, that is for elements further *to the right*. In this case, the outermost electrons in the lighter atoms have available to them lower and more tightly binding energy states that are closer to the nucleus, and so the atoms are more acquisitive and more reactive for elements located *farther down* in these right-side columns of the table. These arguments do not apply to the atoms of the inert elements in the rightmost column of the table.

第 18 章　化学键的形成

1. The importance of quantum mechanics in providing an understanding of the electronic structure for chemistry is underscored in some modern general chemistry texts, such as Reference H. This text begins its first chapter with a description of Schrödinger's equation and its solutions for the hydrogen atom, which are further utilized to understand the electron structure of the rest of the elements and the formation of molecules.

2. The electronic structure of the isolated carbon atom consists of two occupied spatial 1s states (one with an electron having plus spin and one with an electron having minus spin), two occupied spatial 2s states, and two different half occupied spatial 2p states. But the energies of the 2s and 2p states are so close to each other that these states will sometimes combine, that is, *hybridize*, to lower overall energies in bonding with other atoms. When they do this, they form the same total number of total states, but some of the spatial states are differently shaped and oriented at different angles than were the spatial states from which they were formed.

3. Pauling, Reference P, p. 111.

4. Private communication with L. Howard Holley, with reference to Martin Chaplin, "Water Structure and Science," *London South Bank University*, June 22, 2016, http://www1.lsbu.ac.uk/water/ (accessed October 16, 2016).

5. This hybridization is somewhat similar to that which occurs in the carbon atom, as described above.

第 20 章 绝缘体、金属与半导体

1. Kittel, Reference V, p. 159. The resistance in a wire or circuit is measured in ohms, which is defined as the volts applied to a wire or circuit divided by the current, as measured in amperes, that flows as a result. The intrinsic resistance to the flow of electrical current in a metal, insulator, or semiconductor is usually measured in ohm-cm, which when multiplied by the length of the material and divided by the area of its cross section provides a measure of the resistance of an actual piece of material.

2. Schrödinger's solution for free electrons is well presented in Chapter 6 of Kittel, Reference V.

3. The number of states occupied up to the Fermi level is directly proportional to the number of atoms in the metallic specimen being considered, literally billions even for a small sample. The bigger the specimen, the smaller the energy difference between the successive energy levels, and the more states available up to any energy level. But at the same time, the number of atoms and electrons is increased, so that the states are occupied by additional electrons to the same Fermi level. Thus the same Fermi level and related physical properties are produced, independent of the size of the metallic specimen.

4. Chapter 7 of Kittel, Reference V.

5. See Ibid., p. 128.

第 21 章 纳米技术

1. In Rosenblum, Reference X, p. 116.

2. Katherine Bourzac, "Nano-Architecture," *MIT Technology Review* 118, no. 2 (March/April): 35.

3. Julie Shapiro, "Breakthrough: 'A Metal That's (Almost) Lighter Than Air,'" *Time*, November 2, 2015, p. 25.

第 22 章 超导体在传输、医学和计算上的应用

1. This was John Bardeen's second Nobel Prize. His first is noted in Chapter 23. An avid golfer, he was said to have remarked, as noted in Bortz, Reference B, p. 130: "Well, perhaps two Nobels are worth more than one hole in one." You may wish to browse further through this excellent history for additional short biographies of many of the physicists mentioned in *Quantum Fuzz*.

2. "High-temperature" is a relative term. More recently developed "high-temperature" superconductors operate superconducting to temperatures as high as 138 degrees

Kelvin,* high enough to be cooled in liquid nitrogen, which boils at 77 Kelvin, and much higher than those of the superconductors presently used in MRI magnet systems. But as discussed in part in Chapter 24, the issue is whether they can be produced in practical forms, and at what cost. (*Wikipedia*, s.v. "High-Temperature Superconductivity," last modified October 20, 2016, https://en.wikipedia.org/wiki/High-temperature_superconductivity (accessed October 22, 2016).

3. Another interesting and somewhat-similar quantum phenomenon, but one of no practical importance at least for now, is superfluidity. Liquid helium, at temperatures just 4 Fahrenheit degrees [2 Celsius degrees] above the absolute zero, transitions into a state that exhibits a loss of viscosity and a much increased ability to conduct heat, in analogy with the ability of superconductors to conduct electricity without resistance. This so-called *superfluid* helium is marked by a strange quiescence. It boils without producing any bubbles, and it will climb over the walls of its container to reach lower levels, providing only that all surfaces are maintained at sufficiently low temperatures.

4. *"Go Ahead for Japanese Maglev," Maglev, May 16, 2011,* http://www.maglev.net/news/go-ahead-for-japanese-maglev (accessed October 24, 2016).

5. Rosenblum and Kuttner, Reference X, p. 126.

6. MRI was originally called "Nuclear Magnetic Resonance (NMR)" because it is the resonance of radio waves of just the right frequency (radio-wave photon energy) that (when transmitted through the body) produces transitions of spins in the nuclei of atoms (e.g., phosphorous atoms) in the body to higher-energy spin states. (Because some patients associated the word "nuclear" with radioactivity, the manufacturers choose to call the devices "MRI machines.") When these spins then transition back down to lower-energy spin states, they emit radio waves whose frequencies contain information on the type and health of the tissues from which they are emitted. Since the central frequency of these waves depends on the magnetic field that the body is in, by setting the main superconducting background field and then varying it in x, y, and z directions using smaller magnets, the location of these transmitted bits of information can be "tagged" (by small frequency shifts) as to their x, y, and z locations. When this information is assembled using computers, it can be used to provide images showing the location of various tissues and their state of health. The pulsing of these x, y, and z magnets on and off causes sudden forces when they are attracted to the high magnetic field of the superconducting magnet, and one hears the sudden mechanical impacts of these forces as loud staccato bursts or clicks, a more spaced-out series of clicks, or a short, coarse, rumble.

7. A sense of the magnitude of magnetic fields will be provided in Chapter 21.

8. This is not one of the louder types of sounds of the sort described above, which come from the magnets of the machine itself.

9. SQUIDs use the quantum condition that the flux* of a magnetic field within a superconducting ring is quantized. (*Flux is the magnetic field strength times the area that the field passes through.) As each quantum of magnetic flux enters the ring, the

ring produces an electrical voltage signal, so that the number of these quanta or even fractions of these quanta can be counted as a measure of the strength of the field. One can detect about two-millionths of a billionth of one tesla (2 × 10–15 T). For comparison, as noted before, a common approximate field used in MRI magnets and the maximum field achieved with ferromagnetic materials in motors and generators is about 2T, common refrigerator magnets produce about 0.2 T, and the earth's magnetic field is about 5 hundred-thousandths of a tesla (5 × 10–5 T).

10. Stefania Della Penna, Vittorio Pizzella, and Gian Luca Romani, "Impact of Superconducting Devices on Imaging in Neuroscience," *Superconductivity News Forum Global Edition* (October 29, 2013), http://snf.ieeecsc.org/abstracts/cr36-impact-superconducting-devices-imaging-neuroscience (accessed September 15, 2016); and S. Della Penna, V. Pizzella, and G. L. Romani, "Impact of Superconducting Devices on Imaging in Neuroscience" (presentation of pre-published plenary paper CR36), *Superconductivity News Forum Global Edition* (January 17, 2014), http://snf.ieeecsc.org/abstracts/crp39-impact-superconducting-devices-imaging-neuroscience-0 (accessed September 15, 2016).

11. Leyna P. De Haro et al.," Magnetic Relaxometry as Applied to Sensitive Cancer Detection and Localization," *Superconductivity News Forum Global Edition* (July 2016), http://snf.ieeecsc.org/abstracts/st518-magnetic-relaxometry-applied-sensitive-cancer-detection-and-localization (accessed October 24, 2016).

12. Carl H. Rosner, Chairman and CEO of Cardiomag, private discussion with the author, September 16. 2016.

13. *IEEE/CSC & ESAS European Superconductivity News Forum*, no. 3 (January 2008).

14. Intelligence Advanced Research Projects Agency, "IARPA Launches Program to Develop a Superconducting Computer," IARPA press release, December 3, 2014, through *Superconductivity News Forum Global Edition*, http://snf.ieeecsc.org/sites/ieeecsc.org/files/HE93_The%20C3%20IARPA%20Program_finally%20announcedfinal%20link.pdf (accessed October 24, 2016).

15. Oleg A. Mukhanov, "Recent Progress in Digital Superconducting Electronics," *Superconductivity News Forum Global Edition* (July 2015), http://snf.ieeecsc.org/abstracts/crp54-recent-progress-digital-superconducting-electronics (accessed October 24, 2016).

第 23 章　核聚变与激光器

1. Reported by Marin Lamonica in the magazine of the Institute for Electrical and Electronic Engineers, *IEEE Spectrum* (North America), April 2015, p. 12, and by Kevin Bulis, *MIT Technology Review* 118, no. 3 (May/June 2015): 13.

2. Lev Grossman, "A Star Is Born," *Time*, November 2, 2015, p. 30.

3. David Kramer, "ITER Cost and Schedule Still Not Pinned Down," *Physics Today*, January 2016, p. 30.

4. Thomas Rummel, Beate Kemnitz, Thomas Klinger, and Isabella Milch, "First Plasma in the Superconducting Fusion Device Wendelstein 7-X," *Superconductivity News Forum Global Edition* (January 2016), http://snf.ieeecsc.org/sites/ieeecsc.org/files/documents/snf/abstracts/HP104_RummelTh_First%20plasma%20in%20W7-X_012016.pdf, and references therein (accessed October 24, 2016).

5. Grossman, "Star Is Born."

6. Ibid.

7. Rachel Courtland, "Laser Fusion's Brightest Hope: The National Ignition Facility Houses the World's Most Powerful Laser. Is It Enough to Ignite a Fusion Revolution?" *IEEE Spectrum*, March 27, 2013, http://spectrum.ieee.org/energy/nuclear/laser-fusions-brightest-hope (accessed October 24, 2016).

8. This is about one thousand times as much power as the United States consumes, on average, at any moment. But, again, remember that power is the rate of delivery of energy, and the energy of these lasers is delivered in just four-billionths of a second. Were their energies delivered much more slowly, say, in one second, the power would still be substantial—about two megawatts—enough, if delivered at this rate continuously, to light a couple of thousand average homes.

9. *Wikipedia*, s.v. "National Ignition Facility," last modified September 14, 2016, https://en.wikipedia.org/wiki/National_Ignition_Facility (accessed November 4, 2016).

第 24 章　磁铁和磁性材料的应用

1. Diamagnetic substances are repelled from a place of high field to places of lower field, and the strength of the repulsion depends on how much the field changes with change in distance, what is called the field "gradient."

2. The tesla is a Standard International, SI, mks (meter kilogram second), unit of what is called "magnetic induction," what is commonly referred to as "magnetic field." One tesla is equivalent to 10,000 gauss, where the gauss is a cgs (centimeter, gram, second) unit of this field.

3. *Wikipedia*, s.v. "Francis Bitter," last modified July 14, 2016, https://en.wikipedia.org/wiki/Francis_Bitter (accessed October 21, 2016).

4. Solenoids are typically wound as contiguous turns of wire around a structural tube, with additional layers similarly wound back and forth over the first layer.

第 25 章　石墨烯、纳米管和"梦想中"的应用

1. *Wikipedia*, s.v. "Graphene," last modified October 15, 2016, https://en.wikipedia.org/wiki/*Graphene (accessed October 21, 2016).*

2. Ibid.

3. Ibid.

4. Warner et al., Reference JJ.

5. Andre K. Geim, "*Atomic Scale Legos*," *Scientific American* 311 (November 18, 2014): 50–51.

6. "Introducing the Micro-Super-Capacitor: Laser Etched Graphene Brings Moore's Law to Energy Storage," *IEEE Spectrum*, October 2015, pp. 41–45.

7. Katherine Bourzac, "*Bend by Design*," *Scientific American* 311 (November 18, 2014): 19.

8. John Pavlus, "*The Search for a New Machine*," *Scientific American* 312 (April 14, 2015): 58–63.

9. *Wikipedia*, s.v. "Graphite," last modified October 21, 2016, https://en.wikipedia.org/wiki/*Graphite (accessed October 21, 2016).*

10. *Wikipedia*, s.v. "Fullerene," *Wikipedia*, last modified October 21, 2016, https://en.wikipedia.org/wiki/*Fullerene (accessed October 21, 2016).*

11. *Wikipedia*, s.v. "*Carbon Nanotube*," last modified October 19, 2016, https://en.wikipedia.org/wiki/Carbon_nanotube *(accessed October 21, 2016).*

12. Ibid.

13. Ibid.

14. Ibid.

15. "Konstantin E. Tsiolkovsky," Aeronautics Learning Laboratory for Science Technology, and Research (ALLSTAR) Network, March 12, 2004 (retrieved June 10, 2015).

16. Bob Hirschfeld, "Space Elevator Gets Lift," *TechTV*, G4 Media, January 31, 2002, https://web.archive.org/web/20050608080057/http:/www.g4tv.com/techtvvault/features/35657/Space_Elevator_Gets_Lift.html (archived from the original on June 8, 2005; retrieved September 13, 2007): "The concept was first described in 1895 by Russian author K. E. Tsiolkovsky in his 'Speculations about Earth and Sky and on Vesta.'"

17. *Wikipedia*, s.v. "Space Elevator," last modified October 11, 2016, https://en.wikipedia.org/wiki/Space_elevator (accessed October 21, 2016).

18. *Wikipedia*, s.v. "Carbon-Fiber-Reinforced Polymer," *Wikipedia*, June 23, 2016, https://en.wikipedia.org/wiki/*Carbon-fiber-reinforced_ polymer last modified October 20, 2016(accessed October 21, 2016).*

19. *Wikipedia*, s.v. "*Boeing 787 Dreamliner*," last modified October 20, 2016, https://en.wikipedia.org/wiki/Boeing_787_Dreamliner *(accessed October 21, 2016).*

20. Boeing used a new design of lithium-ion battery in its planes, with the result that it overheated and threatened to cause fires. The plane was grounded for a time. Boeing redesigned the battery and overcame the problem. The lithium-ion battery is an excellent example of innovation in chemistry and materials science. It effectively uses that element with the highest per unit weight concentration of electrons outside of a filled valence shell to make a light and powerful accessory for electrical and electronic devices, including electric and hybrid electric vehicles, and now the Dreamliner.

21. Originally available at the IMAX's of the National Air and Space Museum in Washington, DC, and the Henry Ford Museum in the Detroit area (among others); this movie is now available on 3-D Blu-ray and DVD. A trailer for the movie can be viewed on the internet at *http://www.youtube.com/watch?v=dpoxMVw1EM4*.

22. *Wikipedia*, "Boeing 787 Dreamliner." *Wikipedia*, s.v. "Airbus A350 XWB," last modified October 21, 2016, https://en.wikipedia.org/wiki/Airbus_A350_XWB (accessed October 21, 2016).

第 26 章　半导体在电子仪器上的应用

1. There are many different types of transistors, and they operate using various physical mechanisms. I have described just one type, but they all have this characteristic of having the input to one terminal control the flow of current through the other terminals.

2. Reference X, p. 119.

3. Charles Q. Choi, "Nitrogen Supercharges Super-Capacitors," *IEEE Spectrum* (North America), February 2016, p. 14.

4. Ibid., p. 9.

5. Ibid., p. 12.

6. "Survival in the Battery Business," *MIT Technology Review* 118, no. 4, July/August 2015, p. 35.

7. "SolarCity's ($750 million) Gigafactory," *MIT Technology Review* 119, no. 2, March 2016, p. 54.

8. IEEE Spectrum (North America), September 2016, p. 9.

第 27 章　超导体在科学、能源与传输上的大型应用

1. Liquid nitrogen is available as a by-product of the commercial separation of oxygen from the air by liquefaction. It costs about as much as tomato juice. The boiling point of liquid nitrogen is 77 Kelvin, fully a quarter of the way from absolute zero toward normal room temperatures at around 300 Kelvin.

2. René L. Flukiger, "Advances in MgB_2 Conductors," Superconductivity News Forum Global Edition, October 2014, http://snf.ieeecsc.org/abstracts/crp46-advances-mgb2-conductors-annotated-plenary-slide-presentation (accessed October 24, 2016), on MgB_2 wires and the short review of applications therein.

3. Measuring in megavolt-amperes (MVA) is a way of taking into account both resistive and reactive components in the flow of power. Resistive power is like that used

to operate incandescent light bulbs or toasters in our homes. Note that one MVA is one megawatt only for resistive power. Reactive power usually involves energy transferred in and out of electric or magnetic fields, and the latter occurs particularly in motors and transformers. One MVA is the time-averaged approximate power needed for about one thousand average American homes.

4. A 10 MVA generator was subsequently built and tested at GE, and other generators have been built and tested variously around the world, most notably in Japan where 70 MVA and then 200 MVA generators were constructed and tested in the 1980s. These machines are of a commercial size for efficient power generation and begin to approach the size of the largest generators in commercial operation, typically on the order of 1000 MVA. But the power industry has yet to install one of these machines for commercial use. For context refer to the section "A Comment on Energy Resources and Global Warming," which follows this chapter.

5. Mark Stemmle, Frank Schmidt, Frank Merschel, and Matthias Noe, "Ampacity Project—Update on World's First Superconducting Cable and Fault Current Limiter Installation in a German City Center," *Superconductivity News Forum Global Edition*, October 2015, http://snf.ieeecsc.org/abstracts/stp475-ampacity-project-%E2%80%93-update-world%E2%80%99s-first-superconducting-cable-and-fault-current (accessed October 24, 2016).

6. For example, faults caused by tree branches (or unlucky squirrels) that short across power lines (making an electrical connection phase-to-phase or phase-to-ground). These faults often cause lights to blink or go out until the fault is cleared.

7. Electrical power is the rate at which electrical energy is generated, transmitted, or utilized. At any instant it is just the phase-to-phase (or, in the home, phase-to-neutral) voltage times the phase-to-phase (or phase-to-neutral) current flow. Because power lines would need to be unreasonably thick and heavy to carry the currents required by tens of thousands of homes at the 110-volt home level, transformers are used to first step up the voltages (from generators) to very high levels (hundreds of thousands of volts) so that only small currents and small-diameter, lightweight lines are needed to carry the same power, tower to tower, across the country. Then large very high voltage transformers, and subsequently, many medium-power transformers are used to step the voltage back down at substations for the distribution to neighborhoods. And then there are many more even smaller, and then smaller yet pole-mounted, transformers to successively step down the voltage to the level that we use in our homes.

8. As for preceding ASC conferences, those papers presented are reviewed and published in the *IEEE Transactions on Applied Superconductivity*. For example, those for the 2012 conference, which was held in Portland, Oregon, are in vol. 23, no. 3 of these transactions.

附录A 电磁波的性质和频谱

1. The distance from positive crest to the next positive crest is the same for both the **E** field and **B** field sine waves shown in Figure A.1(c), and this distance is defined as the wavelength, w, of the electromagnetic wave. In the classical view of the electromagnetic wave, the crest value (the amplitude) can have any value down to zero, and the energy of the wave can correspondingly have any value down to zero. But, actually, electromagnetic energy comes in indivisible chunks called *quanta*. And the energy of each quantum is related to the wavelength of the wave (or its equivalent frequency).

附录B 元素周期表的发展

1. We now know that the forming of elements from one or more others can happen by nuclear fission or fusion, not by chemical processes. (This is discussed in Chapter 20.)

2. In this book I will often be referring to material written by Eric R. Scerri. Professor Scerri teaches chemistry as well as history and philosophy of science at UCLA. He is the editor in chief of the journal *Foundations of Chemistry*. Here I cite from his book *The Periodic Table* (Reference D, p. 45).

3. Ibid., p. 112.

4. The table in Scerri, Reference D, p. 112, has already been redrawn. It's not clear whether the Roman numerals are from Mendeleev or Scerri.

5. Ibid., starting at the bottom of page 112.

6. Kean, Reference R, p. 49.

7. Ibid., p. 50.

8. Scerri, Reference D, p. 101.

9. Ibid., p. xiii.

附录C 量子计算机的发展

1. Reference Z, p. 159–68.

2. Ibid., p. 161.

3. Philip Schindler et al., "*A Quantum Information Processor with Trapped Ions*," *New Journal of Physics*15 (August 14, 2013): 123012, http://arxiv.org/abs/1308.3096 (accessed October 24, 2016).

4. Nuclear magnetic resonance is the key physical process utilized in the medical diagnostic tool MRI (magnetic resonance imaging). "Nuclear" was considered to be too frightful a word for the naming of this device, the construction and operation of which is described in Chapter 19.

5. Lieven M. K. Vandersypen et al., "*Experimental Realization of Shor's Quantum*

Factoring Algorithm Using Nuclear Magnetic Resonance," *Nature* 414, no. 6866 (December 20–27, 2001): 883–87.

6. Nanyang Xu et al., "*Quantum Factorization of 143 on a Dipolar-Coupling NMR System*," *Cornell University Library*, arXiv:1111.3726 (November 16, 2011).

7. Referring to dimensions on the order of one nanometer = 10^{-9} meters = one millionth of the thickness of a dime, on the scale of the sizes of atoms.

8. Michelle Simmons, "Quantum Computing in Silicon and the Limits of Silicon Miniaturization—Michelle Simmons," YouTube video, 43:27, from part of discussion meeting on advances in graphene, Majorana fermions, and quantum computation, presented at the International Centre for Theoretical Sciences at the Tat Institute of Fundamental Research, posted by International Centre for Theoretical Sciences, May 22, 2013, https://www.youtube.com/watch?v=gDi3Jl6PuVc (accessed September 16, 2016). This presentation was made as a part of a working discussion group between physicists and materials scientists in this field of work. It is highly technical but worth watching not only for the presentation of the history of development but also just to get an idea of the complexity of the physical systems considered and the scientific tools that are required both to make and characterize materials.

9. In one very much nonstandard part of chip fabrication, the electrostatic attraction of the needlepoint tip of a scanning tunneling microscope (STM) is used for the selective removal of just six adjacent atoms from a protective single-atom-thick layer of hydrogen deposited on the silicon surface. Subsequent exposure to phosphine gas and heating then results in the substitution of just one phosphorous atom for one of the silicon atoms that was exposed by the hydrogen removal. This forms a quantum dot.

10. Michelle Simmons, "Practical Quantum Computing Applications" (public presentation given at *Science at the Shine Dome* under the auspices of the Australian Academy of Sciences, session "Atomic-Scale Electronics"), the speech is available at "Atomic-Scale Electronics for Quantum Computing: Prof. Michelle Simmons—Science at the Shine Dome 15," YouTube video, 14:42, posted by the Australian Academy of Science, May 28, 2015, https://www.youtube.com/watch?v=hg2UUdQm26s&index=7&list=PL9DfJTxCPaXIJZgp6kBprILssq_AEAnY8 (accessed September 16, 2016).

11. All photons are electromagnetic in nature and are polarized so that their tiny electric fields alternate in time in one direction in space, as illustrated in Figure A.1(c) of Appendix A, with related discussion. All polarization possibilities can be represented as the combination of any two perpendicular polarization states, for example, vertical and horizontal polarizations.

12. One particular logic gate, the CNOT gate (not possible with classical bits), operates by flipping the state of a target qubit only if (for example) a second control qubit is in a 1 (as opposed to a 0) state. What makes this process special in another way is that the two qubits can become *entangled* in the CNOT operation, linked together to represent any one of their four so-called Bell states, regardless of how far the qubits may later become physically separated from each other.

13. Reference Z, p. 161.

14. SQUIDs have also been used, for example, for the detection of very small magnetic fields as a way of monitoring heart function, as described in Chapter 19.

15. M. Steffan, D. P. DiVincenzo, J. M. Crow, T. N. Theis, and M. B. Ketchen, "Quantum Computing: An IBM Perspective," *IBM Journal of Research and Development* 55, no. 5, paper 13.

16. Press release issued on D-Wave.com by D-Wave: The Quantum Computing Company, "D-Wave Systems Breaks the 1000 Qubit Quantum Computing Barrier," *D-Wave Systems, Inc.*, June 22, 2015, http://www.dwavesys.com/press-releases/d-wave-systems-breaks-1000-qubit-quantum-computing-barrier.

17. Low temperatures are conveniently represented in Celsius-sized units, but on a Kelvin scale between absolute zero (the lowest temperature attainable), zero degrees Kelvin, and the temperature at which ice freezes, 273 degrees Kelvin. These SQUID-based computers typically operate close to one degree Kelvin, that is, one degree above absolute zero.

18. Jeremy Hsu, "Google's First Quantum Computer," posted September 12, 2014, published in *Superconductivity News Global Edition*, September 22, 2014, http://snf.ieeecsc.org/pages/googles-first-quantum-computer (accessed October 24, 2016); and "Progress in Quantum Computer Error Correction," *Superconductivity News Global Edition*, June 2, 2014, http://snf.ieeecsc.org/pages/progress-quantum-computer-error-correction (accessed October 24, 2016).

19. Lillian Childress, Ronald Walsworth, and Mikhail Lukin, "Atom-like Crystal Defects: From Quantum Computers to Biological Sensors," *Physics Today*, October 2014, pp. 38–43.

20. Ibid., p. 41.

附录D 原子的大小与元素的化学性质

1. Richtmyer, Reference G, p. 167.

2. Remember that an atom in its ground state is an atom with all of its lowest energy states occupied by electrons, only one electron per combined spin and spatial state, as required by exclusion.

3. One way that the radius of an atom of an element can be determined is by the diffraction of x-rays from a crystal of that element. At certain angles, x-rays are reflected from the crystal with increased intensity in a way that depends on the wavelength of the x-rays and the spacing between the atoms in the crystal.

4. Though sometimes zinc, cadmium, and mercury are not considered transition metals.

术语解释

部分术语解释摘抄或改编自阿尔弗雷德·B. 博茨撰写的《物理学：每一个十年》，已经获得作者同意。

绝对参考系（absolute frame of reference）：详见“参考系”。

绝对温度（absolute temperature）：从绝对零度开始测量的温度，单位为开尔文（K）。

绝对零度（absolute zero）：理论上能够达到的最低温度。

加速度（acceleration）：衡量物体运动速率变化快慢，或者速度方向变化快慢的物理量。

锕系元素（actinide）：锕元素（原子序数89）后的14种元素。

炼金术（alchemy）：早期的伪科学活动，宣称能够把一种元素转换成另一种元素（如把铅变成金）。但在核聚变和裂变反应中，一种元素确实可以在特殊条件下转变成另一种。

算法（algorithm）：一套独立的逻辑数学运算。通过执行这些运算，计算机可以根据输入信息进行计算并做出判断。

碱金属（alkali metal）：ⅠA族金属元素，其原子在与其他元素发生化学反应时失去一个电子，从锂元素到钫元素，性质越来越活泼。

碱土金属（alkaline earth metal）：ⅡA族金属元素，其原子在与其他元素发生化学反应时失去两个电子，从铍元素到镭元素，性质越来越活泼。

合金（alloy）：两种或多种金属一起熔融成溶液，再固化形成的一种或多种固溶体相。

α射线（alpha ray）/ α粒子（alpha particle）：放射性元素产生的穿透性最小的射线。α粒子是氦原子核，产生α射线的过程通常称为α衰变。

非晶态（amorphus）：原子排列无序的固体。

安培（ampere）：电流单位。1安培相当于每秒通过约60亿个电子。

角动量（angular momentum）：衡量物体径向的质量和旋转速度的物理量。旋转物体具有角动量和转动惯量，这与移动物体具有动量和惯性类似。

阴离子（anion）：见“离子”。

湮灭（annihilation）：两个粒子相互作用并相互毁灭的事件。例如半导体中电子与空穴作用，或粒子与对应反粒子的作用。

反物质（antimatter）：跟对应的普通物质相比携带相反的电荷和宇称，其余性质跟普通物质相同。

反粒子（antiparticle）：见反物质。

ASCII（美国信息交换标准代码，American Standard Code for Information Interchange）：用7个比特表示所有字母、数字和键盘上其他符号的编码系统。

原子（atom）：可以被识别为化学元素的最小粒子。

原子序数（atomic number）：元素原子核中质子的数量，或周围电子数量。原子序数用于确定元素在元素周期表中的位置。

原子量（atomic weight）/ 原子质量（atomic mass）：指一个原子核的质量，等于它含有的质子和中子的总数。

带隙（band gap）：固体中电子“禁止”存在的能带区域。

重子（baryon）：亚原子粒子，至少跟质子一样重。由3个夸克组成，受强相互作用的影响。

β射线（beta ray）/β粒子（beta particle）：放射性元素发出的一种射线，穿透性比α射线强，比γ射线弱。β粒子是电子，在核反应中产生β射线的过程通常称为β衰变。

比特（bit）：对于每个问题判断“是”或“否”即一个比特。在计算机中，一个比特表示为1或0，由晶体管的较高或较低电流表示。

黑体辐射（blackbody radiation）：物体因其温度而辐射的电磁能量。

黑洞（black hole）：一颗坍缩的恒星，非常致密，以至于没有任何事物可以逃逸出来，包括光。

玻尔理论（Bohr theory）：原子结构的早期量子理论，其假设原子的电子轨道具有离散能量。

玻色子（boson）：一般来说是自旋为整数的亚原子粒子；规范玻色子（gauge boson）在交换过程中产生基本作用力，例如电磁力的光子、强相互作用的胶子、弱相互作用的W和Z粒子。

束缚态（bound state）：见“能级”。

BTU（英国热量单位，British thermal unit）：一种能量单位，1 BTU约为0.000 3千瓦时（kWh）。

字节（byte）：1字节等于8比特。

阴极射线（cathode ray）：从真空管中的热电极发射的带负电的流。1897年科学家发现它是由电子组成的。

阳离子（cation）：见“离子”。

摄氏度（Celsius）：见“温标”。

链式反应（chain reaction）：一系列的核裂变。在一次裂变中发射出的中子继续引起一个或多个原子核裂变，导致能量快速强烈地释放。

电荷（charge）：电子的基本性质之一，一个电子带有一个负电荷，用符号e表示。另见“安培”和“电子伏特”。

化学性质（chemical property）：主要与原子的电子结构，或由原子组成的分子的电子结构有关的性质。

化学（chemistry）：一门研究物质和物质组成的学科。

经典物理（classical physics）：指量子理论和量子力学出现之前描述宇宙，特别是原子的物理学。经典物理学对宏观物体仍然有效，即使是一粒沙子也算宏观物体。

时钟（clock）：计算机内部的信号发生器，用于设置处理器可以执行的操作的频率。

云（cloud）：见“概率云”。

云室（cloud chamber）：一种装置，其中凝结的蒸气能够显示出由带电亚原子粒子产生的离子的路径；云室被用于关于宇宙射线和亚原子粒子的早期研究。

相干性（coherence）：两个或多个光子相位相同、频率（波长）相同的状态。

色（color）：（a）物体因为吸收特定波长的光展现出来的颜色，或是含有特定波长的光子展现出的颜色。（b）夸克参与强相互作用的性质，类似于电磁力中的正电荷或负电荷。

化合物（compound）：由超过一种元素按一定比例组合成的化学物质。

导带（conduction band）：在固体中的一组紧密的电子能级，其中电子不被特定的原子束缚，可以在材料中自由移动。

连续光谱（continuous spectrum）：见“光谱”。

哥本哈根诠释（Copenhagen interpretation）：一种对量子力学的诠释。它假定薛定谔方程的空间态和自旋的解可以提供粒子的位置或者与粒子相关的事件发生的概率，而粒子究竟处于哪个位置，或究竟发生什么事件则要由观测决定。

对应（correspondence）：物理学的一个领域，其中两个相互冲突的理论可以给出相同的实际结果，一种理论可被看作另一种理论的近似。

宇宙射线（cosmic ray）：从宇宙深处来到地球的高能粒子。这些粒子与地球大气相互作用产生的粒子也称为宇宙射线。

宇宙学常数（cosmological constant）：爱因斯坦在广义相对论的数学描述中出现的物理量；它的值和正负号代表宇宙膨胀或收缩的变化率。

宇宙学（cosmology）：将宇宙作为一个实体来进行科学研究的学科。

共价键（covalent bond）：原子通过共享电子形成的化学键。

临界电流（critical current）：超导体在没有电阻的情况下可承载的最大电流。

临界温度（critical temperature）：在这个温度以下材料成为超导体。

晶体（crystal）：原子在三维空间内以一定规则重复排列的固体。

回旋加速器（cyclotron）：一种能够在强磁场中沿着螺旋路径将亚原子粒子加速到较高能量的装置。

d：角动量量子数 $l=2$ 的标记。

暗能量（dark energy）：暗能量被认为是造成宇宙在过去的60亿

年里加速膨胀的原因。

暗物质（dark matter）：这种物质无法被直接探测到，但可以通过它对宇宙中的光和其他物质的影响间接推断出来。

退相干时间（decoherence time）：粒子维持纠缠态的时间。

缺陷（defect）：规则排列的原子或分子中出现的不规则处。

二极管（diode）：仅允许电流从一个方向上通过的电子器件。

离散（discrete）：在一个连续范围内只允许取特定的、不连续的值，例如自旋和空间态角动量的取值。

磁畴（domain）：铁磁材料内一块相对较大的区域，其中原子的自旋和/或空间态磁矩自发地彼此平行。

漂移室（drift chamber）：一种利用离子和电子的静电吸引来探测粒子加速器中产生的粒子轨迹的装置。

延展性（ductility）：物体在外力作用下能延伸成细丝而不断裂的性质，通常与金属有关。

电势（electrical potential）：电场力作用下驱动电子运动的电势能，以伏特为单位。见“势能”。

电阻（electrical resistance）：物质阻碍电流通过的性质。

电解（electrolysis）：让电流通过溶液或者熔融的化合物并分解它们的过程，例如水（H_2O）被电解成氢气和氧气。

电磁波（electromagnetic wave）/电磁辐射（electromagnetic radiation）：交变的电场和磁场传播的能量“包”，它们在真空中以光速行进。频率（或波长）范围从无线电波到微波、可见光、X射线和伽马射线；本书中，可见光范围内电磁波多被称为光子。

电磁（electromagnetism）：包括电和磁，是电磁波（包括光）的基础。

电子（electron）：带电荷–e的亚原子粒子。它决定了原子的化学性质和电学性质，是电子技术的基础。

电子伏特（electron volt，eV）：一个电子（电荷–e）在1伏特的电势差下移动而引起的能量变化。此外，电子伏特也用于描述原子或亚原子尺度上的一个或多个原子的能量和能量差，即能级。

元素（element）：具有相同核内质子数的一类原子的总称。

能量（energy）：让物体运动（做功）或加热某物的能力，也被定义为功率（能量变化率）乘以时间。对于电气系统，能量的单位通常是瓦时或千瓦时（kWh）。物理学家定义了以下几种不同的能量形式：自由移动的物体具有正的动能，这取决于它们的质量以及移动的速度。相反，在某种吸引力下的静态物体具有负的势能。如果物体靠近吸引力源，势能会变得"更负"（负势能的绝对值更大）。这里的静态物体可能是一个假想的不动的行星，它被太阳的引力所吸引；或者是一个假想的不动的电子，带负电荷的它被带正电荷的原子核吸引。如果一个物体在受到吸引力的情况下运动（具有动能），那么如果它的正动能大于其负势能，两个能量的总和大于零，它就可以摆脱吸引力。如果这个总和小于零，也就是说，运动的正动能无法克服吸引力的负势能，那么物体将处于束缚状态。尽管仍然可以左右移动，但是它无法摆脱束缚。这个总能量负值越大，束缚就越紧密。

能级（energy level）：原子中电子的净能量。

纠缠（entanglement）：见"量子纠缠"。

不相容（exclusion）：见"泡利不相容原理"。

激发态（excited state）：在某些较低能态没有被占据的情况下，电子占据了更高能态的原子状态。

f：角动量量子数$l = 3$的标记。

华氏度（Fahrenheit）：见“温标”。

铁磁性（ferromagnetism）：某一类物质（如铁）的性质，其中原子的自旋和/或空间状态磁矩在材料内相对较大的区域（磁畴）中自发地彼此平行。

裂变（fission）：一种重元素的原子核分裂成两个较小的原子核和几个中子的过程，通常释放出大量原子能。

味（flavor）：用于区分不同类型夸克的性质。夸克有6种味：上、下、奇、粲、顶、底。

参考系（frame of reference）：一个原点加上一组空间方向（如南北、东西、上下），可以测量一个物体的相对位置和运动。在爱因斯坦的狭义相对论证明没有绝对的参考系之前，物理学家们认为“光以太”就是绝对的、不动的参考系。

频率（frequency）：事件重复发生的速率，例如一道波的波峰通过特定观测点的频率（如电磁辐射，见“普朗克常数”）。

富勒烯（fullerene）：一类具有由原子或分子组成的单层表面构成几何结构的物质；其中一种是巴基球，另一种是纳米管。

基本粒子（fundamental particle）：组成所有物质的粒子；现在被认为由三代轻子、夸克和规范玻色子组成；规范玻色子被认为是基本作用力的传递者。

聚变（fusion）：较轻元素的原子核（通常在极高的温度和压力下）结合形成较重元素的原子核的过程，通常伴随着释放其他粒子和大量能量。

γ射线 / 伽马射线（gamma ray）/ 伽马辐射（gamma radiation）：放射性元素发出的穿透性最强的辐射。伽马射线是高能光子。

门（gate）：一组晶体管（比特），它们可以一起工作来执行某种逻辑功能。

通用表（generic table of states）：包含不同电子态信息的表格，每个元素的原子各一个格。

玻璃（glass）：非晶态（没有固定形状的）固体或黏度很高以至于看起来像是固体的液体。

胶子（gluon）：夸克之间交换的规范玻色子，是强相互作用的载体。

晶粒（grain）：多晶物质内具有特定取向的结晶区域，多晶中含有多个不同取向的晶粒。另见“再结晶”。

大统一理论（Grand Unified Theory，GUT）：理论物理学家正在寻求的统一所有基本力的理论。

石墨烯（graphene）：许多形式的碳都具有的一种基本结构，包括富勒烯、纳米管，以及更常见的石墨、木炭和烟灰。

引力（gravity）/ 引力场（gravitational field）：一种自然的基本力，在任何两个具有质量的物体之间产生吸引力。引力对有质量的物质的吸引产生了重量。

基态（ground state）：电子占据所有最低能态的原子状态。

族（group）：具有类似化学性质的元素集合，现代元素周期表的每列为一族。

卤素（halogen）：周期表ⅦA族中的元素，其原子在与其他元素反应时有强烈的得到一个电子的倾向。

热量（heat）：见“温度”。

空穴（hole）：半导体中缺少电子的区域，可以看作可移动的正电荷。

杂化（hybridization）：原子中的电子态相互影响，形成一组新的态，能量更有利于形成特定的化学键。

假设（hypothesis）：根据理论或定理推得的尚未得到验证的提议。

暴胀（inflation）：一种解释宇宙背景辐射的均匀性的理论，描述了一段非常短的时期，在这个时期宇宙和时空本身以比光速快得多的速度膨胀。

惰性（inert）：就惰性气体而言，指元素原子不与其他原子反应或结合形成分子的趋势。

惯性（inertia）：与质量成正比，指运动中的物体保持运动或静止的趋势。

干涉（interference）：波重叠时出现的现象；对于相同波长的两道光波干涉后形成一系列明暗区域。

离子（ion）：带电的原子（或原子的组合）。失去一个或多个电子，并带正电荷的原子称为阳离子。得到一个或多个电子且带负电的原子称为阴离子。

离子键（ionic bond）：原子之间交换电子，变成阴离子和阳离子后因静电吸引组合在一起时形成的化学键。

电离（ionization）：产生带电原子（或原子组合）的过程。

电离能（ionization energy）：将电子从原子中剥离，并让电子成为自由电子时所需的能量。通常跟最外层、负的能量最小的电子有关。

同位素（isotope）：原子序数相同但原子量不同（原子核中中子数不同）的原子。

约瑟夫森结（Josephson junction）：由两个超导体组成，通过一些弱联系相耦合，比如很薄的绝缘体、一段短金属，或一个弱化的超导体。它在量子力学电路中有重要的应用，如SQUID和量子比特。

开尔文（Kelvin）：见“温标”。

密钥（key）：一次性密码本中用于编码和解码信息的一串比特。

密钥分配（key distribution）：用于将密钥分配给一个或多个接收者的方法。

动能（kinetic energy）：见“能量”。

l：角动量量子数。

兰姆位移（Lamb shift）：氢光谱中微小的分裂，由威利斯·兰姆首先观察到，它是理解量子电动力学的关键。

镧系元素（lanthanide）：镧元素（原子序数57）之后原子序数更高的14种元素。

宏观物体（large object）：在光学显微镜中可观察到的物体或更大的物体。

激光（laser）：通过受激辐射被放大强度的光。电子从较高能态跃迁到较低能态时释放光子，再激发其他原子中的类似跃迁以产生光脉冲或相干的光束。

定律（law）：见“理论”。

轻子（lepton）：轻的亚原子粒子不受强核力的作用；轻子包括电子、μ子、τ子，以及它们的中微子和反粒子。

光（light）：频率和波长可见范围内的电磁辐射。

线状谱（line spectrum）：见“谱线”。

光以太（luminiferous ether）：一种假想中的物质，曾被认为渗透到所有空间中，是电磁波的载体。

m：磁量子数。

磁矩（magnetic moment）：就本书而言，可视作类似小型条形磁铁的性质。

主族（main group）：周期表中最外层电子处于s态和p态的8族

元素。

展性（malleability）：金属和合金的性质，可以将它们压制或铸成不同的形状。

多世界（many worlds）：这种观点认为一个事件的所有可能结果都在不同的世界中表现了出来，每个世界都包含相应结果的观察者。

质量（mass）：衡量物质有多少的量。质量具有惯性，在引力场中受到力的作用，我们称之为重量。

物质（matter）：任何粒子的集合。

麦克斯韦方程（Maxwell's equations）：描述电和磁之间的相互关系并预言电磁波以光速行进的4个公式。

介子（meson）：由一个夸克和一个反夸克构成的中等质量的亚原子粒子。

金属（metal）：在跟别的元素进行反应时倾向于失去电子的元素；包括常见版本的元素周期表[①]底部和左侧的大部分元素。金属导电，它们往往有光泽的外观，并具有延展性。

半金属（metalloid）：也称为半导体，其原子的性质介于金属和非金属之间。

微观（microscopic）：需要使用光学显微镜才能看到的范围，甚至更小。

微波（microwave）：见“电磁辐射”。

分子（molecule）：构成可以识别为特定化合物的物质的最小粒子，由原子组合而成。

---

① 本书采用的元素周期表（表16–4、表B–2）与教材、书籍中常见版本的元素周期表上下相反。——编者注

动量（momentum）：物体的质量乘以其速度。

MRI（磁共振成像，magnetic resonance imaging）：利用对某些元素的核自旋跟周围化学环境的相互作用查看身体组织的技术。

μ子（muon）：一种亚原子粒子，属于标准模型中第二代轻子（类似于电子）。

n：主量子数。

纳米管（nanotube）：即碳纳米管，直径窄至1纳米，跨度约7个碳原子，这些管可以比其直径长数百万倍。

中子（neutron）：质量稍大于质子但呈电中性的亚原子粒子；原子核由质子和中子组成，由强相互作用结合在一起。

中子星（neutron star）：所有物质都被压缩成中子的致密恒星（另见“脉冲星”）。

惰性气体（noble gas）：惰性原子组成的气体。这类元素位于现代周期表的第ⅧA族。

非金属（nonmetal）：跟其他元素反应时倾向于获得电子的元素；常见版本的元素周期表顶部和右边的大多数元素都属于非金属元素，且越往右、越往上，非金属性越强。

n型半导体（n-type semiconductor）：电子数量比空穴数量多的半导体。

核子（nucleon）：质子或中子，原子质量是原子核包含的核子的总数。

原子核（nucleus，复数：nuclei）：原子带正电的中心部分，包含了原子的大部分质量。原子核由中子和质子组成。

一次性密码本（one-time pad）：一种加密方法，用一个密钥（比特串）来编码和解码信息。

轨道（orbital）：我们在本书中称之为“空间态”，因为这一从量子力学早期阶段保留下来的术语“轨道”会让人误以为粒子有特定的位置和轨道。见“空间态”。

p：角动量量子数 $l=1$ 的标记。

宇称（parity）：亚原子粒子固有的左手或右手性质。

泡利不相容原理（Pauli exclusion principle）：原本指不可能有两个或两个以上的电子占据同一个状态。后被拓展为不可能存在两个或两个以上的费米子占据相同的状态。

元素周期表（periodic table of the elements）：化学元素按照行和列排列，揭示了它们的物理和化学性质的相似性。

相（phase）：（a）液体、固体或气体，或原子按特定方式有序排列的固体；（b）相同波长和频率的波的相对排列（全称是“相位”），如果它们的波峰对齐，称为“同相”，若有偏移，则称为“异相”（out of phase）。

光电效应（photoelectric effect）：光线的照射导致电子从金属表面发射的现象。

光子（photon）：光或电磁波的能量子。

普朗克常数（Planck’s constant）：大自然的一个基本常数，量子的能量与对应的电磁波的频率的比值。

偏振 / 极化（polarization）：光子角动量的正或负被称为光子的偏振；分子的正电荷中心与负电荷中心发生偏移被称为分子的极化。

正电子（positron）：电子的反粒子。

势能（potential energy）：见“能量”。

功率（power）：能量从一种形式向另一种形式转移或转变的速率。对于电气系统，通常以瓦特（瓦）为单位进行测量。功率等于电压（驱动电子流的能量，通常以伏特为单位）乘以电流（通常以安培为单位）。当电流和电压同相时，1伏 · 安 = 1瓦。对于电机、发电机和大型电力输送系统，功率通常以兆伏安（MVA）进行测量，有效消耗的能量（同相电压和电流的分量）以兆瓦（MW）为单位进行测量。

沉淀（precipitate）：在一种相内出现另一种相，例如水滴从空气中凝结出来，或合金的一种固相从另一种主要固相中析出。

质数（prime number）：质因数只有1和它本身的整数，又称素数。

独立讲师（privatdozent）：德国或瑞士的一种教师职位，可以在一个地方教书，工资由学生直接支付，但不在大学享有教职。

概率云（probability cloud）：薛定谔方程的任何特定空间态解的可视化表示，表示在原子核周围的空间中的任意点处发现电子的概率。在本书的图表中被描绘为黑色背景下的白色（白点越密的地方概率越高）。

处理器（processor）：计算机的一部分，用于处理信息。

质子（proton）：具有一个正电荷单位和一个原子质量单位的亚原子粒子；普通氢原子的原子核是一个质子。

脉冲星（pulsar）：周期性地发射脉冲信号的星体，现在我们知道它们是快速旋转的中子星。

p型半导体（p-type semiconductor）：空穴数量多于电子的半导体。

量子（quantum，复数：quanta）：普朗克提出的概念，表示一个个离散的能量包，用来解释黑体辐射的光谱；后来被推广到其他物理量上，例如电荷或粒子的角动量，是离散的变化而不是连续变化。

量子点（quantum dots）：（固体表面）原子核的正电荷对电子的吸引力形成的纳米级局部尖峰。

量子电动力学（quantum electrodynamics，QED）：物理学的一个分支，它重构了麦克斯韦电磁理论，使之与物质和能量的量子性质相一致。

量子纠缠（quantum entanglement）：两个相隔一定距离的粒子事先建立了一种联系，使得一种粒子的量子态的确定立即影响另一粒子的量子态的现象；爱因斯坦在这种现象第一次被预言时将它称为“幽灵般的超距作用”。

量子力学（quantum mechanics）：量子理论的数学表达。

量子数（quantum number）：描述物理属性的值，可以取基本值的整数倍，如普朗克常数的整数倍（也可能是半整数，比如自旋）。

量子态（quantum states）：参见“空间态”和“自旋”。

量子理论（quantum theory）：有两种含义，一种是指早期描述原子的准经典思想，一般也称为玻尔理论；另一种是指物理学的一个子领域，基于对物质和能量的量子描述，且认为它们都有波粒二象性。对量子理论的形式化数学描述被称为量子力学。

夸克（quark）：一种亚原子粒子，被认为是构成重子和介子的基本组分，通过强相互作用而相互作用。

量子比特（qubit）：与经典比特不同，量子比特可以同时表示1和0或两者的组合。

放射性（radioactivity）：原子核的自发裂变（分裂）。

无线电波（radio waves）：见“电磁辐射”。

再结晶（recrystallization）：在加工硬化的金属或合金中由充满缺陷的晶粒生长出新的缺陷相对较少的晶粒。

还原论（reduction）：认为元素和周期表的性质可以直接从基础物理学中推导出来的理论（我们在这里并不推崇这种理论）。

相对参考系（relative frame of reference）：参见“参考系”。

重正化（renormalization）：一种应用于量子电动力学的数学技巧，

处理方程中存在的无穷大问题。

电阻（resistance）：电线或电路中阻止电流流动的性质（单位为欧姆）。在国际（SI）单位制中，电压（以伏特为单位）除以电流（以安培为单位）等于电阻值。

电阻率（resistivity）：金属、绝缘体或半导体中的固有电阻。通常以欧姆厘米为单位表示。电阻率乘以材料的长度再除以横截面的面积，就是材料的实际电阻。

共振（resonance）：响应外界刺激而以固有频率振动的现象，例如乐器的琴弦或气柱的振动。

s：角动量量子数$l = 0$的标记。

盐（salt）：离子结合在一起形成的化合物，在水中溶解成离子（例如普通食盐，NaCl）。

散射（scattering）：粒子或能量流通过与目标相互作用而分裂或改变方向的现象。散射产生的模式能够揭示目标的细节，比如α粒子的散射就揭示了原子的结构。

薛定谔方程（Schrödinger's equation）：描述量子力学的一种数学方法。系统的能量用波函数表示，哥本哈根诠释认为方程的解能够得出事件发生或粒子出现在某个位置的概率。

屏蔽效应（screening）：在多电子原子中，电子的负电荷屏蔽了原子核的一部分正电荷，使其他电子感受到的原子核正电荷有所减小。

半导体（semiconductor）：导电性质介于绝缘体和金属之间的材料；对半导体的组成进行微小的改变可以控制半导体的导电率。也称为半金属。

壳层（shell）：与特定主量子数对应的一组状态。元素的化学性质取决于特定壳层被占据的程度，并显示出周期性。

固体物理学（solid-state physics）：物理学的一个领域，涉及固体的性质，后来被纳入更广泛的凝聚态物理学范畴。

溶液（solution）：原子或分子尺度上的物质混合物，形成均匀的单相。

声音（sound）：耳朵感应到的空气（或液体、固体物质）中分子振动产生的波，振动的频率越高，音调越高，波长越短。

时空（space-time）：爱因斯坦的广义相对论中，空间和时间的四维组合（三维的空间加上一维的时间）。

空间态（spatial state）：原子中电子的可能量子态（区别于电子无论在原子中与否都拥有的内禀自旋态）。每个量子空间态都有一个离散的能量、角动量大小和磁矩。在哥本哈根对薛定谔波动力学的诠释中，空间态是一种在空间中散开的波函数，它具有离散的性质，可用于计算电子出现在某个位置的概率。

谱线（spectral line）：对电磁辐射的波长或频率的测量结果（特别是可见光谱内的不同颜色），通常由电子从原子中的一个能级跃迁到另一个能级时发射的光子产生。

谱线分裂（spectral-line splitting）：单一谱线通过外加电场或磁场分裂成几个谱线的现象。

摄谱仪（spectrograph）：根据光子不同的波长分离光（或其他电磁波）的光学装置。

光谱仪（spectrometer）：根据光的波长分离光（或其他电磁波），并测量每个波长对应的光强度（光子数）的光学装置。

光谱（spectrum）：光中包含的各种颜色，或者更广义地说指任何携带能量的波所包含的多种波长。光谱通常依照波长和对应的强度画成连续的图线，或在特定的离散的波长处形成一系列线。

光速（speed of light），*c*：所有电磁辐射在真空中传播的速度，约为每秒30万千米。

自旋（spin）：电子的内禀性质，由对应的正或负量子数表示其内禀角动量和磁性。

SQUID（超导量子干涉装置，superconducting quantum interference device）：由含有约瑟夫森结的超导体构成。它可以用于量子计算、通信和极高分辨率的磁场测量。

标准模型（Standard Model of particle physics）：描述构成所有物质的基本粒子的模型，由三代轻子、夸克以及规范玻色子组成，后者通过相互交换来形成基本相互作用。

驻波（standing wave）：一种波或类似波的数学函数，其波峰和波谷总在同样的位置上下波动，来回不断地取正值或负值。

态（state）：见"激发态"、"空间态"和"自旋态"。

奇异性（strangeness）：一种量子力学性质，亚原子粒子在受到强相互作用进行转换时守恒的物理量，后来被认为是奇夸克的总数。

弦论（string theory）：一种数学方法，旨在统一基本力，并将基本粒子解释为十维弦上的振动。

强相互作用（strong force）：夸克之间的基本相互作用，也是将原子核中的中子和质子结合在一起的力。

亚原子（subatomic）：原子的组成成分的尺度，包括电子、原子核的成分和各种其他粒子。

亚微观（submicroscopic）：比光学显微镜可以看到的物质还要小的尺度。

超导性（superconductivity）：某些物质的量子力学性质，温度低于某个临界温度时会失去所有电阻。

超流性（superfluidity）：在液氦中观察到的量子力学性质，指低于临界温度时失去黏性和阻力。

超弦论（superstring theory）：对弦论的改进，增加了第11个维度。

温度（temperature）：粒子能量的度量，例如固体中的原子被加热搅动的程度，如果一个物体用手摸觉得烫，说明这个物体中原子搅动的程度比手指上的原子更剧烈，即能量更大。

温标（temperature scale）：本书用了3种温标：华氏温标——水的熔点（在标准大气压下）为32华氏度，水的沸点为212华氏度；摄氏温标——水的熔点（在标准大气压下）为0摄氏度，水的沸点为100摄氏度；开尔文温标——它与摄氏温标具有相同的温度标长，但是从温度的绝对零点开始，水的熔点为273度，即273开尔文，水的沸点为373开尔文。

理论（theory）：一种经过充分验证以及能做出预言的观点集合，也被称为定律；与假设不同，假设是尚未经过检验的观点。

托卡马克（tokamak）：一种将可控核聚变能量转换成电能的装置，它将热聚变等离子体囚禁在一个呈甜甜圈形、环绕自身的磁场内。

晶体管（transistor）：由半导体材料制成的电子器件，可用作放大器或可控开关。

跃迁（transition）：原子中电子占据的态的变化，通常是由吸收或发射光子引起的。

过渡元素（transition element）/ 过渡金属（transition metal）：本书所用的元素周期表中心区域中列出的元素，最外层电子占据f态和d态。

嬗变（transmutation）：一种原子核通过辐射能量转变为另一个

原子核。

超铀元素（transuranic element）：原子序数比铀的92更大的化学元素。

不确定性原理（uncertainty principle）：维尔纳·海森堡发现的物质和能量的量子性质，指同时测量动量和位置、能量和时间，其精度是有限制的。

单位（unit）：理论或测量的标准度量衡，例如重量的单位是千克，温度的单位是摄氏度或华氏度。

价（valence）：用一个正数或负数表示的原子性质，描述原子在化学反应中得到或失去电子的方式。

价带（valence band）：固体中一系列紧密排列的电子能级，来自几个原子共享电子的结构，与该材料形成化学键的性质有关。

伏特（volt）：电势的单位。

波函数（wavefunction）：薛定谔方程中使用的数学表达式，将物体的位置描述为在空间中弥散分布的概率，像波动一样，而不是固定的一个点。

波长（wavelength）：波或波状物相邻波峰之间的距离。

弱相互作用（weak nuclear force）：原子核中的一种基本作用力，主导了β衰变过程。

重量（weight）：见“引力”。

X射线（x-ray）：较重元素原子中的电子跃迁到内层发射出的光子（另见“电磁辐射”）。

X射线衍射（x-ray diffraction）：X射线与固体相互作用产生干涉图案，能揭示固体的晶体结构信息。

参考文献与拓展阅读

A. McEvoy, J. P., and Oscar Zarate. *Introducing Quantum Theory*. Cambridge, UK: Icon Books, 2004.

B. Bortz, Alfred B. *Physics: Decade by Decade*. Twentieth Century Science. New York: Facts on File, 2007.

C. Greene, Brian. *The Fabric of the Cosmos*. New York: Vintage Books, 2004.

D. Scerri, Eric R. *The Periodic Table*. New York: Oxford University Press, 2007.

E. Fine, Leonard W., and Herbert Beall. *Chemistry for Engineers and Scientists*. Orlando, FL: Saunders College Publishing, 1990.

F. Leighton, Robert B. *Principles of Modern Physics*. New York: McGraw-Hill, 1959.

G. Richtmyer, F. K., E. H. Kennard, and T. Lauritsen. *Introduction to Modern Physics*. New York: McGraw-Hill, 1955.

H. Housecroft, Christine E., and Alan G. Sharpe. *Inorganic Chemistry*. 3rd ed. Edinburgh Gate, Harlow, England: Pearson Education, 2008.

I. Sachs, Oliver. *Uncle Tungsten: Memories of a Chemical Boyhood*. New York: Alfred A. Knopf, 2001.

J. Morrish, Allan H. *The Physical Principles of Magnetism*. New York: John Wiley & Sons, 1965.

K. Kumar, Manjit. *Quantum: Einstein, Bohr, and the Great Debate about the Nature of Reality*. New York: Norton, 2010.

L. Orzel, Chad. *How to Teach Physics to Your Dog*. New York: Scribner, 2009.

M. Moore, Walter. *Schrödinger: Life and Thought*. Cambridge, UK, and New York: Cambridge University Press, 1992.

N. Gordin, Michael D. *A Well-Ordered Thing: Demitrii Mendeleev and the Shadow of the Periodic Table*. New York: Basic Books, Perseus Books Group, 2004.

O. Strathern, Paul. *Mendeleyev's Dream: The Quest for the Elements*. London, UK: Penguin Books, 2000.

P. Pauling, Linus. *The Nature of the Chemical Bond*. 3rd ed. Ithaca, NY: Cornell University Press, 1960.

Q. Feynman, Richard. *QED: The Strange Theory of Light and Matter*. Princeton, NJ: Princeton University Press, 1985.

R. Kean, Sam. *The Disappearing Spoon, and Other True Tales of Madness, Love, and the History of the World from the Periodic Table of the Elements*. New York: Little, Brown, 2010.

S. Gribbin, John. *In Search of Schrödinger's Cat: Quantum Physics and Reality*. New York: Bantam Books, 1984.

T. Kuhn, Thomas S. *The Structure of Scientific Revolutions*. 50th anniv. ed. Chicago: University of Chicago Press, 2012.

U. Toback, David. *Big Bang, Black Holes, No Math*. Dubuque, IA: Kendall Hunt, 2013.

V. Kittel, Charles. *Introduction to Solid State Physics*. 6th ed. New York: Wiley & Sons, 1986.

W. Hawking, Stephen. *A Brief History of Time*. New York: Bantam Books, 1988.

X. Rosenblum, Bruce, and Fred Kuttner. *Quantum Enigma: Physics Encounters Consciousness*. New York: Oxford University Press, 2011.

Y. Schumacher, Benjamin. *Quantum Mechanics: The Physics of the Microscopic World*. Chantilly, VA: Great Courses, 2009. DVD.

Z. Gribbin, John. *Computing with Quantum Cats*. Amherst, NY: Prometheus Books, 2014.

AA. Greene, Brian. *The Hidden Reality: Parallel Universes and the Deep Laws of the Cosmos*. New York: Alfred A. Knopf, 2011.

BB. Susskind, Leonard. *The Black Hole War: My Battle with Stephen Hawking to Make the World Safe for Quantum Mechanics*. New York: Back Bay Books, 2008.

CC. Parker, Barry. *Einstein's Brainchild: Relativity Made Relatively Easy*. Amherst, NY: Prometheus Books, 2007.

DD. "Extreme Physics." Special issue, *Scientific American* 22, no. 2 (Summer 2013).

EE. Bortz, Fred. Exploring the Subatomic World. 7 vols. New York: Cavendish Square, 2015–2016. Some volumes of this series are coauthored with B. H. Fields.

FF. Bojowald, Martin. *Once Before Time: A Whole Story of the Universe*. New York, Vintage Books, 2010.

GG. Coles, Peter. *Cosmology: A Very Short Introduction*. New York: Oxford University Press, 2001.

HH. Barnett, R. Michael, Henry Muhry, and Helen R. Quinn. *The Charm of Strange Quarks*. New York: Springer-Verlag, 2000.

II. Gubser, Steven S. *The Little Book of String Theory*. Princeton, NJ: Princeton University Press, 2010.

JJ. Warner, Jamie H., Franziska Schaffel, Alicja Bachmatuik, and Mark H. Rummemeli. *Graphene: Fundamentals and Emergent Applications*. New York: Elsevier, 2013.

KK. Wiggins, Arthur W., and Charles M. Wynn. *The Human Side of Science* Amherst, NY: Prometheus Books, 2016.

LL. Gribbon, John. *13.8: The Quest to Find the True Age of the Universe and the Theory of Everything*. New Haven, CT: Yale University Press, 2016.